QUE VUELVA EL REY

HELEN PILCHER

QUE VUELVA EL REY

LA NUEVA CIENCIA DE RESUCITAR ESPECIES

Traducción de Mariola Cortés-Cros

BIBLIOTECA NUEVA

Título original: *Bring Back the King. The New Science of De-Extinction,* Bloomsbury Sigma, 2016.

Evaristo San Miguel, 20
28008 Madrid
www.bibliotecanueva.es
editorial@bibliotecanueva.es

ISBN: 978-84-16938-73-5
Depósito legal: M-29.607-2017

Imprime: EGEDSA
Impreso en España - *Printed in Spain*

ÍNDICE

PRÓLOGO

El 30 de julio de 2003 un equipo de 14 investigadores hispanofranceses nos reunimos en el laboratorio de reproducción animal del Centro de Investigación y Tecnología Agroalimentaria (CITA) de Aragón. Íbamos a realizar una cesárea con la que pretendíamos traer de nuevo a la vida a una especie que se había extinguido tres años antes en los acantilados del Parque Nacional de Ordesa, cuando la caída de un árbol seco provocó la muerte de Celia, la última bucarda.

La cesárea se realizó sin problemas y cuando la bucardita salió del vientre de su madre y notó el aire frío del laboratorio, comenzó a moverse en nuestras manos. Era el clon de Celia y, por primera vez en la historia, una especie extinta volvía a la vida.

Se trataba del momento culmen que llegaba tras 14 años de intenso trabajo e investigaciones realizadas al borde mismo de lo conocido por la ciencia con el objetivo de desarrollar técnicas que impidiesen la desaparición del bucardo. Durante esos años, resolvimos muchos retos científicos de formas nunca antes planteadas. A partir del nacimiento del clon de Celia, la palabra desextinción tuvo un sentido real, dejó de ser un término empleado exclusivamente en películas y novelas de ciencia ficción y pasó a ser uno más de los pequeños hitos que jalonan la historia de la ciencia.

El proyecto tuvo su inicio en 1987, cuando, tras terminar mis estudios de Veterinaria, planteé a los técnicos del Instituto Nacional para la Conservación de la Naturaleza (Icona) la posibilidad de realizar estudios de transferencia de embriones en la cabra montés de Gredos. El Icona recogió la idea y decidió aplicarla a los esfuerzos de conservación del bucardo, un tipo de cabra montés muy grande que Helen Pilcher describe en este libro de forma muy gráfica diciendo que pesaba tanto como una lavadora, y cuyos últimos y poquísimos ejemplares sobrevivían en la Faja de Pelay, en el Pirineo aragonés.

En 1989 el Icona puso en marcha dos proyectos relacionados con el bucardo. El primero se encargó al doctor Ricardo García González, investigador del Instituto Pirenaico de Ecología del CSIC, y tenía entre otros objetivos determinar el número de bucardos que quedaban vivos. Los estudios de Ricardo García González estimaron que, hacia comienzos de la década de 1990, quedaban entre 3 y 11 bucardos, nadie sabía a ciencia cierta cuántos. En 1989 se había avistado por última vez un macho y desde unos años antes no se veía ninguna cría. A mediados de los 90, el Parque Nacional de Ordesa y Monte Perdido contrató al biólogo Juan Seijas para llevar a cabo el seguimiento de los últimos bucardos. Sus estudios constataron que solo quedaban tres hembras.

El segundo proyecto que el Icona puso en marcha, en 1989, tenía como objetivo desarrollar técnicas de reproducción asistida en la cabra montés, y fue el proyecto para el que fui contratado y enviado a trabajar al laboratorio de reproducción de pequeños rumiantes del Servicio de Investigación Agraria (SIA) de Montañana, en Zaragoza, dirigido por el doctor José Folch. En 1989 no podíamos imaginar las inmensas dificultades de todo tipo con las que nos íbamos a encontrar para llevar a cabo los objetivos del proyecto.

Leer el capítulo 9 de este libro, en el que Helen describe los esfuerzos del doctor Hildebrandt y su equipo para poner a punto técnicas de reproducción asistida en el rinoceronte blanco del norte, me ha traído muchos recuerdos de los trabajos que desarrollamos hace aproximadamente 30 años con la cabra montés. Al igual que Hildebrandt con el rinoceronte, nosotros tuvimos que realizar muchas cosas por primera vez. Pusimos a punto técnicas novedosas de captura de las cabras monteses en las sierras y acantilados en los que vivían. Mejoramos su adaptación a la cautividad utilizando tranquilizantes de larga acción que hasta entonces solo se empleaban en psiquiatría humana. Publicamos los primeros datos de hematología y bioquímica sanguínea en esta especie.

Con un aparato similar al que el doctor Stephen Seager enseñó en pleno vuelo a Helen —quien, tras tocarlo y saber qué era quedó tan conmocionada que solo pudo reaccionar limpiándose las manos con una toallita empapada en vodka—, obtuvimos semen de los machos monteses. Congelamos ese semen y lo utilizamos para inseminar cabras domésticas y obtener ejemplares híbridos. Superovulamos hembras de cabra montés mediante distintas técnicas. Una de ellas, la superovulación de hembras previamente tratadas con tranquilizantes de larga acción, no solo no se había empleado antes, sino que además resultó de gran eficacia. Una vez que obtuvimos embriones de cabra montés fertilizados y viables, los transferimos a cabras domésticas con la esperanza de que llevasen a cabo su gestación, y, para nuestra desesperación, observamos cómo, una tras otra, fracasaban todas las gestaciones. Desarrollamos entonces lo que llamamos la «técnica puente», que consistía en transferir los embriones de cabra montés no a úteros de cabras domésticas, sino de cabras híbridas obtenidas por el cruzamiento de cabras monteses y domésticas que habíamos llevado a cabo previamente. Esas cabras híbridas resultaron ser unas magníficas madres tanto de los embriones de cabra montés como de los cabritos que nacían. Al cabo de unos años de trabajo frenético, contábamos con las técnicas necesarias, pero llegamos tarde.

En 1997 solo quedaba viva una hembra de bucardo. Vivía en los acantilados de la Faja de Pelay, en el Parque Nacional de Ordesa y Monte Perdido, y aunque se liberaron machos fértiles con el fin de que la cubriesen para obtener al menos híbridos, la bucarda no dio a luz ningún cabrito.

En abril de 1999 se decidió capturar este último ejemplar con un doble propósito, por un lado, le colocaríamos un collar de radioseguimiento que facilitase su localización y, por otro, obtendríamos biopsias de piel para producir líneas de tejidos celulares que pudiesen conservarse congeladas en nitrógeno líquido. El fin último era intentar su clonación, algo que, tres años antes, Ian Wilmut y Keith Campbell, del Instituto Roslin de Edimburgo, acababan de demostrar que era posible hacer en mamíferos cuando clonaron a la oveja Dolly. La última hembra de bucardo fue capturada con una caja trampa y anestesiada con un dardo de cerbatana. Obtuvimos las muestras de piel, se le puso el collar de radioseguimiento y fue liberada en el mismo lugar de su captura. En aquel momento nadie podía imaginar que la extinción del bucardo se produciría antes de un año. Cuatro años después de su captura, tras innumerables intentos, el equipo del doctor Folch de Zaragoza, junto con colegas franceses, consiguió clonar el bucardo, y, con el fin de no repetir lo que ya está escrito en el presente libro, invito al lector a que lea en la introducción cómo se hizo. No solo se trató de una de las primeras veces que se clonaba un mamífero salvaje, sino que, como hemos comentado antes, diez meses después de su captura, Celia, la última bucarda, fue aplastada por un árbol seco en las laderas de la Faja de Pelay, por lo que en el momento del nacimiento de su clon se convirtió en la primera especie que volvía a la vida tras estar extinta. La inmensa alegría que teníamos todos los que formábamos el equipo se vio enseguida ensombrecida al comprobar que el clon recién nacido evidenciaba problemas respiratorios. La bucardita había nacido con una anomalía pulmonar que provocó su muerte a los pocos minutos de su nacimiento y, tras este hecho, el proyecto de clonación del bucardo, al igual que sus células conservadas en nitrógeno líquido, entró en una fase de diapausa de la que es posible que salga el día en que vuelva a haber financiación para activarlo de nuevo.

Como dicen los franceses, «la vie continue» y en julio de 2014 el sueño de mi amigo Jean-Paul Crampe, antiguo guarda del Parque Nacional de los Pirineos franceses, y de tantos otros habitantes de los valles pirenaicos se hizo realidad cuando se liberaron las primeras cabras monteses en el Pirineo francés. Aunque estas cabras monteses habían sido capturadas en la Pedriza del Manzanares, procedían de la estirpe de Gredos y se han adaptado de forma magnífica a las duras condiciones invernales de los Pirineos. De alguna forma, estos animales, de los que ya hay en los Pirineos abuelos, padres y nietos, aunque más pequeños que los bucardos, están llenando el hueco ecológico que los ancestros de Celia dejaron en nuestra cordillera pirenaica. Algunos de los ejemplares liberados en Francia han cruzado la frontera y se han aposentado en los Pirineos españoles, lo que ha llevado a que los gestores de la Reserva de la Biosfera de Ordesa-Viñamala hayan solicitado permiso para reforzar las poblaciones existentes.

El libro de Helen Pilcher es riguroso y está magníficamente escrito. Conozco personalmente a muchos de los investigadores cuyos trabajos se describen en estas páginas y he apreciado de qué manera la fina psicología de la autora ha captado la esencia de la personalidad de cada uno de ellos y ha sabido transmitir de forma clara y sencilla los principales objetivos y conclusiones de sus investigaciones. Helen es una gran divulgadora de la ciencia, ha sido colaboradora de la revista *Nature* y tiene un gran sentido del humor, tanto que fue comediante hasta que nacieron sus hijos, momento en que tuvo que dejar su afición por el escenario porque, como ella dice, difícilmente se mantenía despierta después de las nueve. Con *Que vuelva el rey* he aprendido mucho y también me he reído. He disfrutado cada uno de sus capítulos. Helen, como Quevedo, inventa constantemente neologismos y realiza juegos de palabras que han debido de suponer un quebradero de cabeza para la traductora de la obra. En distintos capítulos nos muestra partes de su propia vida, tanto científica como doméstica, y comparte con el lector sus opiniones sobre temas muy personales, lo que humaniza y hace más cercana esta obra de divulgación científica.

El lector de este libro conocerá no solo los esfuerzos realizados para desextinguir el bucardo, la paloma pasajera, el tilacino (o lobo de Tasmania) o la rana de incubación gástrica, sino que disfrutará con las conjeturas que la autora hace sobre una posible clonación de Elvis Presley, su cantante favorito, o del hombre de Neandertal, del que asegura que veríamos poca diferencia con algunos de nuestros vecinos de autobús. También nos enteraremos de si será posible que en el futuro podamos ver paseando por la tundra siberiana de nuevo al mamut o de si alguien podrá inaugurar un zoológico de dinosaurios. El capítulo dedicado al dodo, esa gran paloma gordinflona que en *Alicia en el País de las Maravillas* organiza una carrera que no tiene principio ni final y cuyas reglas están pensadas para que todos sean ganadores, me provocó mucha nostalgia. Todos tenemos nuestros animales icónicos y este, para mí, entre los extinguidos, junto con el bucardo, es uno de ellos.

Una parte muy interesante del libro es la que versa sobre las implicaciones éticas de la desextinción, cuyos aspectos positivos y negativos señala Helen. En la actualidad se han formado corrientes de pensamiento que apoyan la desextinción y otras que son vehementemente contrarias. A pesar de estas últimas, en estos momentos, investigadores de distintos laboratorios del mundo están haciendo lo que los escritores de ciencia ficción soñaron: volver a traer a la vida especies extintas. A la velocidad que avanza la ciencia es posible que se consiga dentro de poco y que muchas cosas que ahora consideramos imposibles sean cotidianas en el futuro. Mientras tanto, abogo por conservar las especies que comparten el mundo con nosotros mediante la protección global de sus hábitats, nuestros hábitats, para que tanto las especies grandes y pequeñas, icónicas o desconocidas, puedan vivir en ellos y hacernos compañía durante mucho tiempo en este pequeño *pale blue dot* del que hablaba Carl Sagan.

ALBERTO FERNÁNDEZ-ARIAS MONTOYA,
Zaragoza, septiembre de 2017

QUE VUELVA EL REY

Para Amy, Jess, Sam, Joe, mamá y Higgs,
el más divino de los perros,
hasta el infinito siempre

Y para mi padre,
que me hizo amar la vida salvaje

PRESENTACIÓN

Cuando era niña, solíamos ir de vacaciones a la Costa Jurásica, en la que los acantilados gris oscuro bañan con sombras inmensas la playa de guijarros. Hacía frío, humedad y viento. A mi hermano y a mí nos obligaban a llevar unos gorros de lana que picaban, pantalones de campana de cintura alta y unos chubasqueros horrorosos. Bebíamos chocolate tibio de unos termos bastante viejos y nos sentábamos en unos peñascos resbaladizos mientras saboreábamos galletas a tutiplén. Mis padres solían referirse a estas vacaciones como «útiles para forjar el carácter» y «más baratas que un viaje organizado». Yo las llamaba «neumonía inminente». El sol nunca brilló en las vacaciones de mi infancia, pero siempre se vislumbraba un poco a través de las nubes. Siempre estuvo ahí la posibilidad de que un día nos topásemos con los restos de algún mastodonte prehistórico. Porque, escondidos entre las piedras de Charmouth, en Dorset, están los restos fosilizados de seres que volaron, nadaron y caminaron hace 200 millones de años: los pterosaurios, una especie de plesiosaurios parecidos al monstruo del lago Ness y un dinosaurio con armadura ósea llamado *Scelidosaurus*. ¡Cuánto deseaba encontrarlos! ¡Cómo deseaba conocerlos!

Sin embargo, al igual que las vacaciones iban y venían, así aumentaban o se desvanecían mis esperanzas. Jamás encontré un solo hueso de *Scelidosaurus*, o cualquier resto fósil por el estilo. Pero nunca me rendí. Seguí volviendo, y ahora disfruto sometiendo a mis tres hijos al mismo tipo de sadismo costero. Dotados de un sorprendente sexto sentido para el hallazgo de fósiles, tienen un éxito a miles de años luz de distancia del que yo tuve jamás. Con sus ojos de lince y su obstinada determinación, desafían a los elementos tomando helado en días de muchísimo frío y encontrando fósiles a granel. Mucho más satisfactorios que cualquier tontería comprada en una tienda de recuerdos, estos fósiles son una fuente constante de alegría y entusiasmo. También son gratis, y, dejando al margen los que se han encontrado en China, no están hechos en China. Mis hijos han acumulado cientos de fósiles, pero, de algún modo, los enigmas de este mundo prehistórico nos siguen atrayendo, nos enganchan, haciendo que nos planteemos preguntas de este estilo: «¿Cómo eran verdaderamente estas criaturas?», «¿habría podido ganar un ser humano a un *T. rex* en una lucha a pulso?» y «¿existe algún modo de devolverles la vida?».

Esto es un libro y no va sobre luchas a pulso, sino sobre la posibilidad de devolverles la vida a especies extinguidas. Esta es la historia de los científicos que están intentando que eso suceda. Trata sobre su ingenuidad y obstinada insistencia, su tranquila resistencia a los escépticos y críticos que dicen que la desextinción no puede, o no debería, existir. También es la historia de los animales que se quieren resucitar; especies extinguidas que una vez bendijeron la Tierra, pero que presumiblemente se perdieron para siempre. Este libro no está pensado para ser un manual extenso sobre los proyectos actuales de desextinción. Todo lo contrario. Sin vergüenza alguna, he elegido hablar de las especies y proyectos que más interesan. Así que, mis disculpas a los animales y plantas más feúchos del planeta..., porque no tienen cabida en este trabajo. Este libro empieza en el Cretácico, hace 65 millones de años, que ha suscitado las voces más controvertidas sobre la existencia de antiguas biomoléculas en los huesos de dinosaurio, y termina en el futuro, en el que la desextinción podría ayudar a mejorar la biodiversidad. Por el camino, el libro pasa por Siberia durante las glaciaciones, isla Mauricio en el siglo XVII y Graceland en los años 70.

Tengo experiencia como científica, monologuista cómica y periodista científica seria. Toda la vida he sentido pasión por los fósiles y los animales más estrafalarios, y soy una experta en hacer crecer células en placas y juguetear con su ADN. Cuando leí acerca de la desextinción por primera vez hace unos años me entristecí, no porque pensara que la ciencia hubiese entrado en una espiral sin control, sino porque me pregunté si, en el caso de haber continuado con mi carrera científica, podría tener ya a estas alturas un dodo como mascota. Por todo esto encuentro la desextinción tan fascinante. Ahora me veo a mí misma fuera del laboratorio, mirando, observando cómo brillantes científicos llevan al límite las fronteras del conocimiento humano y redefinen lo que es posible. La desextinción, confío en que se me crea, no es algo a lo que haya que temer o resistirse. Es una fortaleza, no una herramienta para pasar al lado oscuro.

Ah, ¿y ya he dicho que hay un capítulo sobre la desextinción de Elvis Presley? Los más listillos ya habrán pensado que, técnicamente, Elvis no está extinto, a lo que yo añado: «Técnicamente, tienen razón». Pero ¿«extinto»? ¿Muerto? ¿Acaso sabe Elvis cuál es la diferencia? Afortunadamente para nosotros, los humanos no nos hemos extinguido, pero ¿no hay curiosidad por descubrir si la misma tecnología que se emplea para desextinguir a un mamut lanudo se podría usar para llevar a los escenarios «el regreso más especial de Elvis»? A modo informativo, diré que nadie está en este momento planteándose seriamente clonar al rey del *rock 'n' roll*, así que el capítulo de Elvis es un poco producto de mi locura, pero genera un experimento imaginario interesante, y pide a gritos que nos preguntemos: «¿Estás solo esta noche?».

INTRODUCCIÓN

EL REGRESO

En lo alto de la colina había una cabra *solitariaaa*,
Leri oh de leri o de leri uuuh.
Que vivía en una montaña muy *remotaaa*,
Leri oh de leri o de leri uuuh.

Pasaba cada momento feliz y *libreeee*,
Leri oh de leri o de leri uuuh.
Hasta que le cayó un árbol encima y la *matóoo*,
Leri oh de leri o di luuu.

... Y esta es la canción que habla sobre el último bucardo, una cabra montés llamada Celia, que vivió y murió en las escarpadas laderas de los Pirineos españoles. Era el 6 de enero del año 2000. En el mismo momento en el que la gente estaba quitando los adornos de Navidad y recuperándose de las resacas propias del nuevo milenio, la fornida baladora estaba haciendo lo que mejor se les da a las cabras monteses: saltar con alegría de risco en risco sin preocuparse por nada en absoluto. Como la hembra adulta en plena madurez que era, Celia era un animal muy bello. Tenía unos cuernos grandes y curvados, la habitual barbita de cabra y un aire constante de sorpresa típico de todos aquellos que tienen un ojo a cada lado de la cabeza. Más grande que una cabra montés, Celia pesaba lo mismo que una lavadora, pero era mucho más ágil. Pasaba sus días corriendo a toda velocidad entre los alargados pinos que cuelgan peligrosamente de los precipicios, deteniéndose exclusivamente para mordisquear la hierba que crecía de forma esporádica o para erguirse cual figura imponente contra el cielo azul y despejado. Pero, cuando el árbol se cayó en el bosque, ¿acaso Celia lo oyó? No parece probable y, si lo hizo, fue demasiado tarde. El gigantesco árbol caía por la pendiente a toda velocidad, con la desventurada Celia parada justo en mitad de su descenso. No tuvo ninguna oportunidad. El pesado tronco le aplastó el cráneo y Celia dejó de balar para siempre. Fue un día muy muy triste. La última de su especie, el bucardo, se acababa de extinguir...

... Y ese tendría que haber sido el final de la historia. La extinción, después de todo, es para siempre. Se acabó el juego. Fin del camino. Punto y final excepto para un grupo de investigadores europeos que tenían otras ideas en mente.

Diez meses antes, José Folch y sus colegas del Centro de Investigación y Tecnología Agroalimentaria de Aragón, en Zaragoza, habían trazado un plan de futuro para los bucardos *(Capra pyrenaica pyrenaica).* Plenamente conscientes de que los días de Celia estaban contados, pensaron que si obtenían una muestra de sus tejidos mientras aún estuviese viva podrían utilizar sus células para clonarla. Cuando llegase el inevitable momento de la muerte de Celia, se podrían crear dobles genéticos y así resucitar al bucardo.

Era un plan muy osado. Para el bucardo significaba una segunda oportunidad. Pero para el resto del mundo era algo mucho,

mucho mayor. Si los planes de Folch funcionaban y se resucitaba al bucardo, supondría un momento decisivo en la historia de la Tierra: el fin del carácter definitivo de la extinción.

Lo primero que tenían que hacer los investigadores era atrapar a la inquieta hembra, así que instalaron cajas-trampas en los acantilados en los que vivía y luego se retiraron para ver cómo se desarrollaban los acontecimientos. Era solo cuestión de tiempo que la curiosa criatura trotara hasta el interior de una de las grandes jaulas de hierro y que la puerta se cerrara de golpe, atrapándola. Preparados y dispuestos, los miembros del equipo escalaron montaña arriba y miraron dentro, allí encontraron a una Celia ilesa, si bien algo confundida, preguntándose qué pasaba y quién había apagado la luz. Bajo los efectos de la anestesia general,[1] los científicos extrajeron dos muestras diminutas de piel de Celia —una de su oreja izquierda y otra del costado— y le pusieron un collar de rastreo para monitorizar todos sus movimientos cuando estuviese de nuevo en libertad. Cuando el animal despertó, le hicieron las pertinentes pruebas posanestésicas y, al ver que estaba bien, lo dejaron ir.

Mientras tanto, las células procedentes de las biopsias de Celia estaban haciendo el viaje de su vida. Almacenadas cuidadosamente en tubos diminutos, las muestras se llevaron lejos de los peligrosos acantilados. Hablé con el veterinario e investigador Alberto Fernández-Arias,[2] que había coordinado la captura. Me contó que «las células eran tan valiosas que no podíamos correr ningún riesgo. De modo que pusimos dos muestras iguales en dos coches distintos para llevarlas a dos laboratorios diferentes. Así, si uno de los coches sufría un accidente, las células del otro coche podrían utilizarse. Afortunadamente para las células y para los conductores, los trayectos transcurrieron sin problemas. En los la-

[1] El bucardo, no los científicos.

[2] Fue Fernández-Arias quien le puso el nombre al bucardo. La llamó Celia en honor a su entonces novia y ahora mujer. Muy convenientemente, la pareja tiene ahora «hijos» propios.

boratorios, los biólogos hicieron crecer las células del bucardo en placas de Petri para aumentar su número, luego las congelaron con cuidado en pequeños viales de protección, para poder así utilizarlas y hacerlas revivir en fechas posteriores. El destino del bucardo permanece almacenado en un contenedor de nitrógeno líquido.

En 2002 dos años después de que Celia muriese a manos de su némesis vestida con corteza de árbol, los investigadores sacaron y descongelaron algunos de los viales. Procedieron a realizar el mismo tipo de experimento que había generado, en 1996, a Dolly, la oveja más famosa del mundo y el primer mamífero clonado a partir de una célula diferenciada. Las células de Celia, junto con su ADN, se inyectaron en óvulos de cabra a los que se les había extraído su propio material genético. Después de una breve descarga eléctrica, los óvulos reconstituidos empezaron a dividirse. Una célula se dividió en dos. Dos células se dividieron en cuatro, y así siguieron dividiéndose hasta que, unos días más tarde, se podían ver embriones en sus primeros estadios de desarrollo en la placa de Petri. El equipo había creado embriones vivos de bucardo, todos clones de Celia.

Para que siguieran creciendo, se transfirieron los mejores embriones a los úteros preparados de cabras receptoras, que intentaron estoicamente llevar el embarazo a buen término. La mayoría de las gestaciones fracasaron, pero una intrépida cabrita consiguió albergar su carga hasta el final. El 30 de julio de 2003, Fernández-Arias y sus colegas trajeron al mundo el clon de Celia. Todos estaban de acuerdo en que un parto natural no era lo más apropiado. La cabra receptora y el pequeño clon que llevaba en su vientre eran demasiado «valiosos» como para empujar. No se podía dejar nada al azar, así que el equipo decidió realizar una cesárea. En una sala llena de investigadores vestidos de cirujanos, mascarillas incluidas, todos contuvieron la respiración cuando Fernández-Arias ayudó a sacar suavemente a la cabrita del útero. Cuando la sostuvo en sus brazos, observó lo bonita que era. La recién nacida tenía el pelaje despeinado, color miel, grandes ojos marrones y unas patas preciosas y enclenques. Sus constantes vitales eran buenas y su ritmo cardíaco fuerte. La pequeña clon parecía perfecta.

Pero entonces, rápidamente, las cosas empezaron a ponerse feas. «Tan pronto como la tuve en mis brazos supe que había algún tipo de problema», dice Fernández-Arias. El diminuto animal empezó a tener dificultades para respirar y a angustiarse cada vez más. A pesar de todos los esfuerzos que se hicieron por salvarla, el clon murió solo siete minutos después de nacer. Una autopsia posterior reveló una malformación congénita en los pulmones. La pobre jamás tuvo una oportunidad.

El bucardo, que había vuelto a este mundo de manera tan breve, se había extinguido de nuevo, lo que le otorgaba no solo el honor de ser el primer animal al que se había traído de vuelta de la extinción, sino también la ignominia de ser el primer animal que se había extinguido dos veces.

Esta es una historia agridulce, pero marca el inicio de una época fascinante. Devolverle la vida a un animal después de que se haya extinguido es algo increíble, emocionante y que da al traste con todos los dogmas. En toda la historia de la vida en la Tierra jamás había ocurrido. Este suceso es tan especial que incluso ha adquirido su propio nombre: cuando a una especie extinta se le devuelve la vida, decimos que se ha convertido en «desextinta». Es una palabra un tanto tosca, no muy fácil de pronunciar, pero cumple con su función. Se han barajado otras expresiones tales como «los ya no extintos» o «los no muertos», pero la primera era demasiado aparatosa y la segunda sonaba demasiado a un apocalipsis zombi, así que al final prevaleció la palabra *desextinción.*

Cuando los investigadores publicaron por fin la historia de la creación del clon, en un artículo publicado en una revista científica en 2009, las reacciones fueron bastante cautelosas. «Una cabra clonada muere después de intentar devolverle la vida a un animal extinto», decía un titular *online* del periódico inglés *The Independent.*

Los medios se centraron en destacar lo cerca que había estado el equipo de conseguir su meta, más que en celebrar lo que había sido un viaje científico sin igual. Aunque la vida del pequeño bucardo había sido corta, el que llegara siquiera a nacer ya era un logro científico sin precedentes, que reflejaba el duro esfuerzo, la excelencia científica y la extraordinaria visión de los investigadores que lo habían creado. Vale, estos últimos estaban decepcionados porque la cabra no hubiese vivido más tiempo, pero la clonación nunca había sido una ciencia exacta, y clonar a una especie extinta... Bueno, es que eso era ni más ni menos que la primera vez que se lograba. «Lo que hicimos fue un paso científico importantísimo», dice Fernández-Arias, y lo único que se interpone entre lo conseguido y el clon de un bucardo lleno de vida es la financiación y el tiempo. «Desde un punto de vista práctico, creo que devolverle la vida al bucardo es completamente posible», dice.

Años después, hay poca gente que parezca haber oído algo sobre el clon de Celia, el bucardo que volvió de la muerte por tan escaso tiempo. Pero el bucardo no es el único animal que ha sido resucitado hasta ahora. En el 2012, investigadores australianos desextinguieron brevemente a un anfibio al que apodaron «la rana Lazarus» *(Rheobatrachus silus)*, una criatura inusual con una particularidad alucinante (para descubrirla hay que leer el capítulo 5). Y según sigan avanzando el tiempo y la tecnología, volverán más animales a la vida. La meta es que estas criaturas desextintas puedan disfrutar vidas largas y saludables, que respiren con normalidad, que vivan en estado salvaje y que sean capaces de recrear poblaciones enteras de animales que se perdieron en algún momento. Los animales extintos, según defienden algunos científicos, podrían encontrar de nuevo un hogar en el mundo actual.

Actualmente hay alrededor de media docena de proyectos en activo en todo el mundo, todos ellos orientados a la desextinción de distintos animales. En Australia, los trabajos sobre la rana Lazarus continúan. En Estados Unidos, los científicos están trabajando en la desextinción de la paloma pasajera *(Ectopistes migratorius)*, un pájaro atlético, de pecho rosa, que en el pasado formaba bandadas junto a millones de ejemplares de su especie, y del gallo de las praderas *(Tympanuchus cupido cupido)*, un ave regordeta y marginada que una vez habitó las praderas de Norteamérica. En el Reino Unido, los científicos se están planteando si realizan o no la desextinción del conocido como «pingüino del norte», el alca gigante *(Pinguinus impennis)*, mientras que en Sudáfrica están intentando revivir la cuaga *(Equus quagga quagga)*, un equino de rayas muy raro con el que se pueden conseguir 17 puntos jugando al Scrabble. En Europa están intentando recrear el antepasado del toro moderno, el imponente uro de los cuernos gigantes *(Bos primigenius)*. Mientras tanto, en Corea del Sur, Japón y Estados Unidos, tres equipos distintos de científicos están tratando de desextinguir al animal más icónico de todos: el mamut lanudo *(Mammuthus primigenius)*.

El porqué exacto de la decisión de los investigadores de revivir «esta» o «aquella» especie tiene que mucho que ver con la especie en cuestión, y lo que queda de ella. Ciertos proyectos, en los que especies muy cercanas y similares a las extintas aún están vivas, centran sus esfuerzos en la reproducción selectiva. El proyecto TaurOs, de los Países Bajos, por ejemplo, está cruzando varias especies de bovinos actuales para crear algo similar a un uro. Algunos, como los orientados a resucitar el bucardo o la rana Lazarus, emplean la clonación. Y otros, como el de la paloma pasajera, entrañan una genética bastante complicada. Pero todos se reducen al mismo ingrediente mágico y puro. Tres letritas: ADN.

SOPA DE LETRAS GENÉTICA

El ADN, o ácido desoxirribonucleico, para llamarlo por su nombre correcto y completo, es una famosa molécula «retorcida». Cuando en 1953 los biólogos de la Universidad de Cambridge

Francis Crick y James Watson descodificaron su estructura helicoidal, hicieron lo que hacen todos los ingleses después de un buen día de trabajo: bajarse al pub. Allí, se podría decir que Crick pronunció la mejor frase que jamás se ha emitido en un pub. No es «esta ronda la pagas tú», o «¿me podría poner un aperitivo?»; lo que Crick dijo fue que habían «encontrado el secreto de la vida». Fue un resumen precioso, sencillo y elocuente de un avance científico brillante que cambiaría la ciencia para siempre. El ADN *es* el secreto de la vida porque contiene las instrucciones necesarias para *crear* vida, y se puede encontrar un lote completo de instrucciones en casi todas las células de nuestros cuerpos, en una masa amorfa rodeada por una membrana y que se llama núcleo. Este manual de usuario biológico se denomina genoma. El genoma de cada cual es único. Uno lo adquiere de su madre y de su padre en el momento en que el óvulo y el esperma se encuentran, se unen y comienzan a dividirse. El genoma del dodo es el libro de instrucciones de cómo hacer un dodo, mientras que el genoma del *Triceratops* es el manual completo de cómo hacer un *Triceratops*. Uno se puede hacer una idea. Cada especie tiene su propio y particular código genético, y ese código ayuda a saber el modo en que cada cosa viviente se desarrolla y crece. Nuestros genomas influyen en nuestro aspecto, en nuestra manera de envejecer, incluso en ocasiones en las enfermedades que padecemos. Así que, dada su importancia, es decepcionante darse cuenta de que, de todos los billones de especies que han vivido en la Tierra, a la gran mayoría, o les faltó la visión de hacerlo, o simplemente no se molestaron en descifrar las instrucciones para reproducir su propia especie. Incluso las especies en peligro de extinción, como los pandas o los pangolines, que en teoría deberían haber hecho un esfuerzo, han pecado de falta de interés. A día de hoy, los seres humanos son la única especie que ha descifrado su propio genoma.

Por suerte para la causa de la desextinción, los humanos somos bastante buenos obteniendo el ADN de otros animales. Hemos descodificado desinteresadamente el genoma de muchas otras especies, y lo que hemos encontrado es lo siguiente: teniendo en cuenta la complejidad que entraña, el ADN es una molécula bastante simple, con la forma de una larga, retorcida y diminuta escalera. Los peldaños de la escalera están formados por pares de grupos químicos llamados nucleótidos. Solo existen cuatro nucleótidos diferentes: citosina (C), guanina (G), adenina (A) y timina (T), a las que en este libro me referiré en ocasiones como «letras». Las letras siempre se emparejan de un modo muy particular. La C siempre va con la G, y la A siempre va con la T. Parece sencillo, pero el genoma medio mide muchos millones de «peldaños» con distintas cantidades de C, G, A y T, todas dispuestas en orden diferente. El genoma humano, por ejemplo, que es a la vez grande e inteligente, contiene la friolera de 3,2 miles de millones de nucleótidos.

Una lata normal de 400 gramos de sopa de letras Heinz tiene 230 letras,[3] añadidas de manera que, tal y como me dijo el fabricante, haya un número bastante representativo de cada una de las 26 letras del abecedario dentro de cada lata. Pero supongamos que algunas de las latas que salen al mercado solo contuviesen C, G, A y T y se llamaran «Sopa de letras genética».[4] Tendrían que producir 14 millones de latas para hacer una sola copia del genoma humano. Si todas las latas se abrieran y las letras se pusiesen en línea recta, cubrirían toda la distancia que hay entre Londres, Reino Unido, y Sídney, Australia... y vuelta. El orden en el que se ordenan las letras se llama «secuencia», y el acto de leerlas se conoce como «secuenciación». Como uso ambos términos con frecuencia en el libro, no hay que asustarse. Hay que pensar que estoy hablando de pasta y punto.

Las letras reales del ADN son, por supuesto, mucho más pequeñas y menos saciantes que su versión alimenticia. Y ni pensar

[3] Esto lo sé porque tuve que pagar a mis hijos para que las contaran.

[4] Les pregunté de hecho si estarían dispuestos a comercializar esto, y, desgraciadamente, no llegó a buen puerto. Tampoco pareció interesarles la idea de mi marido de los «Genes al horno».

en cubrir ninguna distancia sobre el planeta: si se pusiesen en fila todos los nucleótidos que se encuentran en una sola de las células, la línea apenas recorrería unos cuantos metros. Al igual que la pasta de la sopa se tiene que meter en latas para que sea más manejable, el ADN de nuestras células se agrupa en unidades individuales llamadas cromosomas, de las que tenemos 23 pares. Esparcidas por estos cromosomas están las secuencias llamadas genes. Los genes son importantes porque contienen las instrucciones para hacer proteínas, y las proteínas son importantes porque son una parte esencial de la vida. Volveré a mencionar la palabra *genes* más adelante, pero el lector puede seguir pensando en pasta.

Mientras quede una cantidad significativa de ADN, podemos ir atrás en el tiempo para revelar sus secretos. Esto quiere decir que los científicos pueden extraer y estudiar el ADN no solo de los organismos vivos o de animales que acaban de morir, sino también de criaturas que murieron hace mucho tiempo. Ahora nos hemos dado cuenta de que los museos son un tesoro infinito, no solo por sus especímenes disecados de ojos estrábicos, sino porque se les puede extraer el ADN e investigarlo. A todos esos animales conservados «en escabeche» y especímenes disecados de las vitrinas se les puede extraer la información genética que aún conservan. Hasta los fósiles a veces son susceptibles de investigación. Se ha extraído con éxito ADN antiguo de uñas, dientes y huesos fósiles. Se ha podido sacar de cascarones y plumas antiguas, y, con placer infinito, de caca fósil. Hoy en día, el ADN antiguo ayuda a arrojar luz sobre todas las cosas, desde la domesticación del perro hasta los hábitos sexuales de nuestros antepasados más lejanos.

La mayoría de las veces los científicos que estudian el ADN antiguo no lo hacen porque quieran desextinguir animales, sino porque desean entender cómo evoluciona y cambia la vida. La desextinción, como argumentan algunos, es una distracción, una obsesión generada por los medios de comunicación que tiene poca cabida en un laboratorio de ADN antiguo respetable. Pero los tiempos cambian. Y, hoy en día, hay científicos respetables que *están* interesados en la desextinción. A través de una investigación multidisciplinar, ahora ya es posible casar los secretos del ADN antiguo con la tecnología genética de última generación, y, de hecho, hacer un corta y pega del ADN antiguo de animales extintos hace mucho tiempo con el ADN actual de criaturas que aún están entre nosotros. Los periodistas, yo incluida, podemos parecer obsesionados con la desextinción, pero por un buen motivo. ¿Quién no estaría emocionado ante la idea de un mamut lanudo, vivito y coleando, si tal espectáculo fuese posible?

LA CHISPA JURÁSICA

Como la mayoría de la gente, mi primer contacto con la desextinción fue cuando fui a ver *Parque Jurásico* al cine. Recuerdo estar sentada al fondo, comiendo palomitas con ansiedad, y atacada ante la idea de que pudiesen existir dinosaurios capaces de abrir puertas en alguna idílica y remota isla. De repente, aquellos veraneos británicos lluviosos de mi infancia me parecieron fascinantes: familiares y mundanos pero seguros y alejados de los velociraptores. «Aquella película» tenía muchas respuestas que dar. Si la idea de devolver a la vida a especies extintas no resulta precisamente tranquilizadora, quizás tenga mucho que ver con las ideas preconcebidas (que espero desafiar más adelante) que en gran parte se deben a la fiesta catastrófica de *Parque Jurásico*.

Basada en la novela del mismo nombre, de Michael Crichton, la película de Steven Spielberg imaginaba un parque salvaje atiborrado de dinosaurios desextinguidos. Pero estas bestias eran listas y con un alto sentido de la ética. Sabían instintivamente que debían comerse al programador informático corrupto y al vil abogado, pero les perdonaban la vida a los angelicales niños. Cuando falla el sistema eléctrico, los dinosaurios corren enloquecidamente destrozando jeeps, tienden una emboscada en un laboratorio y causan un caos general. Es una película brillante, sumamente célebre, que ha generado secuela tras secuela y recaudado cientos de millones de dólares en todo el mundo. Pero no inspira precisamente confianza en el concepto de la desextinción, o, ya que estamos, en la ciencia en sí misma.

En la película, el programador informático Dennis Nedry roba y vende embriones de dinosaurio a un competidor rival, mientras que el creador del parque, John Hammond, es, por un lado, un abuelo de ojillos chispeantes y, por el otro, un pez gordo avaricioso que crea ciencia a escondidas, y que solo revela sus secretos una vez que su parque temático está ya montado y lleno de *merchandising*. No es una buena analogía de cómo funciona la ciencia. Pero los científicos —los buenos, honestos y respetables que investigan de manera transparente, accesible al público y regulada por los códigos éticos más exigentes— llevan pensando en la desextinción desde mucho antes de *Parque Jurásico*.

En 1980 el entomólogo George Poinar, de la Universidad de California, en Berkeley, se quedó maravillado por un trozo inusual de ámbar del Báltico. A lo largo de su investigación, centrada en el estudio de los insectos y sus parásitos, Poinar había recorrido el mundo entero recolectando criaturas cuyas vidas se habían detenido instantáneamente el día en que se vieron atrapadas por las gotas pringosas de árboles antiguos. Con el tiempo, la resina de los árboles se endureció hasta convertirse en ámbar, con los desdichados animales aprisionados dentro, y luego, sorprendentemente, muchos millones de años más tarde, se encontraron las pepitas doradas de la vida prehistórica, cada una de ellas, una ventana dorada al pasado. En su momento, Poinar había encontrado algunos especímenes francamente interesantes: hormigas obreras que llevaban comida, abejas asfixiadas en el polen y moscas cuyo último aliento lo habían dado *in flagrante delicto*. Todas ellas estaban perfectamente conservadas dentro de sus tumbas de ámbar. O eso parecía. Cuando Poinar observó con más detenimiento a sus insectos atrapados en ámbar y los diseccionó en finas capas bajo el microscopio, los tejidos corporales de los insectos parecían estar siempre en mal estado. Lo que desde fuera parecía bueno, desde dentro era un revoltijo fragmentado y decepcionante. Pero entonces dio con una mosca que desafió todas las expectativas. A primera vista, la mosca no tenía nada fuera de lo común. Al morir, no había hecho nada inusual, distinto o no apto para todos los públicos. Pero cuando su colega, la microscopista Roberta Hess, la observó bajo el microscopio, advirtió un nivel de detalle nunca visto en un animal de esta antigüedad. Fascinantemente, después de 40 millones de años atrapada en el ámbar, algunas de las células de la mosca todavía estaban intactas. Hess incluso pudo vislumbrar diminutas estructuras especializadas que habrían ayudado a funcionar a las células vivas. Eran las estructuras generadoras de energía llamadas mitocondrias, y las fábricas de proteínas llamadas ribosomas. Pero lo mejor de todo eran los núcleos, los centros de control de las células que contienen el ADN. Hess dejó una nota en la puerta de la oficina de Poinar con una sola palabra: «¡Conseguido!». Dos años más tarde, publicaron sus descubrimientos en la revista *Science*.

Merece la pena detenerse un momento para sopesar la euforia de los científicos. Hasta aquel momento, nadie, jamás, había echado un ojo a las células intactas de una criatura de hace un millón de años. El nivel de detalle era extraordinario, pero lo que impresionó a todo el mundo fue el núcleo. El descubrimiento de Hess y Poinar puso sobre la mesa una pregunta desafiante: si las células de la mosca aún contenían el núcleo, puede que los científicos fuesen capaces de sacar el ADN que en él se almacena, y a partir de ahí aprender más sobre los genes antiguos, la evolución y la historia de la vida en la Tierra.

Sin embargo, algunos científicos estaban dispuestos a especular todavía más. El artículo de Poinar llamó la atención de una camarilla secreta de científicos y médicos clínicos de Bozeman, Montana, que se conocían por el nombre de Grupo de Estudio del ADN Extinto. Se trataba de un grupo clandestino de expertos sin miedo a ir más allá en sus ideas. Le pidieron a Poinar que se uniera a ellos y este acepto discretamente.

En la segunda edición de su *Extinct DNA Newsletter*, el fundador del grupo, John Tkach, resumió un experimento de tintes fascinantes: ¿qué pasaría si, hace muchos millones de años, hubiese habido un mosquito hambriento que hubiera decidido cenar algo de dinosaurio, y que luego se hubiese quedado atrapado en ámbar, con su última cena aún dentro del estómago? Si se podía recuperar la célula de la sangre de dinosaurio de dentro de ese mosquito y luego trasplantarla en un ovocito al que se le hubiese quitado su propio ADN, quizá fuese posible hacer crecer células de dinosaurio en cultivo, o a lo mejor, solo a lo mejor, sería posible hacer crecer un dinosaurio.

«Era una idea bastante extravagante», dice el virólogo del Virginia-Maryland College of Veterinary Medicine Roger Avery, que fue miembro del Grupo de Estudio del ADN Extinto en los años 80. «Ninguno de nosotros nos lo tomamos demasiado en serio.» Aunque se habían encontrado fragmentos de ADN dentro de las células de un mamut lanudo de 40.000 años, las técnicas necesarias para extraer, analizar y replicar el ADN aún estaban en pañales. En los 80, la mayoría pensaba que la recuperación del ADN antiguo de fósiles o insectos contenidos en ámbar era completamente inútil. Los científicos se burlaron de la idea, así que los miembros del Grupo de Estudio del ADN Extinto se guardaron sus ideas y se mantuvieron en la sombra.

El grupo nunca había planificado en serio desextinguir a un dinosaurio, pero a sus miembros les gustaba especular sobre lo que podía o no ser posible. Preocupados por que el ADN del dinosaurio pudiese verse contaminado con material genético de otras fuentes, llegaron a escribir a la NASA para preguntarles si podrían disponer de una habitación estéril en caso de que alguien deseara en algún momento intentar el experimento. La respuesta de la NASA, si es que alguna vez hubo alguna, se perdió en las décadas siguientes, y el Grupo de Estudio del ADN Extinto se disolvió tan discretamente como se había formado. Pero, por lo que sé, sus miembros serían algunos de los primeros científicos en especular sobre las posibilidades de la desextinción de los dinosaurios. Y si sus ideas sobre la resurrección de los dinosaurios suenan familiares a día de hoy, por algo será...

Más o menos al mismo tiempo que el Grupo de Estudio del ADN Extinto soñaba con dinosaurios, George Poinar recibió una visita en su laboratorio de Berkeley: un hombre alto y desgarbado estaba interesado en su mosca enterrada en ámbar. «Era muy amable y hacía preguntas sobre cómo devolver la vida a organismos contenidos en ámbar», dice Poinar. Pero, cuando el visitante se fue, Poinar apenas volvió a pensar en él. Solo años después, al recibir una llamada de teléfono de alguien de los estudios Universal de Los Ángeles, diciéndole que estaba entre los agradecimientos de un libro que estaba a punto de adaptarse a la gran pantalla, se le encendió la bombilla. El visitante, un joven Michael Crichton, había acabado tan convencido por las posibilidades del trabajo de Poinar que lo había usado como base científica para su novela *Parque Jurásico*.

EL FIN DEL MUNDO TAL Y COMO LO CONOCEMOS

La ciencia ya ha avanzado hasta el punto en el que la desextinción ya no parece una fantasía sino una posibilidad muy real, pero ¿a quién o qué elegir? ¿Por dónde empezar? Más del 99 por 100 de todas las especies que han vivido en algún momento en la Tierra ya no están entre nosotros. Eso hace que la lista inicial sea de más de cuatro mil millones de contendientes. Es una sobreabundancia de candidatos, pero la realidad es que las especies van y vienen. Y la extinción es una parte fundamental de la historia de la vida en la Tierra.

Hoy en día, la «idea» de la extinción está muy aceptada, pero no siempre ha sido así. En el siglo XVII, el arzobispo de Armagh,

James Ussher, usó la Biblia como referencia para calcular que la Tierra tenía menos de 6.000 años. En concreto, calculó que Dios había creado el mundo el 23 de octubre del año 4004 a. C., domingo, día en el que en teoría tendría que haber estado descansando... o yendo a la iglesia. La Tierra era demasiado joven, argumentaban los feligreses, como para haber experimentado ningún tipo de extinción, y además Dios jamás permitiría que las formas de vida que tan amorosamente había creado se extinguieran. Eso no tendría sentido... Sería algo así como hornear una bandeja de galletas y luego desperdiciarlas dándoselas a tus hijos.

Pero los fósiles hicieron que la visión del mundo por parte de las personas cambiara. En 1796 el naturalista francés Georges Cuvier presentó un trabajo en el Institut de France sobre la mandíbula fosilizada de una criatura muy similar al elefante que más tarde describiría como el mastodonte. Los críticos argumentaron que el hueso tenía que pertenecer a una especie con vida; que, en algún sitio de la Tierra, todavía deambularían estos paquidermos gigantescos. Pero Cuvier tenía otra explicación, más controvertida. El hueso, dijo, pertenecía a una criatura que ya no existía. Era una de las muchas especies de la Tierra que se habían extinguido, aniquiladas por algún suceso enorme, catastrófico. La Tierra, argumentaba, pasa por períodos de cambios repentinos en los que muchas especies diferentes desaparecen a la vez, un concepto que hoy se conoce como «extinción masiva».

En la época victoriana, los científicos ya estaban convencidos de la idea de la extinción, pero pensaban que Cuvier era un poquito fatalista. En lugar de la imagen de película de catástrofes que pintaba el francés, la mayoría estaba a favor de un tipo de extinción más sutil, en el que las especies iban desapareciendo lentamente, una por una. No había ninguna evidencia, decían, de una extinción masiva. Sin embargo, los tiempos han cambiado. Ahora somos conscientes de que la extinción sucede de una manera más o menos constante. Hay nuevas especies que evolucionan sin cesar, y las más viejas se extinguen si alguna es mejor que ellas o si fallan en su adaptación al cambio. Hay un ritmo «de fondo» normal de extinción, pero también hay ocasiones en las que el ritmo de extinción se incrementa al máximo y los sucesos normales se ven interrumpidos por algún cataclismo enorme, capaz de acabar con la vida de muchas especies. En época de extinción masiva, más de la mitad de todas las especies desaparecen. Un *diminuendo* vital, desde un rugido cacofónico al más pequeño de los gemidos. Se pierde una gran cantidad de biodiversidad, en períodos de tiempo insignificantes desde el punto de vista geológico. El paleontólogo Michael Benton, de la Universidad de Bristol, ha comparado este fenómeno con un loco trastornado que, hacha en mano, va destrozando el árbol de la vida y recortándolo hasta que queda al borde de la muerte.

Sabemos por el registro fósil que ha habido al menos cinco extinciones masivas desde que aparecieron las formas de vida compleja, hace unos 500 millones de años. La primera, que barrió de la faz de la Tierra aproximadamente a un 80 por 100 de todas las especies hace unos 450 millones de años, fue causada por una glaciación inmensa y una caída drástica del nivel del mar. La tercera y más devastadora ocurrió hace unos 250 millones de años, cuando el calentamiento global y una de las mayores erupciones volcánicas de la historia causaron que el 95 por 100 de las especies murieran. La quinta y más famosa sucedió hace 65 millones de años, cuando un asteroide se estrelló en la mexicana península de Yucatán, acabando con los dinosaurios y con tres cuartas partes de todas las especies de la época. Las extinciones —las grandes— sí suceden.

Así que tenemos que elegir. Podemos aceptar que la extinción es parte de la vida, que es inevitable y que todas las especies, en algún momento, van a desaparecer. Así ha sido, después de todo, el *modus operandi* desde que comenzó la vida. O podemos hacer una gran revolución y cambiarlo todo. La extinción, tal y como nos ha enseñado el clon de la bucarda Celia, no tiene que ser para siempre. Las especies se pueden revivir. No tenemos por qué observar cómo sucede delante de nuestras narices nunca más. De hecho, no tiene por qué suceder en absoluto.

CAYENDO COMO MOSCAS

La desextinción, de hecho, puede que esté llegando justo en el momento en que más la necesitamos. Alrededor de nosotros, cada día, las especies desaparecen a más velocidad que una gacela en un fueraborda. Un estudio de 2014 de la revista *Science* descubrió que 322 especies de vertebrados terrestres habían desaparecido en los últimos 500 años y que las poblaciones de las especies restantes estaban sufriendo una caída en números del 25 por 100. La vida para los invertebrados no es que sea magnífica tampoco, con dos tercios de estas preciosidades en un declive del 45 por 100. Hasta las cucarachas, de las que siempre se ha dicho que podrían sobrevivir a un holocausto nuclear, están en apuros. «Estos números son bastante alarmantes», dice Ben Collen, investigador en el campo de la biodiversidad del University College London, y coautor del artículo de *Science*. Y estas son las especies que conocemos. Cuando se añaden grupos poco representados al panorama general, se estima que el número de animales salvajes de la Tierra se ha reducido a la mitad en los últimos 40 años.

Este no es el ritmo habitual de la extinción. Es algo mucho mayor, mucho más mortífero. En función de a quién escuches, estamos o al borde o ya totalmente en los últimos estertores de la sexta extinción masiva. A nuestro alrededor hay especies, incluyendo las moscas, que están cayendo como ídem, y probablemente muchas más van por el mismo camino. ¿Y qué es lo peor de todo esto? Que es culpa nuestra. Las extinciones masivas ya han tenido lugar antes, pero jamás por consecuencia de nuestras acciones. La investigación de Collen sugiere que las tasas de extinción actuales son aproximadamente mil veces más altas que en la época prehumana, y en el futuro estos índices podrían aumentar a magnitudes nunca vistas.

Todo empezó en África hace dos millones de años. Antes de eso, el continente estaba lleno de carnívoros enormes: grandes «osos nutria», gatos de dientes de sable y osos perro. Pero entonces aparecieron los primeros homínidos. Según el paleontólogo Lars Werdelin, del Museo Sueco de Historia Natural de Estocolmo, la evidencia fósil sugiere que la desaparición de tantos carnívoros de gran tamaño coincide en el tiempo con el momento en el que nuestros primeros antepasados, miembros del grupo *Homo*, pasaron de ser sobre todo vegetarianos a comer más carne. La competencia con los humanos por ver quién tenía más facilidad para cazar podría haber sido la causa que llevara a los grandes carnívoros a la extinción.

Es un patrón que se repite a sí mismo una y otra vez. Los animales viven tan felices. Llega el hombre. Los animales se extinguen. Durante el Pleistoceno, la época geológica que duró desde hace 2,5 millones de años a hace 12.000, los continentes estaban abarrotados por una megafauna autóctona rara y maravillosa. En Norteamérica había cóndores gigantes y perezosos gigantes. Eurasia tenía sus osos cavernarios, rinocerontes lanudos y mamuts lanudos, mientras que en Australia existía un tejón de dos toneladas, un león marsupial y el mayor canguro que ha existido jamás.

Entonces aparecimos nosotros en escena, y se acabó el juego para los grandes mamíferos. Pasó hace 60.000 años en Australia, 30.000 años en Europa y 10.000 años en América. Esta idea la popularizó a finales del siglo XX el geocientífico norteamericano Paul Martin, que bautizó el fenómeno como «modelo Blitzkrieg». También sucedió en las islas. Después de que sus parientes del continente desaparecieran 10.000 años antes, las poblaciones aisladas de mamuts se asentaron en las islas árticas de Wrangel y St. Paul, pero los humanos llegaron unos miles de años después y desapareció el último de los mamuts. «El ritmo de los acontecimientos es la mayor evidencia que hay de la intervención humana en la extinción de la megafauna del Pleistoceno», dice Ross Barnett, del Museo de Historia Natural de Copenhague. El registro fósil no miente.

En la historia más reciente, hay evidencia por el registro arqueológico de la devastación que hemos causado los humanos. En el siglo XVII, sellamos el destino del dodo *(Raphus cucullatus)* —una vergüenza sin precedentes en la historia de la extinción—, cuando destruimos su hábitat y quemamos sus huesos de dudoso sabor (véase el capítulo 4). Cien años después, le dijimos adiós a la vaca marina de Steller *(Hydrodamalis gigas)*, un mamífero marino de nueve metros de largo emparentando con el dugongo. Este tierno gigante fue descubierto en 1741 por el naturalista alemán Georg Wilhelm Steller, cuando su expedición al lejano oriente ruso se encalló en las remotas islas del Comandante. Los marineros, muertos de hambre, arponeaban con corquetes a los herbívoros marinos que pastaban en aguas poco profundas y luego los descuartizaban en la playa. Según Steller, la carne y la grasa de vaca marina sabían como «la mejor de las mantequillas holandesas», y cuando los desdichados marineros fueron finalmente rescatados, las noticias sobre el sabor de esta carne se extendieron como la pólvora. Las futuras expediciones con destino a Alaska se darían una vuelta para degustar estas delicias subacuáticas, hasta que, en 1768, solo 27 años después de haber sido descubiertas, ya no hubo más vacas marinas para matar.

En el siglo XIX al alca gigante, un enorme pájaro no volador que parecía un pingüino al que se le hubiese operado la nariz, se le dio caza despiadadamente hasta su extinción en las islas del Atlántico Norte, por sus plumas, su carne y su grasa. En la isla de Funk, que suena como un sitio estupendo para montar un festival de música, pero que no lo es en absoluto, no solo se desplumaba vivas a las alcas gigantes, sino que se las hervía vivas en fuegos hechos con... alcas gigantes grasientas e inflamables. A la última alca gigante británica, cazada en el archipiélago escocés de St. Kilda en 1844, se la tachó de bruja sin motivo ninguno y fue golpeada hasta morir, mientras que en la isla islandesa de Eldey, donde vivía la última colonia, se estranguló a las dos últimas alcas gigantes y se vendieron sus cuerpos a los coleccionistas. Aquel fue el fin del alca gigante.

Los bucardos vivieron en libertad en los Pirineos durante miles de años, pero en el siglo XIX los cazadores decidieron que sus cuernos curvados y espectaculares quedarían mejor en las paredes de sus casas que en las cabezas de estas elegantes bestias. La especie a la que pertenecía Celia sufrió una caza incesante, de tal manera que en 1900 quedaban menos de cien animales en libertad, y, aunque el bucardo luego se convertiría en especie protegida, ya era demasiado tarde. En 1996 solo quedaban tres bucardos con vida. Y en 1999 solo quedaba Celia. Y, aunque nos gustaría pensar que hemos aprendido de los errores del pasado, la lista continúa aumentando a día de hoy.

En Taiwán la explotación forestal ha marcado el fin de la pantera nebulosa de Formosa *(Neofelis nebulosa brachyura)*, mientras que, en las islas atlánticas de Cabo Verde, el gusto de los nativos por la grasa y la carne del eslizón supuso el fin del eslizón gigante de Cabo Verde *(Macroscincus coctei)*. Ambos animales fueron declarados especies extintas en 2013. Un año antes, el icono internacional de la conservación, el Solitario George, megaestrella de las islas Galápagos y última tortuga de la isla Pinta, exhaló su último suspiro a la avanzada edad de más de cien años. Pero el destino de su especie ya se había sellado en los siglos XVIII y XIX, cuando los balleneros que hacían escala en las islas sacaron del archipiélago más de 100.000 tortugas. Las tortugas gigantes se almacenaban con vida en las bodegas de los barcos y suponían un alimento inmediato, ya que podían vivir sin agua o comida un año o más. Sus cuerpos eran una fuente de carne fresca, mientras que el agua que almacenaban en el pescuezo y su orina se usaban como bebida.[5]

[5] En efecto, bebían pis de tortuga, pero no a palo seco. No eran unos salvajes cualesquiera. La bebida se diluía para que tuviera un sabor más agradable.

Puede que empezáramos con la aniquilación de mucha de la megafauna antigua, pero hoy en día, por nuestra culpa, también se están extinguiendo tanto especies pequeñas como grandes. Un estudio de 2015 del ecologista Mark Urban, de la Universidad de Connecticut, sugiere que, si el calentamiento global continúa a este ritmo, una de cada seis especies del planeta se podría extinguir como consecuencia directa. Y la pérdida de la biodiversidad no solo aumenta con el cambio climático: su ritmo se acelera con cada grado que aumenta la temperatura terrestre. Esto significa que, si seguimos por donde vamos, el cambio climático acelerará las extinciones por todo el mundo.

En el panel informativo que se encuentra en la puerta del recinto en el que vivía el Solitario George, en la Estación Científica Charles Darwin del Parque Nacional de las Galápagos, podemos leer las siguientes palabras: «Sea lo que sea lo que le suceda a este animal, dejemos que siempre nos recuerde que el destino de todos los seres vivos de la Tierra está en manos del ser humano».

Vivimos en medio de una vorágine mundial de pérdida de biodiversidad causada por el hombre. Los más conservadores sugieren que actualmente hay entre cinco y nueve millones de especies animales en el planeta, pero que, de entre ellas, perdemos entre 30 y 150 cada día. Nos creemos inmunes, pero nuestro momento, inevitablemente, también pasará. Mientras que los seres humanos sigamos acidificando los océanos, inyectando dióxido de carbono a la atmósfera y calentando el planeta, seguiremos poniendo en peligro mortal el mundo y el destino de los que lo habitan.

¿QUÉ PASA AHORA? ¿QUÉ ES LO SIGUIENTE? ¿ADÓNDE IR?

Nos toca a nosotros decidir cuál es el siguiente paso. Vale, deberíamos proteger y conservar lo que tenemos, pero, si la extinción es parte de la vida de la Tierra, quizá la desextinción también puede formar parte de la ecuación. En 2013 el medioambientalista Stewart Brand y la empresaria genómica Ryan Phelan organizaron un evento TEDx sobre la desextinción que cosechó un gran éxito. Si no se vio en aquel momento, merece la pena echarle un vistazo en YouTube. Bajo el ojo avizor de los medios de comunicación del mundo, el equipo de marido y mujer trajeron a biólogos moleculares, genetistas, conservacionistas y éticos para debatir sobre las posibilidades, la funcionalidad y las dificultades potenciales de la desextinción. Las opiniones fueron tan variadas como animales extintos hay sobre la faz de la Tierra; unos se posicionaban apasionadamente a favor de la tecnología, mientras que otros se oponían fervientemente a ella. «La idea del evento TEDx —dice Phelan— era que el público se involucrara, para que también pudiese jugar un papel en el debate sobre la desextinción.» Es con un objetivo similar con el que yo escribo este libro.

La desextinción tiene el potencial de alterar completamente la manera en la que concebimos nuestro mundo. Es fascinante por las posibilidades que entraña. Cuando les digo a mis amigos que estoy escribiendo sobre el tema, siempre me hacen inevitablemente más o menos la misma pregunta: ¿puedes devolverle la vida a un *T. rex*... o a un mamut... o a un dodo... o a un neandertal... o a ______________ *(poner el animal muerto que se prefiera)*? En los capítulos siguientes, intento dar respuesta a esa pregunta... para reflexionar sobre otra: solo porque seamos capaces de revivir a un animal extinto, ¿significa eso que debemos? De modo que pongamos todas las ideas preconcebidas a un lado y pensemos: si se pudiese devolver la vida a un único animal del pasado, ¿a quién o qué se elegiría? Puede ser cualquier animal o cosa, desde el rey de los dinosaurios, el *T. rex*, al rey del rock, Elvis Presley, y más allá. Pero cuidado con lo que se desea...

I

EL REY DE LOS DINOSAURIOS

Como sucede con todos los días nefastos, aquel fue una auténtica maravilla. Cuando se despertó por la mañana, hace unos 65 millones de años, Stan no tenía ni idea de que una roca del tamaño del Everest se estaba precipitando sobre la Tierra a más de 100.000 km/h. Poco después de que la bola de fuego se estrellara, sacudió la Tierra con la fuerza de 6.000 millones de bombas de Hiroshima, desencadenando ondas de choque y terremotos de tal magnitud que los tsunamis se extendieron por todo el planeta.

A miles de kilómetros de distancia Stan sintió cómo se movía la Tierra, pero no de una forma agradable. Si hubiese mirado en dirección a la península de Yucatán, habría visto una nube ominosa de polvo y ceniza subir hasta el cielo y oscurecer el sol. La temperatura empezó a bajar. El día se convirtió en noche. Un crudo y oscuro invierno se extendió por el globo.

Hasta ese momento Stan había tenido poco por lo que preocuparse. Era un *Tyrannosaurus rex* de 20 años de edad y 7 toneladas de puro terror. De piel gruesa y tan grande como un camión de mercancías, era el mandamás de América del Norte. Stan y su familia no estaban en la carta de ningún menú: ellos *elegían* el menú. Eran los superpredadores en un mundo caracterizado por un bufé libre de riquísimos dinosaurios, en el que Stan estaba todo el día masticando. El *T. rex* era literalmente el tirano rey de los lagartos.

Pero, cuando el meteorito cayó, todo cambió. Condenadas a la oscuridad infinita, las plantas y algas solares se secaron y murieron. Los que dependían de ellas fueron los siguientes. Los herbívoros (dinosaurios, mamíferos y otras criaturas) se consumieron. Y luego les tocó el turno a los carnívoros: a Stan y los de su clase, débiles y muertos de hambre, les pasó lo inevitable. Fue un exterminio lento, sistémico y mundial. Durante los siguientes cientos de miles de años, tres cuartas partes de las especies animales y vegetales de la Tierra se extinguirían. Los dinosaurios se extinguieron. Fue el final de Stan y de una era. Literalmente.

El meteorito de Chicxulub, como se le conocería mucho más tarde, después de que los humanos evolucionaran e inventaran el lenguaje, aniquiló la era cretácica, protagonizada por los dinosaurios, y trajo a la palestra a su sucesora, la era terciaria. Estas no fueron precisamente buenas noticias para los dinosaurios, pero sí para los pequeños y escurridizos mamíferos, que aprovecharon el momento y resistieron. Fue la oportunidad que nuestros antepasados más lejanos necesitaban para colocar sus pies peludos con firmeza en la puerta de la vida. La desaparición de los dinosaurios facilitó que pasaran cosas buenas: la evolución de los humanos, usted, yo y, finalmente, el nacimiento de Elvis Presley. Pero detengámonos un momento y volvamos a Stan. Antes de que se estrellara el meteorito, los dinosaurios habían gobernado sobre la Tierra durante 135 millones de años. Los humanos, con nuestra irrisoria historia de 200.000 años, no somos más que unos mocosos descarados. El mismo asteroide que dio a los mamíferos su oportunidad, se llevó por delante a algunas de las criaturas más enormes, inspiradoras y enigmáticas que jamás han existido en este planeta.

AMOR ARDIENTE

He estado enamorada del *T. rex* desde que puedo recordar. Cuando era niña, quería *ser* un *T. rex* de mayor. Solo la biología y unos cuantos cientos de millones de años de evolución me han impedido vivir ese sueño. Pero el *T. rex* de mi infancia era muy distinto al que conocemos hoy en día. En los 70, el *T. rex* era un lagarto gigantesco, verde, con escamas y unos dientes enormes y aterradores. Él (todos los dinosaurios eran machos en mi imaginación) estaba casi siempre erguido, como si le hubiesen metido una escoba por dentro, y arrastraba su lamentable cola por el suelo. De sangre fría, corazón frío, fuerte pero estúpido, se pasaba el día holgazaneando en una charca y hacía poco más que rugir, matar cosas y maldecir el día en que sus patéticos y enclenques bracitos habían dejado de crecer. Pero nada de eso importaba. El *T. rex* era el único dinosaurio que a mí me interesaba. Era la única figurita, de una caja de juguetes llena de otros dinosaurios, que veía la luz del sol. Porque, para mí, era el rey. Cómo deseaba conocerlo.

Sin embargo, según iba creciendo, las cosas iban cambiando. El *T. rex* seguía siendo toda una celebridad, pero, como en el caso de otras muchas estrellas de los 70, su reputación se había visto empañada por una serie de imágenes demoledoras que habían salido a la luz. Según iban apareciendo nuevos fósiles, los investigadores empezaron a sospechar que el *T. rex* probablemente no tenía nada de estúpido, lento o de sangre fría. Era, de hecho, un depredador inteligente y de un éxito arrollador, con una postura más horizontal que vertical. Nada de palos por dentro: esta bestia podría haber sostenido una bandeja de chupitos en su espalda sin derramar ninguno. Pero lo peor estaba por llegar. Los fósiles del tiranosaurio desvelaron que no tenían escamas, sino una fina capa de pelaje ligero, y nadie estaba seguro de que el *T. rex* fuese verde, azul, rosa, morado o de cualquier otro color. Fue la gota que colmó el vaso. El *T. rex* de mi infancia había desaparecido. Su lugar lo ocupaba ahora un asesino peludo que mataba de forma indiscriminada y que tenía más en común con las aves que con Godzilla.

El problema es que, aunque sepamos mucho del *T. rex* por el registro fósil, todavía quedan muchas preguntas sin contestar. Sí que hubo, o hay, un *T. rex* llamado Stan. Como muchos otros dinosaurios, se lo llamó así por el hombre que lo descubrió, el buscador de fósiles aficionado Stan Sacrison, que en 1987 notó cómo sobresalía una pelvis de una pendiente vertical en Dakota del Sur.[1] Hicieron falta más de 25.000 horas para que un equipo de expertos excavara y preparara la pelvis, junto a otros 198 huesos, hasta armar uno de los especímenes de *T. rex* más completos que se han encontrado jamás. Stan, al que se puede visitar en el Black Hills Institute of Geological Research de Hill City, Dakota del Sur,[2] está completo al 70 por 100. Pero, aunque sus huesos revelen muchas cosas, incluyendo su edad, tamaño, cómo se movía y hasta lo que comía, todavía hay mucho que no sabemos.

En primer lugar, Stan pudo haber nacido de un precioso huevo, pero simplemente no podemos afirmarlo. Nadie ha encontrado jamás un huevo de *T. rex*. Puede que fuese un jovenzuelo juguetón o un adolescente socialmente torpe. Pudo haber sido un

[1] Unos años después del descubrimiento de Stan, el hermano gemelo de Sacrison, Steve, también descubrió un *T. rex* al que llamó... Steve. Siguiendo un patrón similar, nos encontramos con tiranosaurios que se llaman Sue, Celeste, Bucky, Greg y Wankel (esta última por su tocaya Kathy Wankel, una ranchera de Montana).

[2] Si no puede ir hasta Hill City, puede comprar una réplica de Stan a escala real a través del Black Hills Institute por solo 100.000 dólares, más gastos de embalaje y envío. Tarda unos seis meses en llegar. «Un equipo especializado tarda menos de una hora en montarlo.»

donjuán, un mujeriego o un solitario, un padre magnífico o uno ausente. Sencillamente no lo sabemos. Prácticamente no sabemos nada sobre el comportamiento de los dinosaurios, o sobre cómo interactuaban unos con otros. No sabemos de qué color eran y desde luego no tenemos ni idea de la respuesta a la más antigua de las preguntas sobre los *T. rex:* ¿para qué tenían esos brazos tan pequeños? Lo máximo que podemos hacer son suposiciones lo más precisas o documentadas posible, basándonos en la evidencia fósil que tenemos. Pero qué diferente sería todo si pudiésemos estudiar a un dinosaurio vivo.

Si pudiésemos elegir un dinosaurio al que devolverle la vida, no podría ser un dinosaurio del tamaño de un vaso del que no hubiéramos ni oído hablar, que se llamase «Cualquiercosasauro», hubiera sido descubierto en el siglo XIX y al que solo conociéramos por el hueso del dedo gordo del pie. Ya que estamos, tiene que ser uno muy conocido, un espectáculo de animal. ¿Y quién mejor que el *T. rex*, que además es toda una estrella de Hollywood, protagonista de innumerables películas como *Parque Jurásico*, *El mundo perdido* o *La tierra olvidada por el tiempo*? ¿Acaso alguien más se ha peleado con King Kong, el doctor Who y Homer Simpson? ¿O se ha ido de gira con una superbanda de música para niños?[3] Famoso en el mundo entero, conocido por niños y mayores por igual, el *T. rex* tiene más tirón que cualquier otro dinosaurio.

Y resulta que la existencia de un dinosaurio moderno, vivito y coleando, no es ninguna fantasía. Crear un dinosaurio no es imposible. No es un trabajo para principiantes, y desde luego no es algo que se pueda probar en casa. Es una tarea que requiere mucha concentración y experiencia. Hay que pensar en la cosa más complicada que jamás se haya hecho —un examen, aprender un

[3] Dorothy la Dinosauria es una marioneta de tamaño humano con un alegre sombrerito que protege del sol sus ojos muertos, sin vida, que se va de gira con The Wiggles, un grupo de música para niños. Dorothy come rosas, no niños.

idioma extranjero, ensamblar un mueble que viene sin montar sin jurar en arameo— y luego multiplicarla por el número más alto en el que se pueda pensar, añadir el infinito y aprender a montar en monociclo. Devolverle la vida a un dinosaurio es algo así, solo que con un toque algo más científico. Sería difícil. Habría muchas trabas prácticas, intelectuales y éticas que barajar, muchos fallos por el camino. Pero hay científicos muy respetables ahí fuera que creen que es posible, que verdaderamente están convencidos de que se puede crear o «fabricar» un dinosaurio... o algo así. Pero solo porque se puede hacer ¿significa que se debe?

¿QUÉ PODRÍA SALIR MAL?

Si se pregunta a cualquiera si le gustaría ver un *T. rex* resucitado, es improbable que la pregunta se reciba con indiferencia. A no ser que se le pregunte a un adolescente particularmente tétrico en un día particularmente lúgubre, no se oirá sencillamente un «¿Sabes qué? Me importa más bien poco», o un «SÍ, CLARO...». No es un tema que deje indiferente a la gente. La idea o se adora o se detesta. Yo personalmente la adoro. Tendría un *T. rex* de mascota en menos que canta un gallo, mientras pudiese amaestrarlo para que no se comiera a mis hijos o para que no hiciese caca cretácica en el suelo de la cocina. Pero algunas personas creen que es una idea horrible, y su razonamiento suele ir por aquí: «¿Estás loca? Si resucitamos a los dinosaurios, ¡nos devorarán a todos! La humanidad estaría condenada. ¡Corred! ¡Salvad la vida!»

Quizás no sea tan sorprendente que algunas personas piensen así. Después de todo, en 1905, cuando el paleontólogo Henry Fairfield Osborn describió y nombró por primera vez al *T. rex*, lo llamó el mayor cazador que había existido en la historia de la Tierra. Después de aquello, el *New York Times* fue aún más lejos y exaltó al *T. rex* como «el rey de los devoradores de hombres de la selva», «el señor de la guerra definitivo de la Tierra» y «el animal luchador más formidable del que se tiene constancia». Obviamente, esto sucedió en la época pre-Naomi Campbell, pero la opinión pública, parece ser, puede tardar en cambiar. Sin embargo, ¿intentaría de verdad comernos uno de ellos?

Los investigadores pueden deducir lo que comían los dinosaurios estudiando sus dientes fosilizados. Los dientes de los dinosaurios vegetarianos son distintos a los de los carnívoros u omnívoros. Los saurópodos de cuello largo, por ejemplo, tenían dientes con forma como de pinza para arrancar las ramas de los árboles, mientras que el *Triceratops* tenía dientes anchos y muy juntos que usaba para triturar las plantas. Por otro lado, el *T. rex* tenía unos colmillos descritos con frecuencia como «cuchillos de carne serrados» o «plátanos letales», hasta de 30 cm de largo y bien fijados en el centro del cráneo, perfectos para desgarrar y trocear. Los análisis del cráneo de Stan han desvelado que, cuando el *T. rex* cerraba su mandíbula, podía generar una fuerza de mordida de unos 57 kilonewtons. Eso es lo equivalente a que el cuerpo de una persona sea aplastado por unos 50 Elvis gordos, todos a la vez. Está claro que no son unas mandíbulas con las que meterse.

Así que al *T. rex* le gustaba la carne, pero, para descubrir de qué tipo, los investigadores han seguido otras líneas de investigación y evidencias. Las marcas de los dientes de los tiranosaurios se han encontrado en huesos de *Triceratops*, y huesos parecidos a los de un *Triceratops* se han encontrado dentro de la barriga de un tiranosaurio y dentro de sus heces.[4] Todo esto sugiere que al *T. rex* le gustaba comerse a otros dinosaurios, con lo que, si un *T. rex* podía derribar a un *Triceratops*, probablemente no se plantearía demasiado no comernos a nosotros. Como los grandes felinos y

[4] Para delicia de los niños de todo el mundo, las cacas de dinosaurio también llegan a fosilizarse. Los coprolitos, para llamarlos por su nombre oficial, se encuentran a veces cerca de dinosaurios muertos o dentro de su recto. No huelen, ni pringan, pero tampoco se las llevaría fácilmente el tirar de la cadena. Algunas son enormes. Una caca de *T. rex*, descubierta en 1998 en Saskatchewan, Canadá, mide más de 30 cm.

otros grandes depredadores de hoy en día, este dinosaurio era cazador cuando lo necesitaba y carroñero cuando se lo ponían fácil. Fuese lo que fuese, no le importaban demasiado las sutilezas sociales. En 2010 Nick Longrich y sus colegas de la Universidad de Yale observaron en algunos huesos de *T. rex* cortes profundos que solo podían haber sido hechos por otro *T. rex* al comer. Supusieron pues que el *T. rex* era caníbal. Si algo nos enseñó Hannibal Lecter fue que el chianti va bien con el hígado y las habas... y que no se debe confiar en los caníbales, así que, con un *T. rex* vivo y sano, deberíamos poner bastante tierra de por medio. Simplifiquemos: el *T. rex* no era un comensal muy exigente. Como madre, eso me gusta. Pero, como potencial plato principal, no.

De manera que, en teoría, el *T. rex* podría comernos. Pero ¿lo *haría*? No si no le dejáramos. Aunque el *T. rex* tenía un cerebro relativamente grande, no sería rival para nuestras inteligentes y arrugadas cortezas cerebrales. Usando la ciencia, podríamos concebir ideas para asegurarnos de que no nos comiese.

La solución más obvia sería mantenerlo encerrado. Con un tamaño mayor al de un elefante, un *T. rex* adulto necesitaría un recinto de dimensiones paquidérmicas por lo menos. En libertad, los elefantes ocupan un territorio inmenso que puede abarcar cientos de kilómetros cuadrados. Y pese a que los elefantes en cautividad y los animales del zoo pueden sobrevivir confinados en espacios mucho más pequeños que su ideal salvaje, esto no les hace nada felices. Si el asunto de devolverle la vida al *T. rex* fuese verdaderamente en serio, no deberíamos escatimar en el tamaño de sus cercados. Deberían ser lo más grandes y seguros posible, y bajar la cabeza ante cualquiera que promoviera un buen comportamiento. El experto en dinosaurios Darren Naish, de la Universidad de Southampton, estima que un *T. rex* adulto podía comer unos cien kilos de carne dos veces a la semana. Eso equivale a unas mil hamburguesas de cuarto de libra por sesión, pero Naish recomienda dejarle un par de vacas de vez en cuando para que el *T. rex* se prepare sus propias hamburguesas. En contra de su fama carnívora, el *T. rex* podría disfrutar también de un poco de fruta y verdura. Los felinos salvajes africanos comen fruta de vez en cuando, así que todo indica que el *T. rex*, otro superpredador, podía hacer lo mismo. El recinto necesitaría también ser un poco atractivo, habida cuenta de que los animales aburridos del zoo acaban deprimidos y en mal estado. Lo ideal sería una mezcla de terreno boscoso sombrío para echarse la siesta y más territorio al aire libre para cazar la cena. Se podrían añadir extras al conjunto: bolas para jugar, postes rascador y piedras en las que limarse las garras, y algunos juguetes y huesos para masticar y poder así ejercitar los dientes. Pero la mejor herramienta para acabar con el aburrimiento tendría que ser otro *T. rex*. «Si solo tienes un dinosaurio, se corre el riesgo de crear un animal permanentemente solitario», dice Naish. Esto, advierte, llevaría quizá a un comportamiento extremo. Podría provocar que el dinosaurio emitiese sonidos y que llamara a otros —lo que podría resultar molesto a los vecinos, pero tampoco tanto—. Aunque también podría desencadenar la agresión y la necesidad de escapar. Un *T. rex* enfadado suelto sería un problema muy serio. Lejos de su sustento habitual de vacas, los humanos le podrían empezar a parecer una opción de lo más sabrosa.

Así pues, supongamos que uno se halla perseguido por un *T. rex* hambriento. ¿Podría escapar de él? Lo bueno es que sí, técnicamente cualquier persona puede escapar de un *T. rex*, porque técnicamente un *T. rex* era de hecho incapaz de correr. Este es un apunte muy pedante, y además poco susceptible de relajar a alguien que tiene detrás de sus talones a un dinosaurio de seis toneladas, pero, para que pudiera correr, sus dos patas tendrían que estar a la vez en el aire en un momento dado. Y eso nunca sucedió. El experto en biomecánica John Hutchinson, del Royal Veterinary College de Londres, ha calculado que, por su forma, un *T. rex* adulto habría necesitado más del 80 por 100 de su peso total en los músculos de sus patas traseras para poder convertirse en todo un corredor. Eso es una pata tremenda y remotamente imposible. Por lo tanto, el *T. rex* no podía correr.

Sin embargo, sí podía andar. Como los marchadores humanos, el *T. rex* tenía unas posaderas musculosas y, en comparación, unos tobillos finos. El paleontólogo Heinrich Mallison, del Museo de Historia Natural de Berlín, generó un modelo informático que conjeturaba que el *T. rex* alcanzaba su velocidad máxima dando zancadas cortas pero muy rápidas. Un *T. rex* a la carrera podría haber sido francamente aterrador, pero ¿uno de caminar delicado? A mí no me asusta.

Dicho esto, podría andar delicadamente bastante rápido. Las estimaciones actuales, basándose en la anatomía, sugieren que un *T. rex* podría haber alcanzado velocidades máximas de unos 40 km/h. Eso es el doble de lo que puede llegar a correr un ser humano, así que, aunque Usain Bolt pudiese tener una oportunidad en los 100 metros lisos, el resto de los mortales probablemente no llegaríamos vivos a la línea de meta.

Hutchinson recomienda lo siguiente: los animales más grandes tienen más dificultades para correr cuesta arriba que los animales pequeños porque su tamaño y la gravedad van en su contra. De forma que lo mejor es correr hacia las colinas y, una vez allí, empezar a correr cuesta arriba haciendo zigzags. El *T. rex*, con su peso y su cabeza y cola prominentes, no era rápido girando. Hutchinson ha demostrado la inercia del dinosaurio, la fuerza que le llevaría a resistir el giro, revelando que el *T. rex* tardaría un segundo entero en hacer un giro de 45-90 grados. Puede que no suene a mucho, pero podría ser la diferencia entre la vida de uno y el almuerzo del otro. Lo siguiente, si se puede, es enfilar hacia algún sitio que tenga muchos obstáculos. Un elefante a la carga perseguirá a una persona por un matorral pequeño de arbustos arrasando todo a su paso. Pero no es probable que pueda ir detrás de alguien, digamos, por un bosque atestado de árboles o por el parking de IKEA un lunes de puente. Por último, si todo lo anterior fallara, hay que intentar que el dinosaurio tropiece. Cuando un animal tropieza y cae al suelo, la fuerza del impacto depende de su masa y su altura. Un *T. rex* de seis toneladas, con la barriga a 1,5 metros del suelo, golpearía el suelo con una deceleración de 6 *g*, muchísimo más de lo que experimentaría un humano incluso en la montaña rusa más alta del mundo. Los humanos se desmayan al llegar a los 4-6 *g*, pero, para el *T. rex*, los efectos podrían ser devastadores. Con unos brazos finos y demasiado débiles como para frenar la caída, el impacto destrozaría las costillas del *T. rex* y golpearía sus órganos internos. En consecuencia, un *T. rex* probablemente moriría si se le hiciese tropezar mientras anda delicadamente.

DEL HUESO A LA PIEDRA

Pero vayamos a lo verdaderamente importante. ¿Cómo devolverle la vida al rey de los dinosaurios? Como ya he dicho previamente, para poder desextinguir a un animal se necesita una fuente de ADN de ese animal. Pero lo único que nos queda de los dinosaurios son restos, enterrados en piedra.

Los fósiles son los restos conservados o pistas de animales, plantas y otros organismos que nos llegan desde el oscuro y lejano pasado. Los investigadores estiman que el número de especies que conocemos gracias a los fósiles es bastante menos del 1 por 100 de todas las especies que han habitado el planeta, lo que significa que los fósiles solo se forman bajo circunstancias muy excepcionales. Para convertirse en uno, un animal lo primero que tiene que hacer, obviamente, es morirse. No hay fósiles vivientes.[5] El cuerpo entonces tiene que enterrarse rápidamente y quedarse así. Que se lo coma un carroñero o que se desentierre es malo. Caer a un pantano, río u océano y hundirse en el barro del fondo es bueno. Los sedimentos pueden así penetrar en los restos, permitiendo que los minerales calen en el cuerpo y empiecen a reemplazar las distintas moléculas, biológicas y orgánicas, de las que se compone la vida.

[5] Los Rolling Stones no cuentan.

Con el tiempo, y bajo presión, los restos de la criatura se convierten lentamente en piedra. El dogma establece que, cuando la fosilización se ha completado, cualquier resto orgánico del animal ha desaparecido. Los fósiles, dicen, están hechos de minerales inertes e inorgánicos. Generaciones de escolares han crecido creyendo esto. Aún lo aprenden hoy en día. De manera que, con ninguna información biológica con la que trabajar, se puede perdonar al que crea que la opción de devolverle la vida al rey de los dinosaurios es inviable. Se acabó el capítulo. Ya se puede poner el té a hervir.

Sin embargo, ese no siempre es el caso. En 1828 una dama que atendía al nombre de Mary Anning se fue a dar un paseo por la playa de Charmouth, en Dorset. Es uno de mis lugares favoritos. Con cada pleamar y bajamar, se liberan fósiles nuevos de las rocas y aluviones de barro llenos de reliquias, y se pueden recoger con la mano en la orilla. Anning tenía un don asombroso para encontrar cosas increíbles. Encontró reptiles marinos con dientes, pterosaurios y extrañas criaturas con caparazón. En una época en la que las mujeres hacían poco más que ataviarse con vestidos de volantes muy historiados y reírse con coquetería, ella agarró el martillo, se remangó la falda y se fue a la playa a buscar estas curiosidades que luego vendía a los caballeros entendidos y a los turistas victorianos pijos.[6] Aunque en su momento no se podían datar sus descubrimientos, Mary sí sabía que estas criaturas eran tanto antiguas como extintas, y sus descubrimientos ayudaron a cimentar las teorías más importantes del momento, incluyendo la teoría de la evolución por selección natural de Darwin. Científica, feminista accidental... Como mujer en un mundo lleno de patanes, Mary Anning fue lo más parecido a una heroína.

Así pues, allí estaba, aquel día de 1828, andando por la orilla, cuando vio una sencilla roca gris. Para cualquier otro no habría

[6] Se dice que el trabalenguas inglés «she sells sea shells on the sea shore» («ella vende conchas a la orilla del mar») lo escribió nada más y nada menos que Mary Anning.

significado mucho más. Era lisa y redondeada, sin fisuras ni motas de cristales. Justo el tipo de piedra, tal y como le decía la experiencia, que podría estar escondiendo algo de valor. Así que Mary le arreó con su martillo hasta revelar una masa amorfa de algo negro y oscuro. Cuando la rascó con el dedo, dejó una mancha en su piel. Se dio cuenta de que aquello no era una criatura, sino algo que había sido creado por una. Anning se había topado con una masa de tinta de calamar antigua. Hace unos 200 millones de años, los mares cálidos del Jurásico en Gran Bretaña estaban abarrotados de criaturas muy parecidas a los calamares. En vida, el calamar habría lanzado una nube de tinta al agua para desconcertar a un depredador que lo persiguiese, pero, muerto, lo que supuso fue una incorporación la mar de útil a la alacena de Mary. Se llevó el objeto a su taller del hogar familiar de Lyme Regis, donde le añadió un poquito de agua y convirtió el polvo púrpura en una tinta color sepia muy fina, que usó posteriormente para hacer dibujos de los fósiles que iba encontrando. De lo que se percató Anning, adelantándose mucho a su época, fue de que la tinta fósil que usaba para escribir era básicamente la misma que aquel calamar rebelde había lanzado hacia atrás muchos millones de años antes. La sustancia no había cambiado. Una molécula orgánica del Jurásico tan fresca como el día en que se creó.

Hoy sabemos que la tinta está hecha de una molécula llamada melanina, el mismo pigmento que hace que el pelo y la piel tengan color. «Es una molécula tremendamente obstinada», dice el paleontólogo de la Universidad de Bristol Michael Benton, que estudia la materia. «Para los paleontólogos del momento, era obvio que la melanina podía sobrevivir de hecho largos períodos de tiempo.» Es una idea que los métodos modernos han confirmado desde entonces. Hace unos años, científicos de Estados Unidos demostraron que la composición química de la tinta de calamar jurásica era químicamente igual que la de la sepia moderna. Anning no escribía con una tinta de calamar químicamente alterada, geológicamente deteriorada o en su versión fósil. Escribía con la de verdad. La melanina, una molécula orgánica producida por una criatura viva, puede sobrevivir inalterable al paso de los milenios. No es posible, por supuesto, crear dinosauros a partir de la melanina, pero sí que surge la pregunta: si la melanina puede sobrevivir al proceso de fosilización, ¿qué otros elementos pueden? ¿El tejido blando? ¿Las proteínas? ¿El ADN? ¿Podrían sobrevivir todos ellos también? Son preguntas con las que otra Mary lleva luchando toda su carrera académica.

«PEQUEÑOS PUNTOS ROJOS»

Todo empezó el día en que Mary Schweitzer empezó a ver puntos. Ver puntos normalmente no es bueno. Puede ser un signo de cansancio extremo, que tu hijo pequeño tiene varicela o, lo que es peor, que tu hijo adolescente va a tener acné en la pubertad. La llegada de los puntos generalmente trae problemas. Así que, cuando Schweitzer empezó a verlos, allá por 1992, se puso nerviosa. Estaba mirando por un microscopio un trocito delgado de hueso de dinosaurio fosilizado, pero lo que vio era absolutamente increíble. Pues allí, en medio de las hendiduras que en algún momento habían albergado los vasos sanguíneos, había pequeños puntos rojos. Muchísimos. Con un centro color burdeos que parecía un núcleo, eran muy similares a los glóbulos rojos que se encuentran en tantas criaturas vivas de hoy en día.[7] Pero ¿cómo era posible? El trozo de tejido pertenecía a un *T. rex* recién descubierto llamado Wankel Rex, que había muerto hacía 67 millones de años. Los fósiles, como sabe todo el mundo, no tienen ni glóbulos rojos, ni núcleos ni ADN. No obstante, allí estaban: estructuras aparentemente orgánicas, de color. Tenía que haber alguna explicación lógica. Quizá, pensó Schweitzer, los «pequeños puntos ro-

[7] Los mamíferos no tienen núcleo en sus glóbulos rojos, pero los reptiles, las aves y todos los demás vertebrados sí.

jos» o LRRT (por sus siglas en inglés, *Little Round Red Things*), como los llamó, eran fruto de alguna reacción química desconocida, o de algún fenómeno aún sin descubrir. Schweitzer, que entonces era una paleontóloga novata que acababa de empezar su doctorado en la Universidad Estatal de Montana, no tenía desde luego ninguna prisa por decírselo a su jefe, Jack Horner, el renombrado experto en dinosaurios y conservador de la sección de Paleontología del Museo de las Montañas Rocosas. «Jack me daba muchísimo miedo», me cuenta. Pero la noticia se difundió y poco después Schweitzer se vio a sí misma de pie junto a Horner, que examinaba las muestras en el microscopio. Después de un silencio largo e incómodo, miró a Schweitzer y le preguntó qué creía que eran. «Le dije que no lo sabía —dice Schweitzer— pero que eran del mismo tamaño, forma y color que los glóbulos rojos y, además, estaban en el lugar correcto.» «Vale —le contestó Horner— ¡demuéstrame que no lo son!»

Fue un desafío que se convirtió en el centro del doctorado de Schweitzer y que definió su carrera entera. Schweitzer continuó demostrando que los LRRT contenían moléculas que se encuentran en los glóbulos rojos, incluyendo el hemo, el pequeño compuesto que contiene hierro y que hace que los glóbulos rojos sean rojos, además de permitir que la proteína de la hemoglobina, mucho más grande, transporte el oxígeno por todo el cuerpo. Y cuando se les inyectó un extracto del hueso fósil «de puntos» a ratas, los sistemas inmunológicos de los animales crearon anticuerpos para defenderse y destruir esa materia extraña. Los anticuerpos no reconocieron las formas mamíferas o reptiles de la molécula de la hemoglobina, sino su versión aviar. Teniendo en cuenta que las aves descienden de los dinosaurios, los resultados sugerían que la hemoglobina de los dinosaurios —o los productos derivados de ella— todavía estaba presente en el fósil antiguo. Eso puso a Schweitzer en apuros. En aquel momento, aún no podía probar categóricamente que los LRRT fueran glóbulos rojos, pero tampoco podía demostrar que no lo fueran. Lo que sí podía asegurar es que se podía encontrar algún tipo de molécula biológica en los fósiles de dinosaurio. La melanina tenía compañía. Aquí estaba, al parecer, otra molécula orgánica —el hemo— que podía sobrevivir a largos períodos geológicos.

Entonces llegó Bob. Bob es un *T. rex* bien conservado, cuyos huesos de 68 millones de años se encontraron sobresaliendo de un risco de arenisca en las Badlands de Montana. Fueron hallados por el jefe de campo de la expedición Bob Harmon, del Museo de las Montañas Rocosas. En 2003, más o menos en el mismo momento en el que Schweitzer estaba acabando su doctorado, por fin se terminaron de extraer los huesos de Bob de la pendiente vertical después de una agotadora excavación de tres años. Pero el yacimiento era de tan difícil acceso que los hallazgos tuvieron que ser llevados al campamento base en helicóptero. Uno de ellos, un fémur enorme de un metro de largo, era tan grande que tuvieron que serrarlo por la mitad y trasportarlo en trozos. Pero lo que para el registro fósil eran malas noticias, acabaron siendo excelentes para Schweitzer. En el campamento base, Horner reunió todos los trocitos de hueso astillados y se los envió para que ella los analizara.

Schweitzer no tuvo más que echarles un pequeño vistazo para darse cuenta de que estaba ante algo especial. Porque allí, alineándose en la superficie del hueso, había una capa de tejido inusual y diferente. Era fibroso, lleno de canales de vasos sanguíneos y distinto, tanto en color como en textura, al hueso cortical del que se compone la mayoría del esqueleto. De hecho, era exacto a un tipo de tejido reproductivo que se encuentra en las aves de hoy en día cuando llevan un huevo fértil. «Para mí fue totalmente obvio —dice—. Le dije a mi ayudante: "Es una chica ¡y está embarazada!".»

Bob era Roberta. ¡Él era ella! Era como algo sacado de una canción de los Kinks. Se trataba de la primera vez que alguien había sido capaz de determinar el sexo de un dinosaurio con certeza. El hueso medular, que así se llama, es un tejido de vida corta que otorga a las aves hembras una fuente rápida de calcio para que se desarrolle el cascarón del huevo. Pero era la primera vez que alguien veía esto en un dinosaurio.

EL ANÁLISIS DE ÁCIDOS

Para Schweitzer, el siguiente paso era bastante obvio. El hueso es un compuesto hecho de minerales y de la proteína fibrosa llamada colágeno. En el hueso medular, las fibras de colágeno están dispuestas de una manera aleatoria muy característica que se puede ver fácilmente cuando el componente mineral del hueso está disuelto en ácido. Era un experimento que Schweitzer había realizado muchas veces con tejido de ave, pero jamás pensó en intentarlo con un fósil de dinosauro. Después de todo, ¿por qué iba a tener que hacerlo? El sentido común le sugería que, si los fósiles estaban hechos exclusivamente de minerales, tal y como decían todos los libros de texto, entonces no quedaría nada en lo que el ácido pudiese funcionar. Así que decidió echar una pieza diminuta del fémur del *T. rex* en un ácido bastante ligero para ver lo que pasaba, y previno a su ayudante, Jennifer Wittmeyer, para que no dejara que el experimento durara mucho, porque de lo contrario la muestra entera se disolvería.

Pero a la mañana siguiente, cuando Wittmeyer fue a retirar la muestra, había sucedido algo raro. Esperaba encontrar un pedazo de hueso sólido, pero la estructura que retiró con las pinzas no era eso en absoluto. Al quitarle los minerales, lo que quedaba era una masa mullida y fibrosa que sin duda tenía que ser orgánica. «Parecía un chicle masticado», dice Schweitzer. Ahí estaba la evidencia de que el tejido blando y flexible podía sobrevivir a la fosilización; de que el material orgánico, probablemente colágeno, había permanecido dentro de un hueso desde la época en la que los dinosaurios habitaban la Tierra. «Pero eso no era posible —dice Schweitze—. Había muchísima gente mucho más lista que yo, que llevaba en la práctica de la paleontología mucho más tiempo que yo y que me decía que no era posible. Estaba aterrorizada.» Así que hizo que su asistente volviese a realizar el experimento varias veces, siempre con idéntico resultado: el tejido elástico que había sobrevivido al baño de ácido se parecía a los restos del tejido medular de los huesos de las aves modernas sometidos al mismo proceso.

A lo mejor, pensaba Schweitzer, el fenómeno se debía a una excepción del tejido medular, así que repitió el análisis de ácido con trozos del hueso cortical de Bob. Esta vez, los resultados fueron si cabe aún más sorprendentes. Al retirar el ácido, se podían ver pequeños conductos huecos flotando bajo el microscopio. Eran flexibles, transparentes y tenían ramificaciones, como los vasos sanguíneos, y dentro de ellos había pequeños puntos rojos que, una vez más, parecían glóbulos rojos. Mary veía puntos de nuevo. Solo que esta vez no fueron las únicas estructuras similares a células que vio. Dentro de las fibras del hueso matriz estaban los característicos contornos de otro tipo de células llamadas osteocitos. Estas se generan y se quedan atrapadas en la estructura interna del hueso, desde donde extienden unas largas estructuras ensortijadas para conectarse con otras células. Fueron estas diminutas protrusiones con forma de estrella las que Schweitzer vio cuando miró por el microscopio. Bob, aparentemente, parecía contener un nuevo nivel completo de material orgánico que nunca se había visto antes en un fósil. El estado de conservación que tenían las estructuras de los huesos cretácicos de Bob que vio Schweitzer cuando miró por el microscopio era tan impresionante, que una persona no tan entendida en la materia los podría haber atribuido fácil, aunque erróneamente, a un animal que hubiese muerto hacía unas semanas en lugar de hacía millones de años. Publicó sus resultados, midiendo mucho sus palabras, en la revista *Science* en 2005, concluyendo que los niveles de conservación que había observado en sus especímenes de dinosaurio se podían extender al ámbito celular, e incluso más allá.

¡Más allá! Estas son las palabras clave. Schweitzer había demostrado que el tejido blando y las estructuras celulares podían

sobrevivir en los huesos de dinosaurio durante millones de años. Pero ¿más allá? ¿Cuáles de todas las moléculas que forman las células? ¿Las proteínas, el ADN y las demás? ¿Podían estas sobrevivir también al proceso de fosilización?

Schweitzer decidió buscar colágeno, la proteína animal más común. Y sospechaba que había visto muchos indicios de colágeno en el hueso desmineralizado del *T. rex*. El colágeno es una proteína estructural, que se halla en los huesos, los músculos, la piel y otros tejidos. Famoso por su durabilidad, era una buena elección como primer objeto de búsqueda.

Muy consciente de la controversia que generaría el descubrimiento del colágeno de dinosaurio, si es que lo encontraba, Schweitzer decidió realizar todos los análisis posibles al hueso del *T. rex*. Usando microscopía de alta potencia, la sustancia se percibía como formada por rayas, cada una a una distancia exacta de la otra de 67 nanómetros (un nanómetro es la millonésima parte de un milímetro), un patrón que se ve y es el diagnóstico del colágeno actual. Y cuando se vertieron anticuerpos de colágeno de pollo sobre la muestra, se quedaron pegados. Como los dinosaurios habían evolucionado de las aves, se pensó que sus moléculas de colágeno serían similares. De modo que el estudio dio a entender que había presencia de algo similar al colágeno en el hueso de dinosaurio, y que podía reconocerse y pegarse a los anticuerpos de las aves actuales.

Y entonces llegó la guinda del pastel. Con la ayuda de su colega John Asara, del Beth Israel Deaconess Medical Center de Harvard, las muestras se sometieron a un espectrómetro de masas, una máquina similar a una caja negra mágica que se puede usar para calcular las moléculas necesarias para generar una proteína. Se observaron siete fragmentos distintos de colágeno. Y comparando las secuencias del *T. rex* con una base de datos de proteínas de animales actuales, se demostró que los fragmentos del Cretácico eran más parecidos a los de las aves, seguidos de los de los cocodrilos: los dos grupos de descendientes vivos más cercanos a los dinosaurios. Era la primera evidencia molecular de la idea, tan arraigada, de que las aves son las descendientes actuales de los dinosaurios, y, de manera más controvertida, el primer estudio en sugerir que las proteínas de dinosaurio podían sobrevivir en los fósiles durante decenas de millones de años. «También —especuló el periódico *The Guardian*— dio a entender que el atractivo proyecto de los científicos de emular *Parque Jurásico* clonando un dinosauro sería quizá posible algún día.» Devolverles la vida a los dinosaurios parecía estar un paso más cerca, o eso parecía.

Pero la emoción se vio pronto envuelta en controversia. Casi al mismo tiempo en que se publicaron los resultados, los científicos estaban haciendo cola para derribarlos. Al principio de la fila estaba el biólogo computacional Pavel Pevzner, de la Universidad de California en San Diego, que en 2008 escribió una de las críticas más aterradoras, dañinas y mordaces que jamás se han escrito en nombre de la ciencia. Comparó a John Asara con un niño que mira cómo un mono aporrea una máquina de escribir, que al final le ve producir un puñado de letras y luego «escribe un ensayo llamado "¡Mi mono sabe escribir!"». Los supuestos fragmentos de proteína, concluyó Pevzner, no eran más que artefactos estadísticos. En distintos artículos, otros sugirieron que lo que Schweitzer había encontrado era suciedad bacteriana y no proteínas de dinosaurio, o que los resultados se habían visto alterados al contaminarse con muestras de las aves modernas que Schweitzer había manipulado en su laboratorio. A lo mejor, los anticuerpos de anticolágeno no se pegaban a biomoléculas antiguas, sino a alguna alternativa inorgánica: antes de que empezara la descomposición del hueso, se podía haber formado una huella o un molde perfecto de la proteína original sobre el mineral. El coprolito parecía estar más orgánico que nunca y delante de un ventilador. Una vez más, como le sucediera cuando empezó a ver puntos hacía una década, Schweitzer se encontró a sí misma teniendo que defender sus descubrimientos.

La ayuda llegó en la forma de un dinosaurio ornitópodo llamado Brachy. Este hadrosaurio herbívoro de 80 millones de años

(Brachylophosaurus canadensis) había sido descubierto recientemente en la formación Judith River de Montana. Si bien Bob, durante sus tres años de excavación, había sido manoseado por todo tipo de gente sudorosa, sin guantes, y luego habían barnizado sus huesos para protegerlos, a Brachy se le dio un trato preferencial, como de CSI. Con la preocupación de que las células humanas pudiesen contaminar la escena, de que las antiguas biomoléculas se pudiesen descomponer rápidamente una vez que se las desenterrara y los conservantes pudiesen alterar para siempre la composición química del fósil, Schweitzer y su equipo, vestidos como astronautas, extrajeron el dinosaurio de la roca en la que estaba en solo tres semanas, y desde allí trasladaron rápidamente sus restos impolutos, sin barnices de ningún tipo, a un laboratorio móvil construido *in situ* para la ocasión. Una vez más, al realizar múltiples análisis, se encontraron signos de colágeno: la evidencia, cree Schweitzer, de que las proteínas, o fragmentos de ellas, pueden sobrevivir, en circunstancias muy excepcionales, durante 80 millones de años.

Aquello fue en 2009. A día de hoy, los descubrimientos de Schweitzer siguen estando rodeados de controversia. Aún tiene una legión de escépticos, pero algunos ya están empezando a utilizar sus resultados. Desde entonces, se han hallado rastros de colágeno y glóbulos rojos en otros fósiles, y Schweitzer cree que ha encontrado otras proteínas estructurales escondidas entre sus muestras. Descubrimiento a descubrimiento, se entrevé la idea de que la conservación de materia orgánica en los fósiles puede ser más común de lo que se pensaba en un principio. «Creo que estamos llegando a un punto en el que la gente tendrá que admitir que esto es así», dice Sergio Bertazzo, del Imperial College de Londres, que está entre quienes han encontrado pruebas de materia orgánica en los huesos de dinosaurio. La norma de que los fósiles solo están hechos de piedra está a punto de desmoronarse.

Es increíble que los científicos puedan recuperar moléculas orgánicas de los fósiles. Gracias a sus estudios, los investigadores esperan arrojar algo de luz sobre la biología y la evolución de los animales extintos. Pero, aunque los dinosaurios estaban hechos de proteínas (y de muchas otras moléculas más), no podemos reproducir uno, así como así, a partir de unos pocos restos de colágeno. Es como intentar construir el *Halcón Milenario* de Lego (modelo 10179) de 5.195 piezas con unos pocos bloques y la imagen de la caja. Sin las instrucciones, es imposible saber cuáles deberían ser los otros bloques, o cómo juntarlos. Los cañones láser giratorios podrían acabar atascados en la cubierta desmontable de la cabina de mandos y Chewbacca con el pelo de la princesa Leia. ¡Completamente impensable! Así pues, pese a que el conocimiento de cómo trabajan las proteínas de un dinosaurio nos puede encaminar hacia el camino correcto, no podemos reconstruir un dinosaurio sin el manual de instrucciones completo. Todavía nos falta el ADN de dinosaurio.

A LA CAZA DEL ADN DE DINOSAURIO

Las posibilidades de encontrar ADN de dinosaurio son, por decirlo de alguna manera, como encontrar una aguja en un pajar. El problema es que, a diferencia del colágeno, el ADN es una molécula irremediablemente endeble, en cierto sentido no muy distinta al Forth Bridge. Según la leyenda, este puente ferroviario, el más famoso de Escocia, es tan grande que, cuando los obreros terminan de pintarlo, tienen que empezar a pintarlo otra vez. «Pintar el Forth Bridge», que sería como decir fuera del Reino Unido «pintar el Golden Gate», se ha convertido en una expresión coloquial para referirse a una tarea que no acaba nunca. Y este es el caso de nuestro ADN, que tiene que estar constantemente reparándose para que pueda seguir funcionando correctamente. Por suerte para nosotros, las reparaciones se hacen de manera automática. Mientras estamos vivos, nuestras células van poniendo parches, reparando las roturas en las cadenas de ADN y reemplazando los nucleótidos que se hayan perdido o alterado. Sin embargo, a medida que envejecen, a nuestras células les cuesta cada vez más seguir haciendo correctamente su mantenimiento rutinario, lo que trae como consecuencia, según se cree, que la cadena de errores resultante fomente el envejecimiento y enfermedades relacionadas con él, como el alzhéimer. Al morir, las renovaciones se paran de golpe. Cuando nuestras células y tejidos se descomponen, lo mismo hace nuestro ADN. Rotos en trozos cada vez más pequeños, los genomas de las cosas muertas cada vez son menos reconocibles y más fragmentados, hasta que, en algún momento, se van para siempre.

Pero esto no ha impedido que algunas personas los busquen. En 1984 Russel Higuchi y Allan Wilson, de la Universidad de California, en Berkeley, se convirtieron en los primeros en recuperar el ADN de un animal que llevaba muerto mucho tiempo, al extraer la molécula de un trozo de músculo de 140 años de edad de una bestia extinta llamada cuaga. Un año después, se extrajo ADN de una momia egipcia de 4.000 años de antigüedad (véase el capítulo 2). Fue la apertura de un área de investigación que pasó a ser conocida como «ADN antiguo». Hasta entonces, los «investigadores del ADN antiguo» eran simplemente genetistas ancianos. Pero, ahora, podía ser cualquiera, de cualquier edad, quien empezara a estudiar el ADN antiguo. Hasta ese momento, nadie sabía cuánto podía sobrevivir el ADN. De modo que el objetivo era desafiar los límites de la recuperación del ADN de especímenes cada vez más antiguos.

A principios de los años 90, más o menos al mismo tiempo en que Schweitzer empezó a ver puntos, los investigadores proclamaron que habían aislado ADN de un montón de restos antediluvianos. Supuestamente, se había recuperado el ADN de las hojas de una magnolia de 17 millones de años, de una termita de 30 millones de años y de un gorgojo enterrado en ámbar de 120 millones de años de antigüedad. Las épocas geológicas se desplomaban como bebés que comienzan a andar. Y entonces llegó la guinda del pastel. En 1994 los científicos proclamaron que habían recuperado el ADN de un hueso de dinosaurio de 80 millones de años de antigüedad.

Parecía demasiado bueno para ser verdad. Todos estos extraordinarios descubrimientos hicieron que muchos científicos se estrujaran el cerebro con la misma pregunta: «¿Cómo iba el ADN a sobrevivir tantísimo tiempo?». Al final, tuvo que venir a poner orden el bioquímico y ganador del Premio Nobel Tomas Lindahl, quien señaló que, por la forma en la que se descomponía el ADN, era sencillamente imposible que pudiese sobrevivir a esas franjas de tiempo tan brutales. Y en 2012 se corroboraron sus ideas gracias a un estudio que descubrió que el ADN tenía una vida media de tan solo 521 años. Aunque pueda sonar a mucho tiempo, en realidad lo que significa es que, al cabo de 521 años, la mitad de los enlaces entre las letras de ADN de un genoma empezarían a romperse. Medio milenio después, la mitad de los enlaces restantes habrían desaparecido. Y así sucesivamente. Después de 6,8 millones de años, cada uno de los enlaces habría sido destruido, con lo que cualquier posibilidad de recuperar el ADN de fósiles más antiguos de esa edad sería completamente imposible. Las maravillosas declaraciones de principios de los 90 se vieron reducidas a poco más que una ilusión, mezclada con una pizca de contaminación no deseada. No había ningún ADN en los fósiles. Lo que había sucedido es que la técnica que se había usado en aquel momento para amplificar los trozos fragmentados de ADN, la reacción en cadena de la polimerasa (conocida como PCR, por sus siglas en inglés), había amplificado por error trozos de ADN contemporáneo del entorno circundante.

Veinte años después de aquellas proclamas descarriadas, los investigadores tienen ahora nuevas técnicas al alcance de su mano (véase el capítulo 2). Han perfeccionado sus métodos hasta el punto de que ahora pueden tener total confianza en que, cuando encuentren ADN en muestras antiguas, será el de verdad y no el de algún molesto intruso. Las predicciones de Lindahl han sobrevivido a la prueba del tiempo. En el momento de la redacción de este libro, el récord del ADN más antiguo jamás hallado lo tiene un caballo de 700.000 años encontrado congelado en el permafrost canadiense. Y el ADN humano más antiguo que se ha extraído procede del fémur de un homínido[8] de la cueva subterránea de la Sima de los Huesos, en la sierra de Atapuerca. Ahora tenemos pruebas que sugieren que, bajo circunstancias muy excepcionales (frío extremo o lugares muy secos tales como el Ártico o el interior de las cuevas), hay fragmentos de ADN que pueden sobrevivir durante cientos de miles de años. «Si estás en una zona en la que el helado no se estropea, el ADN tampoco lo hará», dice el investigador de ADN antiguo Tom Gilbert, de la Universidad de Copenhague. Pero ¿y más allá? La mayoría de los investigadores de ADN antiguo creen que posiblemente la molécula no puede sobrevivir en fósiles que tengan millones de años de edad. Solo hay una persona valiente que se sigue arriesgando y continúa a la caza del ADN de los huesos de dinosaurio.

Porque Schweitzer no se desalienta: «Si puedes obtener el ADN de un fósil de 700.000 años, ¿por qué no de uno de un millón de años? —me comenta—. Y si puedes obtener el de un fósil de un millón de años, ¿por qué no el de uno de 7 o incluso 70 millones de años?». Su desparpajo me deja sin palabras. Schweitzer tiene una corazonada que podría ayudar a explicar cómo las moléculas orgánicas, en ocasiones, pueden durar millones de años dentro de fósiles. Pero, aún mejor, la misma corazonada también podría ayudarlo a desarrollar métodos para hacer salir a esas moléculas.

Schweitzer cree que el hierro es la clave. El hierro es una molécula muy reactiva, de manera que en vida se encierra dentro de nuestras células, pero después de morir nuestras células se descomponen liberando nanopartículas diminutas de hierro que ge-

[8] Una especie humana que es más cercana a nosotros que a los chimpancés. Ya que la nuestra es la única especie humana que queda, el resto de homínidos se consideran extinguidos.

neran después moléculas altamente reactivas llamadas radicales libres. Schweitzer cree que los radicales libres tienen propiedades conservantes. Provocan que las proteínas cercanas se unan entre ellas, haciéndolas más resistentes a la descomposición. «Básicamente actúan más o menos como formol», dice. El proceso podría ayudar a explicar cómo ha podido Schweitzer conseguir encontrar restos de colágeno en sus fósiles de dinosaurio. Pero también hace que se pregunte si el mismo proceso no serviría en ocasiones para conservar también otras moléculas orgánicas. ¿Y si los radicales libres hubiesen conservado el ADN? ¿Podría encontrarse de verdad ADN en algunos fósiles, solo que habría pasado desapercibido porque (1) nadie hubiese pensado encontrarlo ahí, por lo que no se habrían molestado ni en mirar, y/o (2) estuviese bajo una capa de nanopartículas de hierro que, efectivamente, lo habrían mantenido fuera del alcance de la vista?

A fin de demostrar sus ideas, Schweitzer usó un agente químico para retirar las nanopartículas de hierro de sus muestras de fósiles desmineralizados, y luego las sometió a dos pruebas estándar de ADN. A las muestras se les vertió el colorante que se vuelve fluorescente cuando entra en contacto con el ADN, y cuando Schweitzer miró por el microscopio pudo ver pequeñas manchas de fluorescencia dentro de lo que parecían los núcleos de las células. Era el mismo patrón de coloración que se ve cuando se realiza la misma prueba en células modernas, solo que un poco más borroso. El colorante claramente reaccionaba con algo. Y, lo que es más importante, cuando analizó las muestras con los anticuerpos que se pegan al ADN, dieron un resultado positivo. Las células antiguas se iluminaron. Al hablarlo conmigo más de un año después, Schweitzer se mantiene acertadamente cauta. Después de todo, nadie más ha encontrado jamás pruebas tan evidentes de ADN auténtico de dinosaurio. Las pruebas de Schweitzer no están diseñadas para extraer o descodificar la molécula. Así pues, procura no lanzar grandes proclamas. Sus pruebas están diseñadas simplemente para ver si queda algún rastro, por mínimo que sea, de la molécula. Es un primer paso muy prudente. Los experimentos de Schweitzer revelan que, desde luego, algo hay dentro de sus células de dinosaurio, pero lo único que se puede decir con certeza es que la sustancia es, química y estructuralmente, parecida al ADN. «Hemos encontrado una marca de ADN —dice Schweitzer— pero no podemos decir con seguridad que sea ADN.» Y aunque la sustancia se haya identificado dentro de una célula de dinosaurio, no puede, en absoluto, decirse que la molécula sea del dinosaurio. Las muestras de huesos antiguos, tal y como demostraron en su propio detrimento los investigadores de los años 90, se pueden contaminar con facilidad con el ADN de cualquier sitio.

Pero supongamos que los resultados se repiten. Supongamos que a veces, solo a veces, el ADN se conserva más allá de los límites de lo que la mayoría cree posible. En ese caso, el siguiente paso sería intentar extraer la molécula y descodificar su composición, «leerla» o secuenciarla. Pero esto es mucho pedir.

Imaginemos que uno imprime la letra de todas y cada una de las canciones que Elvis Presley grabó —más de 700 perlas de puro arte pop—, y después se pasa cada una, muchas veces, por una trituradora de papel. ¡Puras virutas para hámsteres! Se criban los detritos, y millones de diminutas tiras de papel se escurren entre los dedos como si fuesen confeti. Se pueden conseguir fragmentos, o sugerencias de palabras o estrofas, pero no habría manera humana de volver a unir las letras. La información seguiría allí, pero no se podría usar en forma alguna. La letra de «Suspicious Minds» y joyas menos conocidas como «There's No Room to Rumba in a Sports Car» o «Yoga Is as Yoga Does» se perderían para siempre. Pues, más o menos del mismo modo, posiblemente Schweitzer haya detectado los restos triturados del ADN de dinosaurio, pero el genoma del *T. rex*, de miles de millones de letras de longitud, no se puede reconstruir a partir de estos restos desmenuzados. La receta, pues, para hacer un dinosaurio no está en los fósiles.

EL SUEÑO INALCANZABLE

Por lo tanto, está claro que los investigadores necesitan tomar otra dirección si lo que quieren es que vuelva el rey de los dinosaurios. Por extraño que parezca, después de todo puede que la respuesta se encuentre en alguna parte del mundo de *Parque Jurásico*. No en la película en sí, o en los métodos que en ella se emplean, sino en la persona en la que se inspiró el personaje protagonista. El jefe de Schweitzer, Jack Horner, no es solo el asesor científico de las películas de *Parque Jurásico*, sino también la inspiración para uno de los personajes principales de la película, el paleontólogo Alan Grant. Horner cree que él será capaz de hacer un dinosaurio dentro de tan poco tiempo como una década, sin tener siquiera que recurrir al ADN de dinosaurio antiguo. «Todo» lo que tiene que hacer es que la evolución vaya en sentido contrario.

Imaginémonos por un momento que pudiésemos rebobinar el reloj. Ir hacia atrás a un tiempo en el que criaturas parecidas y emparentadas entre sí compartían antepasados comunes. El antepasado común de los *Homo sapiens* y de los neandertales, por ejemplo, vivió hace aproximadamente medio millón de años. Sin embargo, vayamos un poquito más atrás todavía y veremos cómo estos antepasados comunes compartían antepasados comunes. Es el de los humanos y los simios y data alrededor de hace siete millones de años. Ahora sigamos viajando en el tiempo: hace 65 millones de años quizá nos toparíamos con el antepasado común de los primates y los roedores. Y así podríamos seguir remontándonos hacia atrás: según nos vamos adentrando en el pasado, grupos aparentemente dispares de animales acaban emparentados gracias a una historia evolutiva compartida, hasta llegar al último antepasado común universal de toda vida terrestre: una criatura unicelular que vivió hace 3.800 millones de años. Si le damos la vuelta al reloj, vemos la evolución ir hacia atrás. El enorme y complicado árbol de la vida se queda reducido a una línea más fina que la que deja la depilación brasileña.

El argumento de Horner es que, si tomamos un descendiente moderno de los dinosaurios y luego hacemos que la evolución vaya hacia atrás, al final acabaremos teniendo un dinosaurio. «Parece una locura —dice Horner— pero no es imposible.»

El primer paso pues sería encontrar un descendiente vivo de los dinosaurios. Esa parte es fácil. Yo tengo a cuatro de ellos viviendo al fondo de mi jardín. Se escapan de vez en cuando, ponen huevos cuando les da la gana y molestan a mi perro. Pero su naturaleza, por lo demás muy tolerante, no hace que los relacionemos fácilmente con su feroz pasado evolutivo. Las gallinas —de hecho, todas las aves— descienden, como ya se ha dicho, de los dinosaurios; en concreto, de un grupo de dinosaurios depredadores de dos patas conocidos como los terópodos, entre los que están tanto el *T. rex* como el *Velociraptor*. La separación sucedió en algún punto entre hace 180 y 160 millones de años, cuando los dinosaurios aviares, o las «aves», como se las acabó conociendo, se descolgaron de una rama del árbol evolutivo y los terópodos continuaron en otra. El registro fósil nos cuenta la historia con un detalle increíble. Las primeras aves fueron, como se puede esperar, una cosa a medio camino entre dinosaurios no aviares y aves modernas. El más famoso de todos, el *Archaeopteryx*, del tamaño de un cuervo, tenía alas y plumas de ave, pero los dientes, el hocico, la cola ósea y las garras de un dinosaurio. Después, esculpido por la selección natural y el paso del tiempo, le desaparecieron los dientes y la cola, el hocico se convirtió en pico y las alas fueron tomando forma. Así, pues, mientras que sus antepasados morían por el impacto de Chicxulub, las aves modernas se hicieron con los cielos. Los descendientes de los dinosaurios están junto a nosotros por todas partes.

El segundo paso, por tanto, sería coger un embrión de un ave moderna y modificarlo para que se transformara en algo similar a su lejano antepasado dinosaurio. Suena completamente inverosímil, si no fuese por el hecho de que, a veces, algunos animales modernos y vivos muestran características claramente antiguas. Los emús son aves enormes no voladoras dotadas de patas muy potentes y alas en vez de manos. Pero, si se mira con atención al embrión de un emú, se ve que, durante un breve período de tiempo, empieza a desarrollar el principio de una extremidad anterior con tres dedos en vez de un ala de uno solo. En otro lugar del reino animal, las serpientes a veces nacen con patas traseras, los delfines con aletas traseras y algunos humanos nacen con cola. Estos rasgos, que se conocen como atavismos, son un retroceso al pasado evolutivo compartido de los animales. Todos descienden de la misma criatura de cuatro extremidades que salió ella sola del agua a la tierra hace unos 390 millones de años. Que estos rasgos sigan existiendo de vez en cuando sugiere que las instrucciones genéticas que se necesitan para hacerlos todavía están ahí. Todo lo que Horner necesita es descubrir cuáles son las instrucciones y luego encontrar la manera de reactivarlas.

Horner resumió sus ideas en su libro *How to Build a Dinosaur* (2009), y de nuevo en una conferencia TED en 2011, que ha tenido desde entonces más de dos millones de visitas. Modificando los programas de desarrollo embrionario de los pollos, espera obligarlos a que saquen el dinosaurio que tienen dentro, que desarrollen características físicas de los dinosaurios, tales como la cola o los dientes. Sus planes se basan en su creencia, formada durante las últimas décadas, de que, aunque la vida se da de mil formas distintas, todos los animales, desde las moscas de la fruta a los humanos o los pollos, o los dinosaurios, comparten mecanismos genéticos similares que marcan el camino para la composición final de sus cuerpos. Los genes que están implicados en la formación de los ojos compuestos de las moscas de la fruta, por ejemplo, son muy parecidos a los que están involucrados en la creación de, digamos, los ojos humanos o los enternecedores ojillos marrones de mi queridísimo y fiel chucho. Y la mayoría de los genes implicados en la formación de las patas delanteras de los ratones son similares a los genes que controlan el desarrollo de las manos humanas. Lo que es distinto son los patrones de la actividad génica: dónde y cuándo, en el desarrollo embrionario, los genes se conmutan y durante cuánto tiempo. Esto, a su vez, está gestionado por una compleja formación de mecanismos de control o «conmutadores genéticos» si se prefiere. Los más conocidos de estos son los genes Hox, una familia de genes que codifican las proteínas llamadas factores de transcripción, que se acoplan a secuencias específicas de ADN cercanas a los genes, conmutándolas o no. Haciendo un giro genético —alterando la manera en la que ciertos genes se muestran, en vez de la secuencia de los genes mismos— se pueden crear animales que se parecen muy poco a su esencia natural, algo de lo que Arkhat Abzhanov sabe bastante.

TRAMOYISTAS DE LA FORMA

Abzhanov no es como Horner. Él no quiere hacer un dinosaurio. Como biólogo de la evolución de la Universidad de Harvard, está interesado en descubrir cómo funciona la evolución, cómo las diminutas modificaciones a nivel molecular crean cambios anatómicos mucho mayores. De manera que hace un corte con sumo cuidado en la cáscara del huevo de un pollo normal y le echa unas gotitas que ha tomado previamente de una solución especial en la faz del embrión en desarrollo. Luego observa y espera. Un par de semanas más tarde ve algo increíble, algo que no se ha visto en las aves desde hace 90 millones de años. En vez de pico, al pequeño polluelo le ha crecido un hocico.

Eso fue en 2015. Ahora rebobinemos un poco para entender lo que pasó. En 2004 Abzhanov demostró que los cambios en la expresión génica pueden llevar a cambios sutiles en la forma. Si se modifican los niveles de un gen en particular en un embrión de pollo, se genera un pico bastante grande, más apto para destrozar nueces que para picotear granos. Esto le llevó a preguntarse si cambios parecidos podían desencadenar cambios anatómicos más espectaculares, como la transición evolutiva desde el hocico de un dinosaurio al pico de un ave.

Como no tenía dinosaurios vivos a los que estudiar, decidió quedarse con los cocodrilos, deduciendo que los hocicos de las dos especies se habrían desarrollado del mismo modo. Los hocicos de los cocodrilos, eso sí lo sabemos, son un conjunto de huesos parejos llamados premaxilares. Las aves también tienen premaxilares, pero durante su desarrollo los huesos se fusionan y se estiran hasta formar el pico. Abzhanov comparó los embriones de ambos animales y encontró que dos proteínas, conocidas por estar implicadas en el desarrollo facial, se expresaban de maneras distintas. En los embriones de los cocodrilos, se podían ver trozos de las moléculas a cada lado del rostro justo antes de que empezara a formarse el hocico. Pero en los embriones de pollo, las moléculas se veían en el centro y en los lados del rostro. Si el grupo de moléculas centrales se pudiese quitar, caviló, entonces quizá el embrión de pollo desarrollaría un hocico. De este modo, echó las pequeñas gotas de gel con moléculas que se unían a las dos proteínas y las volvían inactivas, hizo un agujero en la cáscara del huevo y colocó las gotas justo en el centro del rostro en desarrollo del polluelo. Luego, selló el agujero y puso el huevo en una incubadora. Tal y como esperaba, el polluelo desarrolló huesos premaxilares parejos en vez de un pico. «Se parecía al tipo de hocico que habría tenido el *Archaeopteryx*», dice Abzhanov. Por lo tanto, si los embriones de pollo pueden manipularse para que les crezca un hocico, ¿qué más podía ser alterado para que creciera?

En 1999 Malcolm Logan y Clifford Tabin, entonces ambos en Harvard, introdujeron un gen, el *Pitx1*, que codifica los factores de transmisión, en las alas en desarrollo de embriones normales de pollo. En vez de alas, las aves empezaron a desarrollar algo similar a patas. Estas extremidades anteriores de aspecto tan extraño contenían músculos de patas y tenían unas garras incipientes en las extremidades. En 2005, cuando Matthew Harris, también de Harvard, alteró los niveles de una proteína llamada beta-catenina en las bocas de pollos embrionarios, descubrió que a las aves les crecían dientes. Se parecían a los blancos dientes de los cocodrilos: filas nacaradas de dientes cónicos extendidas a lo largo de las mandíbulas de los polluelos. Ahí teníamos un ave con dientes, y la prueba de que los dientes de gallina no son tan escasos como... bueno, como los dientes de gallina.

Horner espera combinar todos estos descubrimientos y unir estos rasgos —dientes, hocico y extremidades anteriores— en un embrión de pollo en desarrollo. Además, ha identificado un número de cambios genéticos que cree que fueron la causa por la que las aves primitivas perdieron la cola. Si se aprende a invertir todas estas señales, dice, un día seremos capaces de hacer que el mismo embrión de pollo desarrolle una cola larga y articulada en lugar de una rabadilla. Hay que introducir muchos cambios, reconoce, en muchísimos sistemas en las distintas etapas del desarrollo, pero el resultado final, espera, sería una criatura que se parecería a un celurosaurio, el subgrupo de los dinosaurios terópodos en el que están los tiranosaurios.

Horner se refiere a su creación como los «pollosaurios». Serían del tamaño de un pollo, con plumas, y, dependiendo de cómo se miraran, parecerían un dinosaurio en miniatura o un pavo de Navidad con cara rara. Horner espera que esto inspire a toda una generación: un dinosaurio muy contemporáneo para una época tan contemporánea. Como lo que cambiará será la expresión génica más que la secuencia genética en sí, genéticamente hablando la criatura será todavía un pollo. Según Horner, eso significa que todavía se comportará como tal, y no entrañará más peligro que cualquiera de los miles de millones de pollos domésticos que viven hoy en día. Y si se pusiese en plan bestia, siempre se le podría echar a la barbacoa..., siempre y cuando nadie espere unas alitas a la brasa.

A mí me gusta Horner. Me gusta el hecho de que, en donde otros paleontólogos se limitan a trabajar con polvo y huesos, él esté preparado para ser distinto, para dar un paso adelante, para ser audaz y trabajar con ADN y carne fresca. Pero tampoco puedo dejar de pensar que sus ideas son algo ingenuas. Si bien es verdad que los biólogos han creado rasgos de dinosaurio en embriones de pollo, de ahí a pensar que eso es crear un dinosaurio en sí hay un largo camino. «Con lo que acabamos fue con un pollo que tenía una mano de aspecto raro», dice Malcolm Logan, ahora en el King's College de Londres, sobre su estudio de 1999. Debido a las leyes éticas, las gestaciones de los embriones no pudieron llegar nunca a término, así que no hay manera de saber si las extremidades habrían sido funcionales o si verdaderamente los embriones habrían sobrevivido en absoluto. Lo que sí se puede decir con certeza es que las «manos» que Logan diseñó estaban en las antípodas de cualquier cosa que se pareciese a un *T. rex* de verdad.

Además, aunque es posible que el genoma del pollo contenga algún tipo de instrucciones latentes para crear hocicos o extremidades anteriores o colas, asumir que estas son las mismas instrucciones que harían falta para crear un dinosaurio son palabras mayores. El registro fósil revela que muchas de estas transiciones morfológicas ya se daban hace unos 230 millones de años, cuando evolucionaron los terópodos, lo que significa que las instrucciones genéticas necesarias para hacerlas no son solo antiguas, sino posiblemente triásicas. Lo más seguro es que, al haber estado las instrucciones en estado latente durante tanto tiempo, algunas de ellas se hayan perdido para siempre. Por lo que sabemos, las aves modernas no tienen las secuencias genéticas funcionales necesarias para generar dentina o esmalte dental. Pero supongamos, por el bien de la teoría de Horner, que las instrucciones estuviesen todavía allí. ¿Qué pasaría? Ahora sabemos que los genes no actúan de manera aislada. Si se altera la actividad de uno, la mayoría de las veces cambia la actividad de otros, a menudo con resultados impredecibles. Podemos hacer que le crezca una cola a un pollo solo para darnos cuenta de que también hemos generado problemas con los que no contábamos: que otras células, tejidos y, por último, partes del cuerpo fallen en el proceso de desarrollo. La criaturita podría morir dentro del huevo. Además, el factor de variación sobre cómo unos embriones, aparentemente iguales, responden a intervenciones aparentemente iguales es enorme, convirtiendo las ideas de Horner, cuando menos, en optimistas.

Me encantaría estar equivocada, pero creo que, a lo sumo, Horner podría ser capaz de componer algunas secuencias genéticas para crear una mera caricatura de dinosaurio. Se pueden recrear rasgos de apariencia antiquísimos. Pero el animal en sí, no. Lo que sí se puede decir es que la investigación en la que se apoya el sueño de Horner tiene posibilidades, a la larga, de dar beneficios, más allá de los pollos de aspecto estrafalario. Desentrañar los mecanismos que controlan el desarrollo embrionario es una meta fundamental de la biología. Comprender cómo cambian los animales desde una única célula hasta un embrión totalmente formado nos puede ayudar a entender qué ocurre cuando las cosas van mal. La investigación sobre los mecanismos que controlan el crecimiento de la cola en los embriones puede llevar a nuevos tratamientos para disfunciones de la columna vertebral. La investigación sobre los procesos que llevan a la formación de extremidades puede arrojar luz sobre las malformaciones congénitas de las extremidades. Que este tipo de investigación debe continuar es una obviedad, pero aunar las dos líneas de investigación para acabar con un pollo feo lleno de dientes a mí sinceramente no me va mucho. No podemos, y probablemente nunca podamos, recuperar el ADN de fósiles de dinosaurio, así que la receta buena para hacer un *T. rex* se ha perdido posiblemente para siempre. Y, si no puedo resucitar a un *T. rex*, tendré que encontrar otra cosa para desextinguir.

2

EL REY DE LAS CAVERNAS

En primavera las amapolas se alinean en los bordes del frecuentado sendero que lleva hasta la cueva de Shanidar. Árboles desperdigados se agarran con firmeza a la ladera rocosa. Los pastos suavizan las faldas de la montaña. A lo lejos, mirando desafiante a aquellos lo suficientemente valientes como para escalar, está el enorme agujero de la boca triangular y gigantesca de la cueva, esculpiendo una presencia profunda en la montaña. Aquí, hace 60 años, se desenterraron los cuerpos de siete adultos y dos niños. Estaban enterrados a mucha profundidad en la sima sombría y, en el momento de su hallazgo, decenas de miles de años después de que cayeran allí, no quedaban más que huesos. Pero, estudiando sus restos, los investigadores han podido reconstruir una historia maravillosa de antaño, con todos los ingredientes para convertirse en un éxito de Hollywood. Tiene violencia y adversidades, compasión y esperanza. Es un relato recorrido de una valentía inmensa y de la supervivencia contra todo pronóstico. Pero sobre todo es una historia que desafía la percepción que tenemos de lo que significa ser humano.

La cueva de Shanidar está en las faldas de los montes Zagros, al norte de Irak, y los cuerpos, desenterrados meticulosamente por el arqueólogo norteamericano Ralph Solecki y su equipo, pertenecen a una especie extinta de humanos primitivos: los neandertales. Esta historia en concreto se centra en el primer cuerpo que se encontró, un hombre adulto a quien apodaron «Shanidar n.º 1» o «Nandy», para acortar. Es uno de los esqueletos de neandertal más completos jamás encontrados, pero cuando se percataron del estado en el que estaba dieron un brinco. El lado izquierdo de su cráneo, que tendría que haber sido suave y redondeado, estaba totalmente reventado. Su brazo derecho, o lo que quedaba de él, estaba roto, debilitado y terminaba en un muñón cerca del codo. Tenía un hueso del pie roto y artritis en la parte baja de la pierna derecha.

A primera vista la autopsia mostraba a un protagonista que había tenido bastante mala suerte. El golpe en el cráneo, quizá causado por una roca al caer, le habría costado la vista, y paralizado un lado del cuerpo. La parte final de su brazo derecho le habría sido amputada, o bien deliberadamente o por un extraño accidente. Su artritis habría sido una fuente constante de dolor, y andar le habría resultado muy difícil.

Que todo esto se pueda contar sobre una vida solo a partir de sus huesos es impresionante, pero aún quedaba más en la recámara. El hecho de que el cuerpo de Nandy estuviese en tan malas condiciones tampoco sorprende tanto. Después de todo, la vida durante la glaciación no era precisamente días de vino y rosas. Lo que sí es sorprendente es que sus huesos rotos mostraran signos de haberse curado. Nandy se recuperó de sus numerosas heridas y siguió viviendo algún tiempo a pesar de las dificultades con las que se quedó. Ciego, paralizado y con un dolor constante, Nandy se las arregló de alguna manera para lidiar con su discapacidad, y acabó muriendo a la edad madura —para un neandertal— de 40 años. Pero es imposible que hiciese todo esto él solo. Con todas sus heridas, Nandy no habría podido cazar, correr o defenderse por sí mismo. En una época en la que los dientes de sable y los osos cavernarios campaban a sus anchas, todo esto le habría convertido en un ser bastante vulnerable. Habría necesitado ayuda. Alguien (o varios alguien) le debió de haber traído comida, mantenerle a salvo y ayudado a tirar para adelante. Cuando lo necesitó, Nandy tuvo amigos. Solecki concluye que Nandy fue uno más del grupo y que su gente le ayudó hasta el día de su muerte.

Después de todo este sufrimiento y brutalidad, la historia tiene un final feliz. A Nandy no le dejaron morir. Es un hecho poco conocido que los neandertales cuidaran a sus discapacitados. Ayudaban a los ancianos y curaban a los enfermos. Los créditos finales van para el reparto secundario de cuidadores que ayudaron a nuestro héroe en sus años finales.

AQUÍ, LA FAMILIA

Los neandertales son los reyes indiscutibles de los hombres de las cavernas. Una especie extinta de humanos primitivos que floreció en Europa y en algunas partes de Asia y Oriente Próximo a finales del Pleistoceno. Bajos y fornidos, fuertes y llenos de músculos, se parecían a los lanzadores de peso de hoy en día, solo que con más pelo. En una época anterior a las maquinillas de afeitar y/o cualquier variante de depilación, estas personas prehistóricas escondían sus caras de mandíbula minúscula bajo barbas descuidadas y sus cejas prominentes bajo unas rastas desgreñadas. Hace 60.000 años los encontramos en Asia, y después en Europa. Luego, hace unos 40.000 años, los neandertales desaparecieron (nadie sabe muy bien por qué), mientras que nosotros, los «humanos modernos», nos fuimos dispersando por los continentes y poco a poco nos hicimos con el mundo entero. Si bien están extintos, los neandertales siguen siendo nuestros parientes humanos más cercanos. Devolverle la vida a un neandertal sería conocer a un viejo familiar, dar un paso atrás en el tiempo... y echarle una ojeada sin precedentes a la historia de la evolución humana.

Sin duda, sería intrigante conocer a un neandertal cara a cara para descubrir de primera mano el parecido y las diferencias que hay entre nosotros. Si él o ella estuviesen bien afeitados y vestidos apropiadamente, ¿seríamos capaces de distinguirlos al sentarnos a su lado en un banco del parque? Si lo hiciéramos, ¿tendríamos una conversación fluida? ¿Nos haríamos amigos? ¿Nos iríamos de fiesta? ¿Podría un neandertal tener un trabajo, casarse o soportar una comida actual? ¿Cómo de «humano/a» sería él o ella? La pregunta de si deberíamos o no resucitar a un neandertal la retomaré después, pero por ahora, como hipótesis, hay que admitir que es buenísima.

Hemos estado fascinados por los neandertales desde que fueron descubiertos en una cantera de caliza del valle de Neander, Alemania, allá por el año 1856. A los victorianos, que creían que Dios había creado al hombre a su imagen y semejanza tan solo unos miles de años antes, les costó aceptar que este esqueleto de aspecto primitivo, con su arco superciliar prominente y sus piernas gruesas y arqueadas, pudiera ser siquiera humano. En lugar de eso, se le consideró algo parecido a un «eslabón perdido» primitivo, una estúpida criatura simiesca sin ningún rasgo positivo. Su torso con forma de barril no se habría podido embutir jamás en un corsé de ballenas. Feo y extraño, nunca habría podido jugar al croquet o tomar el té. Los neandertales eran salvajes e inferiores a los humanos, concluyeron los victorianos.

Fue el inicio de una campaña de desprestigio que ha ensombrecido a los neandertales desde entonces, por no mencionar uno de los debates más largos y candentes de la ciencia moderna: ¿qué grado de sofisticación tenía esta gente? ¿Acaso la tenía siquiera? Incluso hoy en día, aunque los arqueólogos hayan escrutado los restos de cientos de individuos distintos y descubierto numerosas pruebas de que sí, a los neandertales aún se les considera unos salvajes que llevaban garrote y taparrabos. En la cultura popular, a menudo se les muestra como unos cavernícolas despeinados que arrastraban los nudillos por el suelo y que se comunicaban como los adolescentes de hoy en día: a base de los mismos gestos y gruñidos inarticulados. Incluso al hablar, el término es peyorativo. Llamarle a alguien neandertal es básicamente llamarle bruto peludo y estúpido. Están los sempiternos chistes evolutivos: «Un neandertal entra en un bar y dice... nada». Ni siquiera puede hablar. Lo peor de todo es que ni siquiera están aquí para defenderse por sí mismos. Hablar así de mal de un hombre cuando está extinto...

Lo cierto es que, gracias a los restos fósiles y otras fuentes de evidencias, sabemos más acerca de esta especie homínida en concreto que de cualquier otra, y el estereotipo de neandertal es por tanto injusto, infundado e innecesario. La historia de Nandy nos demuestra que los neandertales tenían capacidad de compasión y camaradería. Un humano primitivo que cuidaba a sus enfermos, sus discapacitados y sus mayores no se diferencia mucho de nosotros. En lugar de ser criaturas salvajes, estas personas deben de haber tenido lazos sociales muy arraigados, tal y como los tenemos hoy. Se cuidaban los unos a los otros y se preocupaban por sus compañeros cuando lo necesitaban. A lo mejor sí encajarían entre nosotros después de todo.

Pero ¿podemos devolverle la vida al rey del hombre de las cavernas? Quizá sea este un buen momento para señalar que, ahora mismo, nadie, que yo sepa, está planteándose en serio resucitar a un neandertal. Mientras indagaba para este libro, hablé con varios investigadores respetados y altamente cualificados. Y todos ellos me dijeron que crear un neandertal es totalmente posible, no con tecnologías aún por determinar, sino con el conocimiento y toda la parafernalia que tenemos hoy en día.

Aunque solo fuera por acabar con la campaña de desprestigio, realizar una desextinción de neandertal ya sería útil, dándole a Nandy y a sus parientes el giro positivo que necesitan. Sin duda también se acabaría con el debate sobre cómo eran. Si bien los huesos sí pueden sobrevivir en el registro fósil, los tejidos blandos y los órganos se pudren casi siempre. Resucitar a un neandertal sería, literalmente, añadirle carne a los huesos. Descubriríamos no solo cómo son, sino cómo se comportan y qué pueden hacer. Un proyecto de este tipo podría incluso ir más allá. El biólogo de Harvard George Church, de quien hablaré muchísimo más adelante, argumenta en su libro *Regenesis* que resucitar una especie humana similar a la nuestra haría mucho más que satisfacer una curiosidad académica. Podría, dice, ayudarnos a pensar sobre nosotros mismos de manera distinta, y ofrecernos nuevas perspectivas sobre otras formas de inteligencia humana y diferentes maneras de pensar. Podría haber beneficios médicos: ¿qué pasaría si los neandertales fuesen, por ejemplo, inmunes de forma natural al virus del VIH o a la bacteria que causa la tuberculosis? El conocimiento que se obtuviese de su biología podría usarse para desarrollar nuevas terapias para nuestra propia especie. Estudiando su desarrollo embrionario, podríamos aprender más sobre el proceso que lleva a cabo el nuestro. Y si un neandertal fuese a un bar en algún momento, me encantaría estar allí para invitarle a una copa, con mucho hielo, por supuesto, y escuchar lo que realmente tiene que decir.

UN OLOR HORROROSO

Si la higiene estuviera al mismo nivel que la devoción divina, entonces Svante Pääbo estaría ya en el Cielo, con los querubines entre las nubes. El biólogo sueco ha cimentado su carrera en un nivel de higiene que roza la paranoia. Pääbo es el director del Instituto Max Planck de Antropología Evolutiva, un escultural edificio de investigación hecho a medida en Leipzig, Alemania, donde llega a límites extremos con tal de extraer el ADN de los fósiles. Está obsesionado con mantener las muestras, a los investigadores y el laboratorio completamente impolutos para poder minimizar las posibilidades de contaminación en sus experimentos. Gracias a esto, ha conseguido cambiar la manera en la que concebimos la historia humana. Ha recuperado ADN del hueso de un dedo encontrado en una cueva siberiana, desvelando la existencia de una especie hasta entonces desconocida llamada denisovanos. Y ha secuenciado el genoma entero del neandertal, revelando un secreto subido de tono de nuestro oscuro y lejano pasado. A través de su rigor científico y atención al detalle, se podría decir que Pääbo ha hecho más que cualquier otro para avanzar en el campo del ADN antiguo.

La carrera de Pääbo sobre el ADN antiguo despegó después de que cocinara un trozo de hígado nada apetitoso. Terminaba la década de los 70 y Pääbo, que trabajaba en virología en aquel momento, había oído hablar de nuevas técnicas que permitían a los investigadores extraer y secuenciar el ADN. Obsesionado con el Antiguo Egipto desde que era niño, Pääbo se empezó a preguntar si sería posible recuperar el ADN de las momias egipcias. En aquel momento, la creencia popular era que no se podía, que los cuerpos vendados habían estado dando vueltas de aquí para allá demasiado tiempo como para que quedara algún rastro de ADN en ellos. Pero Pääbo concluyó que, si las enzimas que destruían el ADN necesitaban agua para funcionar, entonces la molécula podría haber sobrevivido en tejidos antiguos que hubiesen sido disecados o momificados. Concibió un experimento para comprobar su teoría, pero, como se suponía que tenía que estar trabajando en otras cosas, decidió mantenerlo en secreto y no decírselo a su jefe.

Sin acceso a ninguna momia egipcia, Pääbo tuvo que fabricar su propio tejido momificado. Así, fue al supermercado del barrio, compró un poco de hígado de vaca, luego lo metió en el horno del laboratorio a baja cocción y dejó que se pudriese allí mismo. Veinticuatro horas después el olor de la carne putrefacta inundaba la habitación y el «guiso» clandestino estaba a punto de estropearse. Pero el aroma pronto se disipó y lo que quedó unos días después fue un pedazo de carne tan seco que un inspector de Michelin probablemente habría comprobado su banda de rodadura, tomándolo por un neumático, antes que otorgarle una estrella por su buena cocción. La carne había superado su fecha de caducidad, pero, para alegría de Pääbo, su ADN no. La desecación no había destruido todo el material genético de las células. Todavía quedaban pequeños fragmentos.

Si se podía encontrar ADN en una cena achicharrada, entonces, quizá, pensó, podría de verdad encontrarse en los cuerpos disecados de los faraones. Se le concedió un permiso para estudiar 20 momias del Museo Estatal de Berlín Oriental, pero cuando recogió las muestras y las analizó para obtener el ADN, no salió nada de ninguna..., menos de una. Pääbo dio en el clavo con una momia de un niño de 2.400 años de antigüedad. Decidió que era el momento de sacar a la luz sus experimentos secretos. Pääbo le contó todo a su jefe y, con su bendición, se dispuso a publicar sus descubrimientos en la revista *Nature*, en cuya portada apareció la imagen de una momia envuelta en tiras de ADN.

«El artículo de *Nature* causó un revuelo tremendo», dice el investigador de ADN antiguo Tom Gilbert, de la Universidad de Copenhague. «La gente estaba emocionada de verdad.» Con el descubrimiento de Pääbo, la posibilidad de obtener el ADN del pasado remoto ya no era una quimera. De repente, todo el mundo quería formar parte del juego. Entonces empezó lo que se conoce como años del Salvaje Oeste en la investigación del ADN antiguo, años en los que parecía que todo el mundo con un gusto pasajero por el ADN antiguo hiciera todo lo posible por extraerlo de todas partes. Las declaraciones que afirmaban haber obtenido «ADN antediluviano» llenaron los titulares (véase el capítulo 1). Los investigadores afirmaban haber descubierto el ADN de plantas fosilizadas, de insectos y dinosaurios, pero todo se vino abajo cuando se dieron cuenta de que el ADN moderno, probablemente de la gente que había trabajado con las muestras, había alterado los resultados. Se tuvieron que tomar medidas extremas. Si Pääbo quería que sus resultados fueran aceptados, tenía que asegurarse de que el ADN que encontrara fuese genuinamente antiguo y no un contaminante moderno. Aquí fue donde empezó de verdad su afición por lo impoluto.

En la Universidad de Múnich construyó la primera «sala blanca» dedicada al ADN antiguo, una celda sin ventanas que restregaba con lejía y que mantenía limpísima. Cualquiera que trabajara allí tenía que seguir un estilismo a lo CSI, con guantes, mascarillas y redecillas, para asegurarse de que su propio ADN no contaminara las muestras que estudiaban. Para mayor seguridad, Pääbo decidió perfeccionar sus técnicas con animales extintos más que con humanos primitivos, argumentando que, incluso si encontraba ADN humano en un fósil, sería imposible saber si procedía de una persona primitiva o de un miembro de su propio laboratorio. Así que, cuando aisló con éxito fragmentos de ADN de un caballo de 25.000 años, y luego de un mamut de 50.000, estaba bastante seguro de que el ADN que había encontrado era auténtico. Después de todo, no había caballos ni mamuts de la era glacial deambulando por el laboratorio.

Solo entonces desvió su atención a los neandertales. Parecían un buen objeto de estudio por muchas razones. Para empezar, son nuestros parientes evolutivos más cercanos. Habían vivido lo bastante cerca en el tiempo como para que sus huesos todavía pudiesen contener ADN, y, aun así, también lo bastante lejos. Tenía la esperanza de que estudiar las diferencias genéticas entre los neandertales y los humanos modernos permitiera a los investigadores identificar los cambios clave que distanciaron a nuestros primeros antepasados no solo de los neandertales, sino del resto de seres del planeta. Podría ayudar a explicar por qué los neandertales fabricaban herramientas tan rudimentarias y cazaban mamuts, mientras que nosotros adquirimos la capacidad de mandar un mensaje y pedir una pizza. Podría ayudar a esclarecer por qué los neandertales fueron capaces de tener un pensamiento cultural, artístico y abstracto, aunque nunca crearan redes sociales o la Capilla Sixtina. Las diferencias podrían ayudar a explicar por qué los neandertales desaparecieron mientras que nosotros florecimos. A partir del ADN del neandertal, Pääbo esperaba entrever los orígenes biológicos que nos hacen humanos.

A Pääbo se le dio acceso a un tesoro nacional alemán: el primer neandertal que se había hallado, conservado en el Museo de Bonn. Con una mínima muestra del brazo derecho del fósil, Pääbo hizo magia de nuevo. Dieciséis años después de haber extraído el ADN de un hígado comprado en un supermercado, se convirtió en el primer científico en aislar el ADN de un humano primitivo.

Como en el resto de estudios reputados sobre el ADN antiguo que había habido antes, Pääbo no eligió extraer el ADN del núcleo de la célula, sino de otro lugar recóndito: unas diminutas estructuras que suministran energía llamadas mitocondrias, donde el ADN es más abundante. Una única célula tiene miles de mitocondrias, y una única mitocondria puede tener cientos de copias de ADN. Si se compara eso con las dos copias de ADN que se hallan dentro del núcleo de una célula normal, el ADN mitocondrial parece una fruta madura. Por lo tanto, lo que Pääbo había extraído del espécimen del valle de Neander era más bien ADN mitocondrial que nuclear. Resultaba impresionante, pero, si los investigadores querían de verdad descubrir los secretos genéticos del neandertal, iban a necesitar algo más que el ADN mitocondrial. Sabemos que los genomas están formados tanto por el ADN mitocondrial como por el ADN nuclear, pero es el ADN nuclear lo que constituye el 99,9995 por 100 de la secuencia total. De modo que, si Pääbo quería descodificar el genoma del neandertal en su totalidad, necesitaría poder extraer ADN de los núcleos de las células neandertales.

Pero en aquel momento nadie sabía si aquello era posible. Al final, hizo falta otra caca excepcional para afianzar el asunto de una vez por todas.

LA MEJOR CACA DE TODAS

A finales de los 90, Hendrik Poinar, un genetista californiano que trabajaba en el laboratorio de Pääbo, estaba estudiando «coproscopia molecular» o, lo que es lo mismo, «el estudio de la caca fosilizada». La mejor caca de todas para Poinar eran las heces antiguas del extinto perezoso terrestre de Shasta *(Nothrotheriops shastensis)*, un herbívoro del tamaño de un oso de la última glaciación. Como muchos de mis exnovios, tenía el pelo largo y encrespado, labios prensiles y andaba sobre sus nudillos. Sin embargo, a diferencia de mis ex, comía un montón de plantas y dejó muchos excrementos en las cuevas secas de lo que hoy es el sudoeste de Estados Unidos. En una de ellas, la cueva Rampart en el Gran Cañón, Arizona, el suelo está literalmente lleno, de pared a pared, de estiércol. Si bien las heces no son una criatura viviente, todavía contienen ADN, y después de muchos milenios en el suelo de la cueva, los excrementos de los perezosos se habían fosilizado.

Poinar estudió la composición química de la caca y descubrió que mostraba signos obvios de una reacción que se suele encontrar con más frecuencia en la cocina. La reacción de Maillard, tal y como se conoce, se produce cuando los azúcares comunes se calientan durante mucho tiempo. Las moléculas del azúcar forman enlaces cruzados químicos con las proteínas y el ADN, causando compuestos grandes e intrincados que les dan a los alimentos marrones, como el pan o la carne, su sabor característico. Los experimentos de Poinar sugerían que muchos milenios atrás, mientras se depositaban lentamente, los excrementos calentitos fermentaron en el suelo de la cueva, causando la misma reacción. El ADN antiguo se había entrelazado con otras moléculas, y eso significaba que el método habitual que se usaba para detectarlo y amplificarlo —la reacción en cadena de la polimerasa (PCR, por sus siglas en inglés)— sencillamente no funcionaría. Pero la reacción de Maillard se podía invertir. Cuando se añade una sustancia química concreta al pan horneado, se rompen los ovillos de ADN y la hogaza se vuelve a convertir en masa. Cuando Poinar añadió la misma sustancia química a extractos de sus coprolitos descubrió, para su deleite, que el ADN interno del fósil se podía liberar. No solo encontró ADN mitocondrial, sino también nuclear. Los experimentos daban a entender que, a veces, el ADN nuclear puede sobrevivir dentro de los fósiles antiguos y que se puede extraer de ellos. Y si el ADN nuclear se podía recuperar de una caca glacial, a lo mejor también se podía extraer de otros habitantes de la era glacial, incluyendo a los neandertales.

Finalmente, hicieron falta algunos años y nuevas técnicas para convertir este sueño en realidad. Un gran problema era el método que se usaba para recuperar el ADN de las muestras antiguas. Hasta aquel momento, los investigadores habían usado la PCR, que amplifica fragmentos diminutos de ADN en cantidades más grandes para que se puedan estudiar. Pero el proceso es muy propenso a la contaminación. Con que haya un pequeñísimo trocito de ADN moderno en una muestra —desde una célula de la piel de, digamos, el investigador que ha trabajado con las muestras a un poquito de polvo del laboratorio—, ese es con frecuencia el ADN que acaba siendo amplificado y no el antiguo. Por lo tanto, el ADN moderno y contaminante puede inundar una muestra y arruinarla. Pääbo se dio cuenta de que se necesitaban nuevas y mejores técnicas que este proceso tedioso y tan poco de fiar.

Estas técnicas llegaron en los años 2000 bajo el nombre de «secuenciaciones de nueva generación» (NGS, por sus siglas en inglés). El nombre sonaba sacado de *Star Trek*, e igual que sucede con la serie televisiva, pronto se hizo con una corte de adeptos y fans frikis que las preferían a las originales. Era secuenciación, mi querido capitán Kirk, pero no como la conocemos. Mientras que la PCR se centraba cada vez en un único fragmento específico de ADN, la NGS podía leer, o «secuenciar», todos los miles de diminutos fragmentos del ADN de una muestra de una sola tirada. Acabó con el molesto paso de la PCR, así que los investigadores ya no tendrían que preocuparse de la contaminación moderna que pudiese sufrir el ADN en el que estaban interesados.

Pääbo estaba tan impresionado que se compró su propia máquina de NGS, y, después de secuenciar la respetable cantidad de un millón de pares de bases de ADN neandertal, anunció al mundo que lo siguiente que secuenciaría sería el genoma nuclear entero. Pero había otro problema. Puede que la contaminación moderna ya no fuese un problema, pero sí lo era la contaminación *antigua*. Pääbo se dio cuenta de que las muestras de neandertal que tanto le importaban tendían a contener un 3 por 100 de ADN neandertal y un 97 por 100 del ADN de las bacterias que en algún momento se habían dado un banquete con el hueso. Como el NGS secuenciaba *todo* el ADN de una muestra, significaba que la mayoría de los datos generados no tendría interés alguno.

Al final, Pääbo tuvo que añadir dos nuevas fases a su método de trabajo: una era quitar físicamente el ADN antiguo no deseado y la otra amplificar el poco ADN neandertal que había. Con su nuevo y mejorado protocolo, el genoma del neandertal estaba cada vez más cerca, pero Pääbo y su equipo aún debían enfrentarse a un último desafío. Si bien el ADN moderno es largo y fibroso, el ADN antiguo está roto y deshilvanado. La mayoría de los fragmentos sacados de fósiles con milenios de antigüedad solo tienen una longitud de decenas de nucleótidos. Entonces, ¿cómo ensamblar estas pequeñas piezas en un genoma de tres mil millones de letras de largo?

Hay que imaginarse el puzle más grande y complicado que se haya hecho jamás. Luego imaginarse que muchas piezas están dañadas y otras directamente perdidas. Para más inri, hay además piezas extra que no parecen encajar en ninguna parte, y piezas adicionales aleatorias que sí. Reensamblar el genoma del neandertal es más o menos como hacer ese puzle. Según Amazon.com, el puzle más difícil del mundo es The Sweet Shop, un puzle de dos caras en el que aparecen Smarties. El genoma del neandertal es, por el contrario, un puzle en 3D en el que aparecen nucleótidos.

Y mientras que The Sweet Shop tiene 529 piezas, el genoma del Neandertal tiene cientos de miles.

Al igual que el puzle de Amazon sería complicado de hacer sin la foto de la caja, Pääbo y su equipo necesitaban algún tipo de referencia que les ayudara a ensamblar los trozos de ADN del modo correcto. Así, pues, usaron «genomas de referencia». Tomaron las secuencias de dos genomas modernos que ya habían secuenciado —el humano y el chimpancé— y los usaron comparativamente. Con toda esta información, un algoritmo informático inteligente fue capaz de reconstruir los desechos esqueléticos de ADN antiguo. En 2009 Pääbo anunció al mundo que había secuenciado finalmente el genoma del neandertal.

La secuencia era lo que los genetistas llaman un «borrador de genoma», que quiere decir que, aunque era lo mejor que podían hacer con la tecnología que tenían, no estaba lo bastante completo. Puede sonar raro, pero en el mundo del genoma publicar una versión en borrador está completamente aceptado. Se había publicado un borrador de trabajo del genoma humano en el 2000, tres años antes del artículo final. Por lo que yo sé, en ninguna otra área de investigación se admite esta práctica. El equipo del CERN no publicó la mitad del bosón de Higgs. Y la humanidad no celebró que el *Apolo XI* llegara a la mitad del camino hacia la Luna. Pero al César lo que es del César. Pääbo ha dedicado su carrera a superar los obstáculos técnicos que han minado el campo del ADN antiguo desde el principio, y en el proceso ha conseguido lo que parecía imposible. Era el primer genoma de un humano extinto que se descodificaba.

QUIERO UN HOMBRE DE LAS CAVERNAS

En los meses siguientes a la publicación del genoma pasaron varias cosas. El equipo de Pääbo siguió secuenciando el ADN del neandertal de cara a convertir su condición de «borrador» en «trabajo final», mientras que otros investigadores se emocionaron con razón y empezaron a usar libremente los datos de secuenciación disponibles. Pääbo comenzó a recibir cartas de hombres que pensaban que eran neandertales, y de mujeres que creían que sus maridos lo eran. Mientras tanto, el *New York Times* informó de que se podía resucitar a un neandertal con la tecnología existente por unos 30 millones de dólares.

Esta afirmación se le atribuyó al genetista George Church; y si hay alguien que conoce de qué es capaz la genética, es él. Como miembro fundador del proyecto del genoma humano había ayudado a desarrollar los métodos modernos de secuenciación que hicieron posible leer por primera vez el genoma del neandertal. Hoy en día, Church sigue ampliando las fronteras a las que puede llegar la genética. Los miembros de su laboratorio, en la Harvard Medical School, trabajan con el ADN para poder hacer todo tipo de cosas, desde ayudar a entender las enfermedades humanas y establecer nuevas terapias, a resucitar especies extintas. Actualmente está trabajando en un proyecto destinado a resucitar al mamut lanudo (véase el capítulo 3).

«Hacer un neandertal es técnicamente posible —me dice cuando hablo con él por teléfono una noche de verano— si hay alguien que de verdad quiera hacerlo.» Tres años después de que Pääbo publicara el borrador del genoma del neandertal, la versión completa ya estaba disponible. Esta vez, los investigadores intentaron poner todos los puntos sobre las íes.[1] De hecho, cada posición del genoma se había leído una media de 50 veces, haciéndolo de calidad parecida al genoma humano.

Pero una cosa es reconstruir el genoma del neandertal en un ordenador y otra muy distinta darle vida como por arte de magia. Hoy en día, el genoma del neandertal es mera información almacenada en formato digital. Si alguien fuera a imprimir todas las letras de una única línea, la impresión tendría una distancia de

[1] Vale, no hay ninguna «i», pero sí hay tes, ces, ges y aes.

5.000 km, la misma que hay entre Londres, Inglaterra, y Boston, Massachusetts. Si alguien quisiera publicarlo en formato libro, tendría que hacer una tirada de unos 5.000 ejemplares en rústica y con la misma puntuación y argumento que los libros de *chick lit*. Si se leyese una letra por segundo, se tardarían 95 años en leer todas. Un fabricante ideal de neandertales tendría que convertir esta larguísima receta digital en información biológica, con la forma de ADN real dentro de una célula real.

Cuando las letras del genoma humano y las del neandertal se alinean la una junto a la otra en el ordenador, se observa claramente cómo la mayoría de las letras son las mismas. Ahora sabemos que los humanos modernos y los neandertales comparten el 99 por 100 de su ADN. De modo que no tiene sentido hacer un neandertal desde cero, incluso aunque tal cosa fuese posible. En lugar de eso, la mejor opción sería empezar con un genoma humano dentro de una célula humana y luego alterarla hasta convertirlo en uno de neandertal.

Cuando trabajaba en el laboratorio a principios de los 90, alterar o editar el ADN era una tarea ardua y delicada en la que solo se podía trabajar con un cambio genético a la vez. Pero ahora las cosas son distintas. La tecnología ha avanzado y la edición genética es más rápida, barata y precisa de lo que ha sido jamás. Para *neandertalizar* un genoma humano, se tendrían que hacer unos 10 millones de cambios —una tarea complicada pero no imposible—. Se podría hacer gracias a un proceso llamado ingeniería del genoma múltiple automatizado (MAGE, por sus siglas en inglés), que puede hacer cientos de cambios a la vez en un genoma, acelerando eficazmente la evolución y otorgando a la técnica el nombre alternativo de «máquina de la evolución». Es un invento de nada más y nada menos que George Church, el hombre que una vez le dijo a Stewart Brand, campeón de la desextinción: «Yo no solo leo ADN; yo escribo ADN». Church prevé que la técnica suponga miles de beneficios, como la fabricación de bacterias que produzcan biocombustibles en masa. Pero también me cuenta que, aunque no es algo que planee hacer él mismo, podría usarse para *neandertalizar* una célula humana. La técnica implicaría romper el genoma humano en miles de trocitos más pequeños y manejables, llevándolos dentro de bacterias especialmente adaptadas en las que se harían los cambios deseados, y luego se reunificaría el ADN modificado en 23 pares de cromosomas dentro de células humanas. El proyecto de ADN dentro de esas células se podría usar para clonarlo. El ADN neandertal se podría inyectar en un óvulo humano al que se le hubiese quitado su propio genoma nuclear, y después el embrión en desarrollo se transferiría a un útero humano receptor que, con suerte, llevaría el embarazo a término.

Así que, dejando al lado por un momento el problema de si este experimento *debería* hacerse o no, pensemos en el resultado que obtendríamos. Le dará peso al debate del «¿deberíamos?» que sigue. Supongamos, por pura conveniencia, que el bebé es un niño (aunque podría ser también niña) y le llamamos, por el bien de este debate, Hermann, por el anatomista alemán del siglo XIX Hermann Schaaffhausen, que estudió el neandertal original del valle de Neander.

Al igual que nosotros, Hermann sería fruto de lo heredado y de lo adquirido, marcado por su legado genético y por el entorno en el que ha crecido. Algunas características, como la altura, el color de los ojos y el pelo, estarían claramente determinadas por la genética, mientras que otras, como la personalidad y sus gustos, estarían más influidas por la educación recibida. Un niño neandertal que naciese hoy en día estaría sujeto al mismo yin y yang de influencias que cualquier niño, haciendo que cualquier predicción fuese en el mejor de los casos especulativa, y en el peor, totalmente errónea. Pero tengamos paciencia. Analicemos la información relevante, extraída tanto del registro fósil como del genoma del neandertal, para imaginar cómo podría ser Hermann.

Empecemos por su nacimiento. Los estudios sobre neandertales han revelado que sus cerebros eran aproximadamente un 10 por 100 más grandes que los nuestros, lo suficiente como para disuadir a la más experimentada de las madres humanas de un parto natural. Como primer neandertal nacido en 40.000 años, a las matronas y a los médicos no les gustaría dejar nada al azar, así que el pequeño Hermann nacería probablemente por cesárea. En realidad, el recién nacido se parecería bastante a cualquier neonato humano: como un abuelillo enfadado al que le han quitado el dulce. Lo más seguro es que Hermann fuese pálido, incluso pecoso. La gente que ha vivido en latitudes más altas durante períodos de tiempo prolongados se ha adaptado a esas condiciones perdiendo la pigmentación más oscura de la piel, más común según nos acercamos al ecuador. Y cuando el experto en ADN antiguo Carles Lalueza-Fox, de la Universidad de Barcelona, investigó la secuencia de un gen relacionado con el color de la piel y el pelo, descubrió que algunos neandertales habrían tenido probablemente la piel clara y el pelo rizado. Hermann bien pudo ser pelirrojo.

Pero ser pelirrojo o neandertal no es motivo para negarle a ningún niño sus derechos humanos básicos. Aunque fueran una especie distinta de humanos, los neandertales eran humanos igualmente. Teniendo esto en cuenta, Hermann merecería la misma educación que cualquier otro niño humano. Por los hallazgos fósiles sabemos que los neandertales de la era glacial vivían en comunidades sociales pequeñas y muy unidas en las que compartían su vida diaria y en las que cuidaban los unos de los otros (solo hay que acordarse de Nandy). Con la comodidad y seguridad que aporta una familia moderna y cariñosa, Hermann probablemente crecería estupendamente. «Un neandertal que naciese hoy en día se podría adaptar bien al concepto actual de familia nuclear», dice el antropólogo de la Universidad de Colorado Thomas Wynn, que analiza esta posibilidad con sumo detalle en su libro *How to Think Like a Neanderthal.* «Probablemente sería un niño muy cariñoso.» Estaría muy feliz en casa con su familia más cercana, y sería empático y comprensivo con sus hermanos. Sin embargo, fuera del entorno familiar, podría ser un niño bastante tímido, desconfiado de los desconocidos. Para poder sobrevivir, los neandertales habrían tenido que lidiar con extraños —neandertales de territorios vecinos o humanos modernos que migraban desde África—, con recelo y en ocasiones con hostilidad. En consecuencia, Hermann podría tener apuros para hacer amigos fuera del grupo familiar, y la guardería le aterrorizaría. «Casi con absoluta certeza podría decir que no querría que le dejaran solo —dice Wynn— hasta el punto de que probablemente la educación en casa sería la mejor opción.»

Después del destete un padre adoptivo tendría que tener cuidado con los lácteos y darle una alimentación celiaca: el genoma de este bebé evolucionó varios cientos de miles de años antes de la revolución agrícola, así que Hermann tendría dificultades para digerir una dieta rica en cereales y lácteos. A pesar de la imagen preconcebida de cazadores de mamuts y carnívoros asesinos de bisontes, hoy hay muchas pruebas que sugieren que los neandertales llevaban una dieta rica y variada de origen tanto natural como local. En el norte de Europa comían mucha carne, y en Europa meridional mucho pescado, incluyendo focas, delfines y moluscos. Los análisis de caca y dientes neandertales muestran que también comían vegetales y que probablemente los asaban en hogueras. Carles Lalueza-Fox ha demostrado que los neandertales también compartían con nosotros un gen que les otorgaba la capacidad de saborear compuestos amargos en determinadas comidas. A Hermann le habría ido bien con una dieta humana moderna, baja en trigo y lácteos, pero tampoco sería raro verle lanzar el brécol al otro lado de la cocina, como a cualquier niño.

Al principio es probable que su familia y amigos apenas notasen diferencias sociales, cognitivas o físicas entre Hermann y cualquier otro hermano *Homo sapiens*. Los rasgos típicos del neandertal —el *torus supraorbital* prominente, la cabeza de forma extraña y su complexión baja y fornida— estarían dentro de la gran variedad de rasgos humanos. Después de todo, los humanos modernos venimos en cualquier tamaño y forma y, al igual que algunos de nosotros parecemos más neandertales que otros, un neandertal desextinguido podría parecer más o menos humano. Puede que Hermann no tuviese la barbilla marcada, o que fuese más fornido y fortachón que un niño normal, pero no parecería fuera de lugar entre una multitud.

HABLEMOS NEANDERTAL

En cuanto tuviese más de un año y medio o dos, Hermann empezaría a aprender a hablar. Una causa constante de debate entre los antropólogos es la que enfrenta a aquellos que creen que los neandertales eran incapaces de tener un lenguaje con quienes defienden que el lenguaje evolucionó aproximadamente hace medio millón de años en el supuesto antepasado común de los neandertales y los humanos modernos: el *Homo heidelbergensis*, también conocedor del fuego y de las herramientas. Si estos humanos tan tempranos usaban el lenguaje, que es lo que Dan Dediu, del Instituto Max Planck de Psicolingüística de Nimega, Holanda, y otros han argumentado, entonces el neandertal también debería haberlo hecho.

Desde luego, la biología necesaria para ello está ahí. La cara y la garganta del neandertal estaban colocadas de tal manera que esta especie era, al menos en teoría, capaz de hablar. Al igual que nosotros, tenían un huesecillo con forma de herradura al fondo de la garganta. En los humanos modernos, el llamado hueso hioides sujeta la lengua y ayuda a controlar el habla. El hioides del neandertal no solo era físicamente como el nuestro, sino que parece que habría tenido también la misma función.

Algunos rasgos de su anatomía cerebral también eran parecidos a los nuestros. Aunque el cerebro es en general demasiado blando como para sobrevivir a la fosilización, el cráneo que lo rodea no lo es. Estudiando el interior del cráneo, los investigadores pueden hacer una estimación del tamaño y las proporciones generales del cerebro que contuvo en su momento. Hay una sección de especial interés llamada área de Broca. Localizada en el lóbulo frontal inferior izquierdo, el área de Broca controla la producción del habla. Si se daña esa área, por un tumor o un ictus, por ejemplo, la persona puede perder la capacidad de hablar. Si tenemos en cuenta el tamaño total del cerebro, nuestra área de Broca es mayor que las de nuestros mudos parientes primates no humanos, mientras que en el cerebro de los neandertales, al parecer, esta tiene una proporción similar a la nuestra, lo que evidencia que, a lo mejor, el cerebro del neandertal era capaz de producir lenguaje.

En 2007 Svante Pääbo y sus colegas demostraron que los neandertales tenían una versión humana de un gen que está relacionado con el habla y el lenguaje: el gen *FOXP2*. Las personas con una versión anormal de este gen tienen impedimentos para el habla, dificultades para el aprendizaje y problemas con algunos tipos de gramática, pero ¿tenían los neandertales la versión normal de este gen, lo que evidenciaría de nuevo su capacidad para el habla?

En conjunto, todos estos descubrimientos son un revoltijo de chismes muy tentador, pero no son una prueba irrefutable de que los neandertales pudiesen tener una conversación ingeniosa. La articulación física del habla implica mucho más que el hueso hioides. En los primates no humanoides, y puede que en los neandertales, el área de Broca se usa también para funciones no lingüísticas, como atrapar algo con las manos, y el *FOXP2* no es el gen «del lenguaje»: es un gen que está «relacionado» con el lenguaje. Pero también hace otras cosas. Después de una reflexión seria, las pruebas son circunstanciales y algunos podrían decir que poco convincentes. Por desgracia, el lenguaje no se conserva directamente en las piedras y ni siquiera en el genoma, pero, si uno vuelve la vista atrás y mira con atención todo lo que se ha descubierto en 150 años de investigación sobre el neandertal, la imagen que surge es la de una población que habría sido capaz de comunicarse con un nivel de sofisticación mayor que el de algún que otro gruñido, sonido gutural y gestos físicos.

Al fin y al cabo, estamos hablando de personas que fueron capaces de elaborar herramientas cuando menos variadas: cuchillos de sílex muy característicos con un lado intencionalmente desafilado para poder agarrarlo; puntas de lanza de marfil de 30 cm de longitud con unos agujeros que les servían para insertarles mangos de madera, y los *lissoirs*, unos alisadores pulidos tallados a partir de costillas de ciervo, que se usaban para alisar la piel y hacerla más suave y resistente al agua. Que fuesen capaces de aprender a hacer todo esto por mera observación es poco probable. Sería más acertado intuir que recibieron algún tipo de enseñanza verbal. Esta gente eran cazadores expertos. Confiaban en el conocimiento al detalle del paisaje local y en técnicas de caza como ayuda para localizar y abatir sus presas. Hace falta más de uno para derribar a un mamut, así que es probable que los neandertales se comunicaran entre ellos para discutir sobre estrategias de caza y coordinar sus recompensas, y que usaran el lenguaje para transmitir su conocimiento a través de generaciones. Que pudiesen hacer adornos con dientes, huesos y conchas, y que prepararan pigmentos para pintarse el cuerpo con ellos, implica que eran capaces de tener pensamiento simbólico: una condición *sine qua non*, según algunos, para el lenguaje, en el que las palabras o símbolos abstractos adquieren un significado verdadero.

Por muy circunstanciales que parezcan, se han ido acumulando cada vez más evidencias que sugieren que los neandertales tenían capacidad para hablar. «Puede que no tenga una prueba directa, pero estoy bastante seguro de que los neandertales tenían lenguaje», dice Thomas Wynn. «Están demasiado emparentados con nosotros como para no tener algún tipo de lenguaje.» Con el mismo genoma guiando su desarrollo, y las señales ambientales correctas, un neandertal moderno podría ser capaz igualmente de adquirir y generar lenguaje.

Según fuese creciendo Hermann empezaría a balbucear y luego a hablar. Su primera palabra podría ser *mamá*, o *mamut*, pero, al menos en un primer momento, habría muy poca diferencia entre la habilidad verbal de Hermann y la del resto de niños humanos. Solo un poquito después, cuando los niños empiezan a construir y comprender frases más complejas («Sé que quieres tirarle el brécol a tu hermano, pero también sabes que yo no quiero que lo hagas»), se podría quedar un poco rezagado Hermann. Frases así de complicadas pueden ser difíciles de entender y difíciles de construir. Irónicamente, pues es el país en el que se encontró el primer neandertal, el idioma alemán, con esos finales de frase en verbos larguísimos, podría ser especialmente difícil de dominar para Hermann. Pero, al igual que su aspecto, la capacidad de Hermann para dominar el lenguaje podría estar aún dentro del abanico normal de la variación humana moderna. Después de todo, muchos de nosotros todavía preferimos evitar una sintaxis hiperintrincada e innecesaria, y no complicarnos la existencia.

Otra sutil diferencia podría ser el modo en el que Hermann sonase. El tracto vocal de los neandertales tenía una forma ligeramente distinta a la nuestra, lo que ha provocado un debate sobre si sus voces habrían sonado de manera distinta. En 2008 el antropólogo Robert McCarthy, de la Florida Atlantic University de Boca Ratón, simuló la manera de hablar neandertal basándose en reconstrucciones a partir de los fósiles. Era la primera vez que alguien oía la voz de un neandertal —aunque fuese generada con un sintetizador— en 40.000 años. Descubrió que los antiguos humanos eran incapaces de generar ciertos sonidos, conocidos como las vocales cuantales, que están presentes en el habla moderna y que ayudan a las personas con tractos vocales de distinto tamaño a comprenderse los unos a los otros. McCarthy concluyó que los neandertales habrían tenido problemas para producir la sutileza del sonido i. Así, los padres adoptivos de Hermann podrían no estar seguros de si el niño quería «pisar» o «pesar» a sus hermanos.

En cuanto a su inteligencia, probablemente Herman no habría sido Einstein, pero tampoco el estúpido que se ha pretendido erróneamente que era su antepasado neandertal. En el lado negativo se encuentra el hecho de que la tecnología neandertal apenas cambió en cientos de miles de años, lo que da a entender que los neandertales no eran precisamente unos vanguardistas natos. Hace 50.000 años, los neandertales de Europa todavía estaban matando a animales grandes del mismo modo en que lo habían hecho siempre: de cerca y en persona, con grandes lanzas punzantes, mientras que los nuevos chicos del barrio, los humanos modernos que venían de África, habían inventado ya los propulsores, pudiendo matar así más fácilmente, desde lejos. Es evidente, por así decirlo, que a los neandertales les faltaba memoria de trabajo: la habilidad de almacenar y manipular de forma activa muchos tipos de información temporal en el cerebro. Como la memoria de trabajo se relaciona directamente con la inteligencia, por extensión podríamos decir que los neandertales no eran los más listos del lugar. Pero en su favor se ha de decir que los neandertales sobrevivieron cientos de miles de años, a pesar del bombardeo constante del clima más imprevisible y errático que el planeta ha visto jamás, haciéndoles resolutivos y adaptativos. Puede que no hubiesen aprobado exámenes o dominado el álgebra, pero eso no les convierte en idiotas. Pueden no haber sido inteligentes del mismo modo en que nosotros lo somos ahora, pero negarles el mismo potencial sería, bajo mi punto de vista, un error.

Así pues, ¿qué hemos aprendido de Hermann? La imagen que nos viene a la cabeza es la de un niño tímido, socialmente rarito, que parece y suena un poco distinto, pero que es cariñoso y feliz en casa, y que más o menos va superando sus dificultades de desarrollo dentro de una escala de tiempo normal. Resumiendo: Hermann sería prácticamente igual a millones de niños que viven hoy en día.

Su debilidad por la vida en familia llegaría hasta la madurez. Si nos guiamos por Nandy, probablemente Hermann se quedaría con sus padres y les cuidaría en su senectud. Probablemente querría hijos propios y un día conocería a una chica con la que establecerse. Sería un individuo bastante pragmático que pondría a su familia por delante de todo y que trabajaría duro para mantenerla. Hombre de pocas palabras con tendencia a la franqueza, Hermann sería un trabajador excelente en aquello que requiriese de su pragmatismo y de su naturaleza sensata. Thomas Wynn sugiere varias profesiones que le irían bien. Al ser un artesano por naturaleza, capaz de repetir procedimientos complejos aprendidos, sería un excelente herrero o maquinista. También sería bueno reparando coches o motores, pero no tendría por qué estar limitado a trabajos mecánicos. Los neandertales tenían una comprensión profunda del mundo natural, tenían detallados mapas mentales de su entorno, y planeaban y llevaban a cabo valientes partidas de caza. Por lo tanto, Hermann también podría haber sido un pescador comercial cualificado o haber servido en el Ejército. Puede que no fuese capaz de explicar la complejidad de un GPS o de un radar militar, pero sin duda sí habría sido capaz de usarlos. Probablemente no habría inventado innovadoras estrategias para la resolución de problemas, pero desde luego podría hacer maniobras aprendidas, y sería un compañero de trabajo decidido y francamente leal.

Los neandertales de la era glacial aguantaron unas adversidades extremas, con frecuencia se herían y aprendían a soportar el dolor, así que no sería probable que Hermann sucumbiera al peor de los azotes del mundo: la hipocondría. Teniendo en cuenta la historia de Nandy, también sería comprensivo y un amor con su pareja si se pusiese enferma, digamos, justo al día siguiente de irse de copas con sus amigas. A lo mejor pasaría apuros con los extraños, pero una vez que decidiese que los extraños son simpáticos, sería generoso y cercano, puede que demasiado. Hermann podría ser ingenuo e inocentón, y se le estafaría con facilidad. Con toda probabilidad, no se le daría bien el dinero.

La imagen que tenemos es la de un hombre que habla poco, que se queja menos y que cuida de una chica con resaca. Adora a su familia y trae la comida a casa sin falta, pero confía en su mujer para manejar el presupuesto familiar. Con que se sea un poco como yo, Hermann ya estará empezando a parecer todo un partidazo de hombre. El único impedimento posible para casarse con un neandertal, según Thomas Wynn, es que probablemente querría estar pegado a su pareja las veinticuatro horas del día. «Parece que el "espacio privado" de cada uno no era el fuerte de un neandertal», dice Wynn. Si lo que se prefiere son hombres un poco empalagosos, entonces Hermann sería el hombre perfecto.

En la era glacial, las difíciles condiciones de vida hicieron que los adultos neandertales tuviesen que lidiar con la artritis, y difícilmente vivían más allá de los 40 años. Pero no hay motivos para pensar que, con las comodidades añadidas de la vida moderna, este neandertal no viviese sin artritis, y una vida larga y placentera hasta los 80 años o más. Hermann y su mujer podrían envejecer juntos.

QUIZÁ PODEMOS, PERO ¿DEBEMOS?

Pues así es esta historia de un neandertal nacido en el mundo del siglo XXI. Empieza con el ADN antiguo recolectado de los restos de neandertales auténticos muertos hace muchos años. Luego se ve cómo los científicos utilizan esta receta de la era glacial para «neandertalizar» un genoma humano moderno, y después usan la clonación para crear a un bebé neandertal vivito y coleando que viviría y moriría en nuestro caótico y saturado mundo actual. Sería todo un hito.

A día de hoy, no hay leyes que prohíban la clonación de un neandertal. «No es ilegal hacer lo que me estás contando», dice Arthur Caplan, del Centro Médico Langone de la Universidad de Nueva York. Hará unos diez años, Caplan formó parte del comité asesor de Naciones Unidas sobre la clonación humana, un grupo que intentó llegar a un acuerdo internacional vinculante sobre la clonación reproductiva y terapéutica. Al final, cada país llegó a sus propias soluciones legales, pero, por aquel entonces, el ADN del humano primitivo estaba tan fuera del alcance que era inaudito pensar en clonar un neandertal. «A nadie se le pasó por la cabeza otra cosa que no fuese el *Homo sapiens*», dice Caplan.

Pero solo porque se *pueda* no significa que debamos. Clonar es un tema complicado. Sabemos que los animales clonados mueren con frecuencia en la fase de gestación y que, si llegan a nacer, a veces padecen deformidades físicas y tienen una vida excepcionalmente corta. Con mucha probabilidad habría numerosos bebés de neandertal deformados y muertos antes de conseguir que sobreviviese uno saludable. Su resurrección a través de la clonación pone en peligro la vida y la salud de la madre receptora y del bebé... ¿con qué fin? Ninguna mujer debería tener que soportar jamás las incertidumbres, el trauma psicológico y físico de dar a luz otra especie humana. Los riesgos son demasiado grandes. Por eso la clonación humana reproductiva es ilegal en más de 50 países.

En 2006 Francis Collins, director del Proyecto Genoma Humano, esgrimió:

> Científicos, éticos, teólogos y legisladores, todos son unánimes al afirmar que la clonación reproductiva de un ser humano no se debe llevar a cabo bajo ninguna circunstancia [...] Implantar el fruto de un SCNT [clonación] humano en un útero es totalmente inmoral y debería ser contrario a la base ética más firme.

Otros lo han denominado «criminalmente irresponsable». Si asumimos —que es lo que tenemos que hacer— que los neandertales son básicamente humanos, emparentados con nosotros en la línea evolutiva, entonces debemos otorgarles el mismo estatus moral, los mismos privilegios y derechos que nos otorgamos a nosotros mismos. Los neandertales no deberían ser clonados.

Los investigadores han estudiado a fondo los restos de más de un centenar de neandertales, desperdigados en el tiempo y el espacio. Gracias a ellos, sabemos más de los neandertales que de cualquier otro homínido extinto. Sabemos dónde vivieron, cuándo vivieron y cómo vivieron. Sabemos lo que comían y cómo cazaban. Gracias al registro fósil y genético, hasta podemos hacer suposiciones bien documentadas respecto a su comportamiento, personalidad y procesos mentales. Sabemos cómo eran físicamente, incluyendo el color de la piel y del pelo. Podemos usar la reconstrucción informática para ponerles cara y cuerpo a sus huesos... No tenemos por qué hacerlo de verdad. Podemos estudiar sus genes añadiéndolos a células cultivadas, no necesitamos resucitar a un individuo entero. Poco más añadiría a nuestro conocimiento un neandertal desextinguido.

Mientras tanto, los antropólogos continúan discutiendo apasionadamente sobre la interpretación de los fósiles paleolíticos, y el debate sobre qué grado de sofisticación tenían los neandertales continúa yendo y viniendo. Aunque sea obvio que los neandertales no estaban tan cultivados o eran tan eruditos como los humanos modernos de hoy en día, a corto plazo no hay visos de alcanzar un consenso sobre cómo eran en comparación con los humanos modernos de la era glacial. Ni nos vamos a poner de acuerdo aún sobre por qué se extinguieron. Pero Hermann no podría ayudar con nada eso. Él no tendría las respuestas. Este neandertal sería completamente distinto a los que lucharon contra los elementos hace decenas de miles de años. Como producto de la naturaleza y la crianza, su ADN podría ser similar, pero Herman crecería en un mundo muy distinto al que vio evolucionar a sus antepasados. Estaría expuesto a coches rápidos, comida rápida, redes sociales y *smartphones*. Crecería en una época de consumismo, superpotencias mundiales y *boy bands*. Nunca podría ser el hombre de las cavernas, cazador de mamuts, del pasado. Cualquiera que esperara algún tipo de espectáculo circense de hombres con taparrabos, se quedaría bastante decepcionado al ver a un neandertal del siglo XXI absolutamente normal. Si nos sentáramos a su lado en un banco del parque, posiblemente no levantaríamos ni una ceja. Espero haber convencido al lector de que Hermann sería tan de la media que se integraría sin problema con los otros 7.000 millones de seres humanos del planeta.

Fruto de inmensos esfuerzos de investigación, en los últimos años hemos aprendido también cómo puede influir el entorno en la actividad génica, a través de un proceso llamado epigenética. Lo que comemos, bebemos y fumamos, nuestro estatus social y hasta el cariño que recibimos de niños son capaces de alterar de manera permanente el modo en que funciona nuestro ADN. Puede que Hermann tuviese un genoma de la era glacial, pero estaría influido por su educación del siglo XXI. Sus patrones de actividad génica serían distintos a los de sus antepasados neandertales auténticos. Como consecuencia, Hermann podría parecer o comportarse de manera distinta, o incluso sucumbir a enfermedades distintas. Los puritanos genéticos (o «biólogos moleculares», para llamarles por su nombre correcto) dirán que este neandertal no sería el de verdad. Su genoma estaría desfasado. La única manera de descubrir cómo eran verdaderamente los neandertales sería construir una máquina del tiempo y viajar atrás unos 40.000 años, más o menos.

¿Habré sido ya capaz de convencer al lector de lo poco que aprenderíamos si resucitáramos a un neandertal? Creo firmemente que, solo porque podamos desextinguir a un neandertal, no significa que debamos desextinguir a un neandertal. Precisamente por lo parecidos que son a nuestra especie, nunca se debería permitir que este experimento sucediese. Resucitar a un neandertal o a cualquier otra especie humana es una línea que no se debería cruzar jamás.

DE SEXO NADA, QUE SOMOS NEANDERTALES

Pero quizá no necesitamos revivir a un neandertal. A lo mejor su legado sigue con nosotros. Cuando Svante Pääbo descodificó el genoma del neandertal, lo comparó con los genomas de humanos modernos que vivían en distintas partes del mundo hoy en día. Lo que encontró dejó boquiabierto a todo el mundo. Hasta ese momento, todas las pruebas sugerían que los neandertales y los humanos modernos con los que convivieron habían mantenido relaciones meramente platónicas. Pero los resultados de Pääbo sugieren algo mucho más fascinante. El genoma de los habitantes de Europa y Asia contiene restos de ADN neandertal. Hace decenas de miles de años, los neandertales y los humanos modernos se aparearon, dando lugar a descendientes y a un legado genético que aún hoy persiste.

Otros especialistas, incluyendo al genetista Joshua Akey, de la Universidad de Washington, han ido confirmando los descubrimientos. Los habitantes de origen europeo y asiático tienen entre un 1 y un 4 por 100 de ADN neandertal, mientras que la población de África no tiene ninguno. Esto implica que, después de abandonar África, los humanos modernos se cruzaron con los neandertales. Los humanos que permanecieron en África nunca tuvieron ocasión de conocer a un neandertal, y mucho menos invitarle a su cueva, así que sus genomas no tienen nada de neandertal.

Aunque la cantidad total de secuencia neandertal en cualquier humano moderno es relativamente baja, la cantidad acumulada de ADN neandertal que se mantiene en todos los humanos supone un asombroso 20 por 100. A partir de estos datos, Akey calcula que hicieron falta unos 300 «eventos de hibridación» satisfactorios para terminar teniendo el patrón de ADN neandertal que se observa en la población viva de hoy en día. Claro que los humanos modernos y los neandertales pudieron tener relaciones sexuales con más frecuencia de la que eso indica. «Quizá en aquel momento, los humanos modernos no veían a los neandertales tan distintos a como los vemos hoy», dice Akey, pero sus encuentros amorosos no tuvieron por qué acabar siempre en posibles embarazos. «Debían de estar en los límites de la compatibilidad biológica», dice Akey.

Que gran parte del culto, educado y afeitado mundo occidental sea en parte neandertal puede caer como un jarro de agua fría. Incluso aunque no lo sepa, cualquiera de nosotros puede ser en parte neandertal. Pero no hace falta que se me crea a mí. Uno puede hacerse un test para descubrir cuánto de su genoma tiene antepasado neandertal.

Y así sucedió aquella noche calurosa de verano en la que le dije a mi marido que me iba a hacer un test de ADN para descubrir cuánto había de neandertal en mí. «¿De verdad necesitas hacerte un test para descubrirlo?», me contestó. Qué divertido es. Algunos días después, cuando el moretón en forma de zapatazo de sus pelotas empezó a desaparecer, le saqué el tema otra vez. «Vale, vale, haz lo que te dé la gana», me dijo rápidamente. Por 99 dólares americanos (más gastos de envío y embalaje), se puede mandar la saliva a una empresa de Estados Unidos en la que se analizará el ADN y se desvelarán los antepasados de cada uno, incluyendo el porcentaje de genoma que tiene ADN neandertal. En el jardín, nuestros tres hijos se turnaban para atraparse los unos a los otros, balancearse en los árboles y lanzar pollos por el trampolín. ¿Y si de verdad llevaba genes de neandertal y se los había pasado a mis hijos? ¿Podría explicar entonces su comportamiento inquieto, su instinto por pegarse y su descarada desconsideración por el bienestar de los animales?

Me registré *online* y pagué el dinero. Cuatro días después el cartero trajo un paquete: una caja dentro de un sobre acolchado dentro de otro sobre acolchado..., porque nunca es demasiada la protección que se le pueda dar al ADN de cada uno. La caja era del tamaño y forma de una minimuestra diminuta de chocolate, pero contenía las palabras «Bienvenido a ti mismo» escritas en ella y un montón de cromosomas de colores adornando la tapa. Dentro había un tubo de ensayo de alta tecnología y un folleto de instrucciones en el que se me aconsejaba que dejara de comer y beber al menos 20 minutos antes de escupir en el tubo. Fueron los 20 minutos más largos de mi vida. Alejarme de las galletas y las interminables tazas de té que acompañan mi día laboral fue una de las cosas más difíciles que he tenido que hacer jamás. Afortunadamente, escupir en el tubo fue mucho más fácil, así como cerrarlo, agitarlo un poquito y meterlo en el sobre prepagado que lo llevaría de vuelta a California y a los brillantes laboratorios de la empresa de análisis de ADN 23andMe.

Dos semanas después me llegó un *e-mail* a mi bandeja de entrada diciéndome que los resultados iniciales estaban listos. Igual que una adolescente que espera la nota de un examen, me registré nerviosamente en la página web de la empresa. Los resultados estaban ahí. Lo primero, un par de cosas que no me sorprendieron en absoluto, pero que me aseguraron que los resultados eran auténticos. Mi ADN es un 99,9 por 100 europeo, del cual un 53 por 100 es del norte de Europa y un 38 por 100 de Europa del Este. Mi padre era inglés, pero mi madre es lituana, así que, hasta ahí, todo bien. Luego tengo una pizca de asquenazí (1,4 por 100) y de europea del sur (3,8 por 100), y una ínfima cantidad de asiática oriental y nativoamericana (0,1 por 100). Quizá haya algunos secretos familiares que se esconden entre las ramas del árbol familiar de los Pilcher. Lo siguiente fue descubrir que tengo un nuevo primo segundo, 171 primos en cuarto grado y 817 «primos lejanos» que no tenía ni idea de que existieran. De repente, la lista de felicitaciones navideñas me pareció abrumadora.

Y entonces llegó el momento de la verdad. Según dice la web, los clientes de 23andMe tienen de media un genoma con un 2,7 por 100 de ADN neandertal. Pero mi genoma contiene un 3 por 100 de ADN neandertal. Se lo digo a mi marido. Se echa hacia atrás una distancia prudente y me dice: «¿Solo eso?». Esto significa que tengo un 0,3 por 100 más de ADN neandertal que una persona media, lo que me coloca en un honorable puesto 91 de neandertalidad. Soy oficialmente una mujer de las cavernas.

No tengo muy claro qué hacer con ello. Lo cierto es que nadie sabe con exactitud qué parte de todo el ADN neandertal que queda en los humanos modernos de hoy en día lo es de verdad. Hay algunas zonas en nuestros genomas en las que hay muy poco o nada de ADN neandertal, y otras en las que hay más de lo esperado, prueba de que algunas secuencias ofrecen más ventajas que otras y por tanto se las selecciona positivamente, mientras que otras no dieron ningún beneficio y se perdieron a lo largo del tiempo. Un solo gen puede influir en muchas cosas distintas, así que el ADN que he heredado tendrá probablemente consecuencias diversas. Muchos de los genes de neandertal que viven en la gente actual, según sugieren los estudios, parecen influir en la pigmentación de la piel y en la queratina, una proteína que se encuentra en la piel, las uñas y el pelo... lo que podría explicar por qué tengo el pelo de Stig, el cavernícola de *Stig of the Dump*, algo que llevo años diciendo que es genético.

De repente, todo empieza a tener sentido. Nunca encuentro un sombrero que me valga. Tengo pelos en los dedos de los pies. No hay suficiente cera en el mundo que pueda enfrentarse a mi línea del bikini. Mis hijos, también neandertales en parte, no solo han adquirido su vivaz comportamiento de mi marido o de mí. Le podemos echar la culpa a alguna persona prehistórica que pasó sus días persiguiendo mamuts y sus noches durmiendo en cuevas. Puede explicar por qué les gusta dormir a la intemperie, jugar con fuego o golpear cosas con palos. Estas noticias son maravillosas, fantásticas, sobre todo si mis hijos acaban siendo tan buenas personas como los que cuidaron de Nandy, sus antepasados.

Me alegro de ser más «de las cavernas» que la mayoría. Han sido demasiados los años que los neandertales han sido tratados como desgraciados secuaces. Han sido demonizados e incomprendidos. Pero puede que ahora, con el descubrimiento de que muchos de nosotros somos un poco paleolíticos, las cosas empiecen a cambiar. No necesitamos resucitarlos —no deberíamos resucitarlos nunca— para saber que los neandertales fueron resolutivos y resistentes, compasivos y cariñosos. Vivieron de forma sostenible en su mundo de la era glacial durante cientos de miles de años sin destrozarlo, mientras que, en el poco tiempo que, en comparación, llevamos nosotros, los humanos modernos sobre la Tierra, hemos hecho bastantes barbaridades. A lo mejor es el momento de que la palabra *neandertal* deje de usarse peyorativamente y empiece a usarse como cumplido. Lo digo a voces, orgullosa: estoy orgullosa de ser en parte neandertal... Y no me pienso volver a depilar las piernas nunca jamás.

3
EL REY DE LA ERA GLACIAL

La Pequeña Liajovski es una isla diminuta y remota que se encuentra en las heladas aguas siberianas. Cubierta de nieve e incomunicada por el hielo la mayor parte del año, nadie vive allí. Cualquier visitante que quiera poner un pie en esta tundra pelada y sin árboles tiene que venir bien preparado: tapado hasta arriba de ropa calentita y con rifles. En invierno, las temperaturas caen hasta los 30ºC bajo cero y hay osos polares hambrientos. Pero los visitantes llegan igualmente. Cada verano, cuando el tenue sol se ciñe al horizonte, un singular grupo de cazadores llega desde el continente siberiano hasta la pequeña isla, pero no quieren cazar precisamente. Vienen a buscar los restos de animales que murieron hace mucho tiempo: los cuerpos de bestias gigantes que perecieron hace decenas de miles de años. Porque en el permafrost están enterrados los restos congelados del mayor gigante glacial, el mamut lanudo *(Mammuthus primigenius)*.

Cuando los exploradores llegaron a la Pequeña Liajovski por primera vez en el siglo XVIII, creyeron que la isla estaba literalmente hecha de huesos y colmillos. Lo que sí se puede decir con rotundidad es que tanto el archipiélago como el continente siberiano al que pertenece son un enorme cementerio de mamuts, con los restos de estos gigantes caídos esparcidos por todas partes. Según cambia el clima y el planeta se calienta, el helado norte se está descongelando más rápido que nunca, y los mamuts, o parte de ellos, se descubren con mayor frecuencia. Su presencia atrae a oportunistas de ojo avizor, algunos de ellos preparados para arriesgar la vida con tal de conseguir su presa. Se sabe que los cazadores de mamuts han llegado a bucear en las heladas aguas del Ártico, se han deslizado dentro de cuevas de hielo inestable y han usado chorros de agua a presión para sacar huesos de acantilados que se derrumbaban. En este caso, el fin es de tal categoría que todo justifica, aparentemente, los medios. Un cuerno enorme en espiral de mamut le puede suponer al que lo encuentre decenas de miles de dólares, y hay millones de huesos aún por encontrar. Es la fiebre del oro del mundo actual, no por encontrar metales sino partes del cuerpo. En una región que se volvió fantasma tras la caída del comunismo y el cierre de las minas y fábricas de la era soviética, los mamuts suponen un ingreso económico continuo a los intrépidos y arruinados habitantes locales, lo que ha añadido una nueva palabra al habla popular: *mammontit* («mamutear» o ir a cazar huesos de mamut). Pero según se van quedando vacías las tierras de fácil acceso del continente, los buscadores se tienen que adentrar en lugares cada vez más remotos, como la Pequeña Liajovski.

En una de estas expediciones, en agosto de 2012, los mencionados coleccionistas se encontraron por casualidad con el descubrimiento de su vida. De pie en una colina batida por el viento, no muy lejos de la costa noreste de la isla, se les ocurrió mirar hacia abajo y avistaron el contorno de un hueso que asomaba de entre la tundra. Enmarcados contra un fondo de hierbas y musgos esmirriados había unos cuantos fragmentos de cráneo y una esquirla de colmillo. Se habían inclinado para echar un vistazo desde más cerca, palpando los descubrimientos suavemente con las manos enfundadas en guantes... cuando notaron algo inconfundible. Apoyada contra el colmillo, camuflada en el suelo sucio, había una trompa marrón, enredada. Sin duda procedente de un mamut, la estructura curvada, con forma de tentáculo, estaba cubierta por un manto de piel y tenía en su punta los «dedos» táctiles que en su momento usó el animal para poder alimentarse. Descubrir huesos y colmillos es común, pero encontrar carne y tejido es muy extraño. La estructura semicongelada, que estaba en el momento de su hallazgo en proceso de descongelación, había salido a la luz hacía muy poco, con lo cual todavía no se había podrido, ni tampoco había atraído a los carroñeros. Para los cazadores era oro puro. Si la trompa había logrado sobrevivir de algún modo, a lo mejor, pensaron, se podrían encontrar otras partes del cuerpo en el terreno congelado. De modo que se pusieron a ello, golpeando la tierra con sus picos y palas, hasta que descubrieron que estaban, de hecho, sobre la tumba de lo que parecía ser casi un animal completo. Lo que sobresalía en la superficie era solo la punta de un helado gigante de mamut congelado.

El clima, una vez más, estaba en su contra. Los vientos invernales se acercaban rápido. Exhumar un mamut lleva su tiempo y era imposible que los cazadores pudiesen excavar el cuerpo antes de que las ventiscas les obligaran a salir de la isla. Así, pues, volvieron al continente con las manos vacías, y allí sopesaron el siguiente paso. Podían no decir nada, recuperar el cuerpo a la primavera siguiente y ganar una fortuna vendiéndolo en el mercado negro. O podían alertar a los científicos locales de la Universidad Federal del Noreste (NEFU, por sus siglas en inglés) de Yakutsk, Siberia, que ofrecían una recompensa mucho más modesta a cualquiera que los llevase hasta los restos de un mamut bien conservado. Significaba que el mamut de la Pequeña Liajovski podría terminar en manos privadas, o por el contrario hacerse público gracias a la investigación de los científicos y la divulgación de sus descubrimientos. Afortunadamente para nosotros, los cazadores de colmillos optaron por la última opción. Alertaron a un hombre llamado Semyon Grigoriev, director del Museo del Mamut de la universidad, que se puso como loco de contento. Hasta entonces, Grigoriev había trabajado con los restos de muchos mamuts, pero, gracias a su trompa carnosa, estos prometían algo francamente especial: un nivel de conocimientos sin precedentes de la biología e historia vital del mamut y, de manera más controvertida, la oportunidad de resucitar al animal de la muerte.

Para su propia frustración, Grigoriev y su equipo tenían que esperar unos horribles nueve meses hasta que el invierno ártico remitiera y pudieran entonces viajar hasta la Pequeña Liajovski. En abril de 2013 hicieron el ajetreado viaje, a través de cientos de kilómetros por los páramos nevados del norte de Siberia y atravesando el mar de Láptev hasta la remota isla, donde aún permanecía el mamut. Las coordenadas del GPS los llevaron hasta el punto exacto en el que habían estado los cazadores de colmillos hacía menos de un año. Empezaron también a escarbar el suelo helado, cavando una franja de 1,8 metros de profundidad alrededor del cadáver congelado. Cuando se reveló el cuerpo en su totalidad pudieron detenerse un momento y darse cuenta de la magnitud de su descubrimiento. El mamut era... un mamut. Si se lo miraba desde arriba, se podía ver que la mitad superior del cuerpo estaba roída, lo que lo hacía parecer un enorme trozo de carne retorcida. Pero desde dentro de la trinchera, el resto del cuerpo parecía asombrosamente intacto. Tres piernas, su tronco, la mayor parte de su cabeza y su trompa todavía estaban ahí. Sin embargo, en lugar de estar disecado o seco, como la mayoría de los cuerpos de mamuts hallados anteriormente, había zonas de este que tenían carne adherida a los huesos, piel a esa carne y pelo a esa piel.

Pero había algo todavía más sorprendente en la recámara. Cuando los científicos le hincaron una pica a la panza del animal, un líquido marrón oscuro empezó a derramarse fuera. Parecía sangre, pero ¿cómo podía un mamut, congelado en el suelo durante decenas de miles de años, tener todavía sangre que fluyera?

UNA LEYENDA LANUDA

Los mamuts lanudos son los reyes indiscutibles de la era glacial, la época geológica también conocida como Pleistoceno. Evolucionaron en medio de este interminable período helado hace cientos de miles de años, en un momento en el que inmensas capas de hielo cubrían amplios territorios del hemisferio norte, acumulando tanta agua dentro de ellas que dieron lugar a cielos azules sin una sola nube. Por debajo de ese cielo se abrían tierras verdes de pasto, fértiles, que cubrían la mayor parte del norte de Eurasia y Norteamérica: la estepa del mamut, hogar del *Mammuthus primigenius*. Totalmente adaptado a la vida en el congelador, para alegría de su corazón, grandes manadas[1] de mamuts pastaban con sus rizos gruesos y envidiablemente espesos.

Luego, poco a poco, hacia el final del Pleistoceno, empezaron a disminuir las poblaciones de mamuts. Nadie sabe de verdad el porqué. Algunos culpan a la caza humana, otros al cambio climático, otros a un poco de los dos. Fuese cual fuese el motivo, los mamuts desaparecieron de Siberia hace unos 10.000 años, y de su último escondite, una isla del norte llamada Wrangel, hace tan solo 3.700 años. Es increíble pensar que los mamuts lanudos todavía vivían mientras los antiguos egipcios se asentaban en el valle del Nilo y soñaban con pirámides.

Desaparecidos pero nunca olvidados. Inmortalizados en las pinturas rupestres de los primeros humanos junto a los que vivie-

[1] Asumo que *manada* es el sustantivo colectivo para los mamuts. Si los primeros humanos modernos o los neandertales alguna vez tuvieron un sustantivo, se perdió en la niebla de los tiempos. Quizá «ovillo» de mamuts lanudos iría mejor.

ron, reconstruidos por los humanos de hoy en día a partir de los huesos y partes del cuerpo que dejaron atrás, sabemos más de estas bestias peludas que de cualquier otro animal prehistórico extinto. Si tuviésemos que elegir un solo animal para «regenizarlo», lo mejor sería hacerlo con uno del que supiéramos tanto.

Los mamuts tienen todo lo que se desea de un animal resucitado. Vegetariano (así no se corre peligro de ser comido). Icónico. Inspirador. Más grande que la vida. Sus inmensos y curvados colmillos podían medir incluso más de cuatro metros. El fémur podía tener más de un metro de largo y uno solo de sus dientes podía ser más grande que una rebanada de pan. Su mero tamaño casi desafía la imaginación. Tanto es así, que llevamos miles de años inventándonos historias para entenderlos. En el pasado, algunos pensaban que sus huesos pertenecían a una raza perdida de gigantes, otros, que eran de una escasa estirpe de roedores subterráneos que morían al exponerse al sol. Los estudiosos occidentales pensaron una vez que el diluvio universal del Génesis había arrastrado los huesos de mamut hasta Siberia, mientras que otros creyeron que los restos pertenecían a los elefantes descarriados de las manadas que acompañaban a Alejandro Magno. Por culpa del agujero central que tienen en el cráneo para acoplar la trompa, algunos creyeron que los fósiles de mamut habían inspirado la leyenda de los cíclopes de un solo ojo. Todavía hoy la gente los mira con recelo. Algunos habitantes del lugar se niegan a tocar los restos de los mamuts que se descubren por miedo a que les traiga mala suerte, como si fuese la maldición de una momia. Puede que pensemos que nosotros somos un poquito más doctos en mamuts a día de hoy, pero hay algo sobre este animal que no puede evitar que nuestra imaginación trabaje horas extra. Los mamuts llevan desaparecidos muchos años, pero aun así los hemos incorporado a nuestra cultura —ahí están Manny de *Ice Age*, o el señor Snuffleupagus de *Barrio Sésamo*—, y su fama es tal en la cultura popular que su nombre por sí mismo se ha convertido en sinónimo de enormidad, inmensidad y grandeza. Todos hemos oído hablar de ellos, todos hemos visto imágenes de ellos. ¿A quién no le encantaría ver uno vivito y coleando? Resucitar a una mariposa, a una rana o a alguna otra criatura más pequeña podría estar genial, pero es fácil que se nos pasara por alto... literalmente. Un mamut resucitado, por otro lado, causaría sensación.

Puede que incluso haya varias razones bastante sorprendentes, económicas y ecológicas para acelerar su renacimiento. En su momento, los mamuts lanudos eran los Alan Titchmarsh[2] del Ártico. Se movían comiendo hierba, pisoteando retoños y fertilizando el terreno gracias a sus excrementos ricos en nutrientes. Pero cuando desaparecieron, las cosas cambiaron. Jacquelyn Gill, de la Universidad de Maine, ha analizado el polen, el carbón vegetal y las esporas de los sedimentos de Norteamérica para descubrir que, durante los siguientes milenios, el paisaje cambió drásticamente. Sin mamuts que los derribaran, árboles de clima templado y hoja caduca, como el olmo o el fresno, brotaron junto a coníferas de clima frío, como los alerces y las píceas. Y sin mamuts que «cortaran el césped», la hojarasca empezó a aumentar. Cada par de siglos, el fuego destrozaba los bosques; llegó un momento en el que las espléndidas praderas de la «estepa mamut» se transformaron en tundra de musgo nada fértil. Todo tipo de plantas molestas empezaron a ocupar el terreno.

A día de hoy, los restos de ese ecosistema rico y fértil de la era glacial están encerrados dentro del suelo helado del Ártico. Se cree que el permafrost alberga unas 500 gigatoneladas de carbón orgánico aislado. Eso es de dos a tres veces más de lo que hay en todas las selvas tropicales juntas. Es una bomba de tiempo de carbón.

[2] Para aquellos que no lo sepan, Alan Titchmarsh es un legendario jardinero británico y patrimonio nacional. Con esto no quiero decir que Alan coma hierba, pisotee retoños o haga caca en la parte de atrás de su propio jardín. Pero sí que esculpe paisajes con sus dedos de hierba. También es *vox populi* que cuando el príncipe Felipe de Edimburgo estire la pata, la reina bien podría casarse con Titchmarsh y dejarle que plantara hortalizas en los terrenos de Buckingham Palace.

Según va calentándose nuestro mundo, el helado norte se va derritiendo y poco a poco el carbón se va liberando hacia la atmósfera convertido en gas. Esto incide en el calentamiento global y algunos modelos informáticos sugieren que los veranos árticos sin hielo podrían darse en una fecha tan temprana como 2052, si no antes.

Pero los mamuts, según algunos, podrían ayudar a mantener el Ártico frío. «Cuando los grandes animales pastan, aplastan la nieve, lo que expone la superficie del suelo al aire frío —dice el biólogo Sergey Zimov, de la Estación Científica del Noreste de Siberia—. Eso ayuda a que el suelo siga congelado.» Zimov ha demostrado que, en Siberia, las temperaturas del suelo en zonas donde han pastado los animales son, de media, varios grados más frías que cuando no hay animales pastando. Recrear la estepa del mamut, con su flora y fauna características, así como los pastos, podría ayudar a evitar que explotara la bomba de carbón.

Zimov, una especie de Grizzly Adams[3] con coleta y que fuma cigarros de liar, con una barba a lo ZZ Top, ya tiene el proyecto preparado y, si todo suena un poco a *Parque Jurásico*, entonces tendré que explicarme mejor... Durante los 20 últimos años, Zimov ha estado intentando recrear el ecosistema original del mamut dentro de una reserva natural a la que llama el Parque del Pleistoceno. Está situado en uno de los lugares más fríos del planeta: la República de Sajá, en el noreste de Siberia, ocho husos horarios al este de Moscú y a 4,5 horas de vuelo desde la ciudad más cercana, Yakutsk. Zimov no está llenando su parque de dinosaurios, sino de grandes animales herbívoros traídos de fuera, incluyendo los caballos yakutos, renos y alces, y de carnívoros autóctonos, como osos y glotones. Estos eran el tipo de animales que vivían allí cuando los mamuts todavía deambulaban por la zona. En el trascurso de una estación, entre las idas y venidas en heli-

[3] Famoso domador norteamericano de osos grizzlies que en los años 70 dio pie a una serie de televisión homónima muy conocida. *[N. de la T.]*

cóptero hasta y desde allí, Zimov descubrió que sus robustos caballos yakutos habían transformado un área de tierra llena de musgo y agreste en una espléndida pradera verde, como una estepa. Se trataba de unos resultados prometedores que daban a entender que, con la mezcla correcta de animales, la estepa del mamut se podía recrear de verdad. Pero he ahí el ingrediente que faltaba: ¡los mamuts! «Mi responsabilidad —me contó Zimov— es preparar el ecosistema. Prepararé el entorno para los mamuts.» Así que, si es que se hace, cuando los mamuts sean resucitados ya tendrán un hogar esperándolos en el Parque del Pleistoceno.

SUEÑOS JÓVENES

El primer científico que intentó desextinguir al mamut lanudo fue el biólogo celular Viktor Mikhelson, del Instituto de Citología de Leningrado, en los años 80. Se vio inspirado por el descubrimiento de una cría de mamut llamada Dima, que fue hallada tumbada de lado con su trompa curvada hacia arriba cerca de un afluente del río Kolimá, en el noreste de Siberia. Disecada y arrugada, Dima estaba cubierta por pelo «bebé» color paja con mechones de pelo adulto más oscuro que le estaban empezando a salir. La cría daba la impresión de estar tan llena de vida que casi parecía estar pidiendo a gritos que se la resucitara, haciendo que Mikhelson se preguntara si sus células se podían rescatar para clonarla.

Fue una idea atrevida. Hasta aquel momento, nadie había clonado un mamífero jamás, mucho menos uno muerto, y mucho menos uno de la era glacial. Mikhelson planeaba extraer el núcleo con ADN de una de las células de Dima e inyectarlo en un óvulo de elefante al que ya le hubiesen quitado su propio núcleo. Si el óvulo alterado empezaba a desarrollarse, Mikhelson transferiría entonces el embrión resultante al útero de una mamá elefante receptora que, si todo iba bien, daría después a luz a un mamut clonado: la gemela idéntica y viva de Dima.

Mikhelson lo intentó durante meses, pero nunca pasó de la primera fase. El cuerpo en proceso de deshielo se había dejado a la intemperie algunos días después de ser desenterrado, así que se había empezado a pudrir. Acto seguido, después de que este fuera transportado a Leningrado, los taxidermistas estropearon lo que quedaba de él. Los restos que la naturaleza había conservado a la perfección durante miles de años ahora estaban llenos de productos químicos, negros y pelados. Mikhelson nunca tuvo otra oportunidad. Si los científicos querían resucitar al mamut, tendrían que encontrar un espécimen mejor al que poder clonar.

Pasaron más de diez años hasta que alguien intentó de nuevo resucitar al mamut lanudo. Esta vez fue el turno de los japoneses. En la Universidad de Kagoshima, el biólogo reproductivo Kazufumi Goto estaba trabajando con wagyu, un tipo de ganado bovino carísimo, muy cotizado por su carne marmoleada. Goto había estado recogiendo semen de toro y luego usando las muestras para hacer ganado de probeta. La idea era que, a través de la fecundación *in vitro*, una única dosis de semen de alta calidad se podía usar para producir miles de especímenes de la misma calidad. Pero Goto se dio cuenta de que el mismo método también funcionaba con esperma muerto. Así que, pensó, si el esperma muerto de un toro se podía usar para crear vida nueva, ¿por qué no esperma muerto de un mamut congelado?

Su idea era ir a Siberia, encontrar un mamut y luego usar su esperma para fecundar un óvulo de elefante. Al contrario que el clon de Mikhelson, que sería en teoría mamut cien por cien, este animal sería medio mamut, medio elefante: un híbrido, o un «mamufante», si se prefiere.[4] Si el animal sobrevivía y era capaz de reproducirse normalmente, Goto planeaba cruzarlo con otro mamufante y así aumentar la cantidad de ADN de mamut en sus descendientes. El proceso se iría repitiendo hasta que se creara un mamut casi genéticamente puro un par de generaciones después.

[4] O, ya que estamos, «elemut».

Sin embargo, lo tenía todo en contra. Para empezar, Goto tendría que encontrar su mamut. Por razones obvias, el animal necesitaría ser macho, lo que, por leyes estadísticas, descartaba el 50 por 100 de posibles hallazgos congelados. También necesitaría ser adulto. Al igual que los elefantes, los mamuts se convertían en maduros sexualmente entre los 10 y 15 años de edad, así que, si encontraba crías de mamuts, no le servirían de mucho para la causa.

En segundo lugar, el macho adulto tendría que estar excepcionalmente bien conservado. Para el animal muerto o moribundo, eso significaba que tendría que haberse congelado rápidamente y después cubierto. Congelar algo rápidamente significa que las bacterias que se comen los tejidos tienen menos tiempo de ponerse a trabajar y que el cadáver tiene menos posibilidades de pudrirse. Y cubrirse significa que los carroñeros no se pueden comer el cuerpo y que los rayos cósmicos que dañan el ADN tienen menos posibilidades de destrozar los núcleos de las células. Para lograr todo esto, el mamut tendría que haber sufrido una muerte francamente espantosa, como quedarse atrapado en una ciénaga y luego cubierto de nieve (como Dima), o haberse caído por el hielo y ahogado en un lago congelado.

Pero, incluso aunque eso hubiera sucedido, no había ninguna garantía de que se pudiese recuperar esperma viable. Mientras que los humanos, los perros y otros muchos animales van dejando su semilla fuera de sus cuerpos, alegre y gratuitamente, los mamuts, al igual que los elefantes modernos, la llevaban discretamente dentro de ellos. Localizados dentro de sus cuerpos, sus testículos del tamaño de un melón tendrían que haber bombeado ese esperma, que luego maduraría cerca, en un sistema de conductos enrollados. Habría sido casi la última parte de su difunto cuerpo en congelarse. De hecho, se ha estimado que, incluso en la noche más fría, un mamut adulto de seis toneladas habría tardado varias horas en congelarse del todo, dándoles a las bacterias tiempo de sobra para hacer su trabajo en las gónadas. Las posibilidades de hallar esperma de mamut que se hubiese congelado lo suficientemente rápido como para evitar daños eran casi tan escasas como el esperma en sí. Y este, que conste, es de hecho muy, pero que muy pequeño. Si aceptamos que la biología reproductiva de un mamut es parecida a la de un elefante moderno, Goto y su equipo estaban buscando células de solo la décima parte de un milímetro de largo. Buscar esperma de mamut sería como buscar una aguja en un pajar... literalmente.

E incluso si Goto ya tenía el golpe de suerte de su vida y encontraba esperma viable de mamut, no habría manera segura de saber si las células recuperadas serían capaces de fecundar los óvulos de otras especies, incluso de una tan estrechamente ligada. Para que el esperma y el óvulo casen con éxito, las hebras de material genético o cromosomas de uno se deben alinear a la perfección con los del otro: una proeza que es posible si las dos especies contienen el mismo número de cromosomas, y un problema si no es así. De este modo, los leones y los tigres, con 38 cromosomas cada uno, pueden tener descendencia fértil de «leogres». Pero los caballos y los burros, con 64 y 62 cromosomas, respectivamente, tienden a producir mulas y burdéganos estériles. Hasta cuando dos especies cercanas pero distintas tienen el mismo número de cromosomas, las cosas se pueden complicar. Por ejemplo, los elefantes asiáticos y africanos tienen el mismo número de cromosomas, pero solo ha existido un híbrido entre ellos a lo largo de la historia, una cría macho llamada Motty, que nació al año de morir Elvis, en 1978.

Para su primer viaje, en el verano de 2007, Goto invitó a irse con él a un colega, el biólogo reproductivo Akira Iritani, del Departamento de Ingeniería Genética de la Universidad de Kindai, cerca de Osaka. Iritani tenía un currículo impresionante. A finales de los 80 había logrado una hazaña mundial al inyectar un único espermatozoide de conejo en un único óvulo de coneja, y que hicieran un conejito. No es que los conejos necesiten mucha ayuda a este respecto —se multiplican como conejos, después de todo—, pero este fue el primer mamífero producido mediante inyección intracitoplasmática de espermatozoides, o ICSI (por sus siglas en inglés), como se conoce normalmente. Ahora es una técnica totalmente asentada en las clínicas de fertilidad de todo el mundo, y ha sido usada para ayudar a miles de parejas a tener hijos. Iritani también quería hacer un mamut, pero no estaba interesado en el esperma. Tenía un plan distinto.

HELLO, DOLLY!

El verano anterior a que se tuvieran que ir, pasó algo que le alegró el día a Iritani. El 5 de julio de 1996, nació en una granja escocesa un corderito. Para ser exactos, ese día nacieron un montón de corderos. Pero este era especial. Este no era un corderito cualquiera. Esta era Dolly, que se convirtió en la oveja más famosa y fotografiada del mundo. La clonación de mamíferos, que no había sido sino la quimera de Viktor Mikhelson en los 80, había llegado por fin. Fue un pequeño paso para la oveja, pero un gran paso para la «ovejidad». Se llamó así en honor a la cantante de baladas de increíble voz y mayores pechos Dolly Parton, porque la célula que se usó para clonarla procedía de la glándula mamaria de una oveja hembra. Su nacimiento se anunció a bombo y platillo en la revista científica más importante del planeta, *Nature*, ocupó los titulares de todo el mundo e incluso consiguió la portada de la revista *Time*. Como oveja superestrella que pasó su vida frente a las vigilantes cámaras de los medios de todo el orbe, podría haber sido una diva insoportable, pero Dolly fue siempre absolutamente normal con todos los que la conocieron. «Era un amor», dice el biólogo del desarrollo Michael McGrew, del Instituto Roslin de Escocia, donde nació Dolly. «Pasó mucho tiempo con gente, así que acabó siendo muy dócil.» Pero Dolly fue mucho más que una linda corderita con la que hacer buenas migas. Su nacimiento anunció la llegada de una nueva era. Al igual que el calendario gregoriano se puede dividir entre a. C. y d. C., el campo de la clonación se puede dividir también en a. C.: «Antes de la Clonación», y d. C.: «Después de la Clonación (de Dolly)». Antes de Dolly, nunca se habían clonado mamíferos mediante el ADN de una célula adulta. Después de Dolly, todo eso cambió.

Dolly fue importante porque demostró, por primera vez, que los genes del núcleo de una célula adulta y madura se podrían reprogramar a un estado casi embrionario, mucho más joven. El «viejo» ADN se podía manipular para convertirlo en joven de nuevo.

«Fue un descubrimiento importantísimo», dice Iritani. Si se podía clonar una oveja, pensó, ¿por qué no un mamut? Después de todo, también era un mamífero, aunque muy grande, melenudo y muerto, con una trompa. Iritani planeó retomar la vía que había dejado Mikhelson e intentar la desextinción del mamut a través de la clonación. Lo único que necesitaba era encontrar una célula intacta y viable, en la que después usar el mismo procedimiento básico que se había empleado para hacer a Dolly y crear una cría de mamut.

Durante los dos años siguientes, Iritani y Goto viajaron a Siberia varias veces para buscar tejido de mamut en la tundra semiderretida, pero todo lo que encontraron fue un trozo destrozado de cadera que parecía y olía como la toalla de baño de un estudiante. Y si ya no estaba en buenas condiciones cuando lo encontraron, la cosa fue a peor cuando la aduana rusa paró su salida. Cuatro meses después, cuando el rancio trozo de culo llegó finalmente al laboratorio de Goto, se trataba, quizá como era de esperar, de una opción poco viable. No había esperma para los experimentos de hibridación de Goto, ni había ningún ADN que clonar. Y, por si fuera poco, se dieron cuenta más tarde de que la lamentable muestra había pertenecido probablemente a un rinoceronte lanudo en vez de a un mamut lanudo. Fue un fiasco del tamaño de un mamut.

UN PEDAZO DE TORO

La historia se queda en suspenso una década aproximadamente. Iritani no había renunciado a la desextinción del mamut. Simplemente estaba haciendo tiempo. Aunque Dolly ya había nacido, a finales de los 90, la ciencia de la clonación aún estaba en pañales y este campo científico necesitaba madurar. Los escépticos pensaban (y todavía lo piensan) que la clonación a partir de células congeladas del permafrost era imposible. Cuando se congelan las células para almacenarlas en el laboratorio, los científicos añaden productos químicos crioprotectores anticongelantes que evitan que las células se rompan. De este modo, las células crioprotegidas y congeladas en el laboratorio pueden mantenerse en nitrógeno líquido durante décadas, y luego descongelarse lentamente y ser reanimadas. Sin embargo, los mamuts simplemente se congelaron en el sitio en el que se cayeron. Sin ningún crioprotector artificial que ayudase a mantener viables sus células, los intentos de derretir y hacer crecer células de mamuts estaba totalmente previsto que fallarían.

Pero en 2011 Iritani hizo una declaración cuando menos osada: «Las barreras técnicas han sido superadas», le contó a un periódico británico. «Creo que tenemos una posibilidad de éxito razonable y que un mamut saludable podría nacer dentro de cuatro o cinco años.»

El optimismo de Iritani estaba fundamentado en un par de avances metodológicos. En 2008 Teruhiko Wakayama, entonces en el Centro Riken de Biología del Desarrollo de Japón, y sus colegas tomaron células de un ratón que había estado tirado en un congelador y congelado por entero durante 16 años, y las usaron para clonar a un nuevo animal completo. El estudio es tanto más extraordinario en la medida en que las células que se usaron para la clonación estaban lejos de ser prístinas. El ratón había estado congelado sin ningún tipo de crioprotección. Así, pues, cuando las células se derritieron, ninguna de ellas estaba totalmente intacta. El estudio demostró que solo porque una célula congelada parezca en mal estado, no significa que no se pueda clonar. Todo esto animó a Iritani.

De modo que, un año después, un grupo de científicos japoneses que incluía a Iritani fue un paso más allá al hacer clones de un semental de toro premiado llamado Yasufuku. Durante su vida, el esperma de Yasufuku había sido recogido y usado para engendrar 40.000 crías, pero, cuando murió (de demencia y no de agotamiento), se le extirparon sus testículos altamente productivos, se envolvieron en papel de aluminio y se metieron en un congelador a –80ºC. Nunca sabremos si ese era el destino que él hubiese querido, pero sus testículos permanecieron allí durante una década, sin ningún tipo de crioprotector, hasta que Iritani y compañía usaron sus células para crear tres clones idénticos de Yasufuku. Hasta muertos, los testículos de Yasufuku rendían como debían. Y si se podía hacer con toros, ¿por qué no con animales grandes congelados? «Nuestros resultados —dijeron los investigadores— sugieren la posibilidad de revivir especies extintas, como el mamut lanudo, mientras se puedan extraer células vivas de un órgano o un animal que haya estado congelado en un congelador o en el permafrost siberiano.» La lucha por pillar el mamut mejor conservado del mundo dio comienzo.

Iritani planeaba usar una versión modificada del método de Wakayama para clonar un mamut, y tenía algunos datos preliminares prometedores en su haber. En 2009 publicó un artículo en *Proceedings of the Japan Academy* donde describía el primer paso del proceso. Iritani y su equipo tomaban células de un mamut congelado e inyectaban sus núcleos de 15.000 años de antigüedad en óvulos vacíos. Dentro del óvulo, el ADN del mamut habría empezado a moverse de aquí para allá y a organizarse en cromosomas fibrosos y separados. La célula reconstruida empezaría entonces a dividirse. Pero esto no pudo ser. Los óvulos de elefante son difíciles de conseguir, así que Iritani se vio obligado a usar óvulos de ratón en su lugar. Puede que suene inverosímil, dada la obvia diferencia de tamaño entre los dos animales, pero un óvulo de ratón puede albergar perfectamente el núcleo de un mamut. Las esperanzas estaban puestas en que las moléculas de origen natural que había dentro del óvulo de ratón pudieran hacer que el ADN del mamut entrara en acción. En conjunto, Iritani inyectó más de cien núcleos de mamut en más de cien óvulos de ratón, pero nada. Quizá, supuso Iritani, el ADN del mamut era sencillamente demasiado antiguo como para comportarse de forma adecuada, o quizá sencillamente los óvulos de ratón no eran capaces de reprogramar el ADN del mamut. Pero, a lo mejor, si las técnicas de cultivo de tejidos se lograban mejorar y se encontraban células de mamut mejor conservadas, las cosas podían ser distintas. «En el ovocito (óvulo) del elefante, el núcleo del mamut se podría activar», me dijo.

Iritani está ahora trabajando con muestras recuperadas de otro mamut momificado. Yuka es un mamut excepcionalmente bien conservado y completo: un «bebé» de 39.000 años de edad, de color rubio rojizo, que se encontró tumbado sobre el lomo, con las patas en alto, en el permafrost siberiano en 2010. El cuerpo presenta un interés especial porque tiene dos cortes grandes en el lomo, por el que se han sacado muchos de sus huesos, incluyendo su cráneo, su columna vertebral y su pelvis. Es imposible que ningún animal hiciera eso, así que el cuerpo también muestra la evidencia de una posible manipulación humana temprana. Sin embargo, lo que queda está en un estado excelente. En 2012 Iritani viajó al hogar de Yuka, la Academia de Ciencias de la República de Sajá en Yakutsk, Rusia, donde firmó un acuerdo que le daba acceso a sus mamuts y recogió muestras de Yuka. Tuvo que esperar un año para que la burocracia rusa le dejara llevarse las muestras —piel, músculo y hueso con el tuétano—, pero ahora están guardadas de forma segura en el laboratorio de Iritani en la Universidad de Kindai. En la actualidad se dedica a estudiar las muestras con sumo cuidado, a la caza de ese núcleo intacto, viable y escurridizo que podría ayudarle a conseguir su sueño. Pero Iritani y su equipo no son los únicos que están intentando hacer un mamut. Unos 800 km al otro lado del mar del Japón, un polémico científico está al frente de una iniciativa contradictoria.

DE LOS PERROS A LOS MAMUTS

El biólogo celular surcoreano Woo Suk Hwang quizá sea más conocido por un escándalo científico que lleva intentando olvidar la última década. En octubre de 2009, a Hwang, que decía ser el primero en haber clonado embriones humanos y haber creado líneas de células madre a partir de ellos, se le declaró culpable de fraude, malversación de fondos públicos y violaciones éticas. Para un investigador de tan alto nivel, fue una espectacular, humillante y pública caída en desgracia, que, no obstante, gracias a su resignación, obstinada determinación y la ayuda financiera y emocional de sus muchos y leales seguidores, ha sido capaz de superar poco a poco hasta reconstruir su carrera. Ahora trabaja en un nuevo y deslumbrante laboratorio que fundó en las afueras de Seúl, la Sooam Biotech Research Foundation, donde comprensiblemente decidió huir de la investigación celular humana y, en su lugar, se ha especializado en clonar animales grandes.

Hwang se ha pasado las dos últimas décadas haciendo que la clonación parezca fácil. En 2005 creó el primer perro clonado del mundo, un afgano bobalicón negro y marrón llamado Snuppy. Hwang y su equipo tardaron dos años y medio (o 19 años perrunos) en producir al perro, pero desde entonces ha perfeccionado sus métodos, se ha puesto a trabajar a fondo en el tema y ha clonado más de 500 perros.[5] Muchas son copias de amadas mascotas,

[5] Consejo de la página web de la Sooam: «Cuando su perro fallezca, *no* coloque el cadáver dentro del congelador. Después, pacientemente, siga estos pasos: (1) Envuelva el cuerpo entero en toallas de baño mojadas. (2) Colóquelo en la nevera (no en el congelador) para mantenerlo frío. No se olvide de que está ahí o le dará un ataque cuando vaya a por la leche... (vale, esto último lo he

pero también ha clonado varias docenas de perros de entrenamiento para el Servicio de Policía Nacional coreano, por no mencionar vacas, cerdos y coyotes. Por tanto, ¿quién mejor que él para devolverle la vida al mamut lanudo? En 2012 la Sooam llegó a un acuerdo con los cuidadores del mamut tan magníficamente conservado de la Pequeña Liajovski, en el Museo del Mamut de la NEFU. Bajo la bandera del «Proyecto de resurrección del mamut», los coreanos aportarían su experiencia en clonación si los rusos les entregaban el mejor tejido de mamut que pudieran encontrar. «Para nosotros es una experiencia fascinante», dice el científico de la Sooam Insung Hwang (no es pariente de Woo Suk). «La Sooam tiene mucha experiencia en clonar animales grandes y los rusos tienen un montón de mamuts. Es la alianza perfecta.»

Y así, en marzo de 2014, después de que el mamut de la Pequeña Liajovski —o «el mamut sangriento», como me gusta llamarlo a mí— viajara desde su tumba de hielo hasta la NEFU de Yakutsk, Hwang y su equipo *superstar* de expertos en mamuts formaron parte de uno de los espectáculos más raros de los últimos tiempos: una autopsia a lo CSI de un mamut de la era glacial. El sucio y grisáceo cadáver yacía sobre una plancha gigante, resaltando extrañamente sobre el esterilizado laboratorio de azulejos blancos; mientras, los científicos, ataviados con la vestimenta forense completa, se empujaban los unos a los otros para obtener muestras. Bajo la atenta mirada de dos reporteros de televisión, el equipo punzó, pinchó, midió, fotografió, taladró, serró y saqueó el cadáver que lentamente se derretía. Ni una sola parte de su anatomía quedó intacta. Si los científicos querían sacarle el máximo partido a este magnífico animal, tenían que actuar rápidamente, antes de que se empezara a pudrir.

---

añadido yo, pero es un consejo tan valioso como otro cualquiera). Por favor, tenga en cuenta que tiene unos cinco días para extraer y asegurar las células vivas con éxito».

Gracias a la curvatura de los colmillos, los pezones y su sistema reproductivo interno, se determinó que el mamut de la Pequeña Liajovski era una hembra. También gracias a sus colmillos, escaneados en tres dimensiones en el hospital de la zona, pudieron decir que había tenido una vida larga y provechosa. Los colmillos de los mamuts crecen a lo largo de toda su vida, dejando una serie de anillos de crecimiento de los que se puede deducir no solo la edad, sino también retazos de su historia vital. Por ejemplo, los colmillos de las hembras adultas habrían crecido más despacio cuando el animal estuviese embarazado o lactando. Este mamut, según han desvelado los análisis, dio a luz a ocho crías; siete de ellas sobrevivieron al destete, y una murió cuando todavía estaba amamantándose. Luego, después de 30 años cuidando crías, el patrón de crecimiento de los anillos cambiaba de nuevo, probablemente cuando el mamut de la Pequeña Liajovski se convirtió en la matriarca de su manada. Sin embargo, después de alcanzar la cúspide de la sociedad mamut, se le complicó la vida. Sabemos que los mamuts tenían solo cuatro dientes —dos en la mandíbula superior y dos en la inferior—. Con una hilera de salientes puntiagudos, estos molares eran geniales para triturar plantas, pero cuando se desgastaban las estrías se les caían los dientes. Otros nuevos volvían a salir, pero cuando el sexto y último juego de dientes se perdía, se acababa el juego para la pobre desdentada. Cuando murió, en su cincuentena, al mamut de la Pequeña Liajovski solo le quedaba su último set de dientes, en un estado bastante penoso. En su estómago e hígado los científicos hallaron algunas piedras duras y redondas, que les hicieron pensar en cálculos biliares o piedras de verdad, que se habría tragado por error. Entonces, un día extrañamente cálido para la temporada del año que era, hacia el final de la era glacial, llegó hasta una charca pantanosa y se inclinó para beber el que sería su último trago. Se le quedaron atrapadas las patas delanteras en el barro y ya no pudo liberarse. Las marcas de dientes halladas en sus huesos y el estado lamentable en el que se encontraba, retorcida, la parte superior de su cuerpo, dejan ver que a la mamut de la Pequeña Liajovski se la comieron viva. Madre prolífica y mamut de alto estatus social, acabó sus días con una muerte brutal y sangrienta.

Pero, por supuesto, su historia no acaba ahí. «Es sorprendente que su cuerpo esté con nosotros», dice Roy Weber, de la Universidad Aarhus de Dinamarca, que asistió a la autopsia. «Debió de caerse en el pantano la única vez en 40.000 años que no estuvo congelado. Luego, se volvió a congelar para siempre.» Gracias a este largo, continuado e ininterrumpido período de congelación, el mamut ha llegado hasta nosotros y la autopsia se pudo llevar a cabo. «Parecía un animal que hubiese muerto en las últimas dos o tres semanas, no uno que llevara muerto decenas de miles de años», dice.

Cuando los investigadores cortaron el cuerpo del mamut, encontraron partes de él que todavía estaban sorprendentemente frescas. «El músculo parecía carne fresca de un supermercado», dice Weber. Y cuando se analizaron muestras de la supuesta «sangre líquida», se encontraron con restos de hemo.[6] El descubrimiento da a entender que el fluido quizá fuera una versión diluida y degradada de sangre de mamut, pero el porqué de que esa «sangre» todavía estuviese líquida mientras que el resto del mamut estaba congelado sigue siendo un misterio que no se resolverá hasta que el líquido haya sido analizado del todo. La explicación más probable, dice Weber, es que la sustancia sea una mezcla de sedimentos y productos en descomposición de la sangre y otros tejidos, que podrían haber bajado el punto de congelación del líquido, y que las moléculas naturales anticongelantes generadas por las bacterias de dentro del mamut habrían evitado que la sustancia se volviese sólida.

Sin embargo, para los surcoreanos, esto eran buenas noticias. Los glóbulos rojos de los mamíferos adultos no tienen núcleo, así

[6] Un componente de la molécula transportadora de oxígeno, la hemoglobina, que se encuentra en los glóbulos rojos de los vertebrados.

que no se pueden usar para la clonación, pero la supuesta carne fresca aumentó las esperanzas de que pudiesen hallar células aptas para este fin. «Se han encontrado otros mamuts bien conservados, pero puede que el mamut sanguinolento sea el mejor a nivel celular», dice Insung Hwang. Durante la autopsia, científicos rusos examinaron muestras de tejido del mamut y se entusiasmaron al ver lo que parecían células musculares, pero una cosa es ver el contorno de una célula a través de un microscopio y otra muy distinta es encontrar una célula cuyo ADN esté lo suficientemente intacto como para que se pueda usar en un proceso de clonación. Otro problema es la omnipresente burocracia rusa: las muestras destinadas a la exportación se retrasan con demasiada frecuencia, lo que significa que se pierden tiempo y células potencialmente valiosísimas, mucho antes de que lleguen siquiera a los nuevos y deslumbrantes laboratorios de la Sooam en Corea del Sur.

Teniendo todo esto en cuenta, Hwang y sus colegas decidieron que la montaña iría a Mahoma..., o, al menos, el laboratorio al mamut. Los surcoreanos han financiado el establecimiento de un laboratorio construido en el mismo Yakutsk, y, como un proyecto tan enrevesado como los rizos de un mamut necesita un nombre igual de enrevesado, a sus nuevas instalaciones las han bautizado como el Centro Internacional para el Uso Colectivo de la Paleontología Molecular para el Estudio Celular de Animales Prehistóricos, o ICCUMPSCPA (por sus siglas en inglés), para abreviar. Los científicos rusos han ido a Corea del Sur para aprender a clonar grandes mamíferos, y el plan es que, en cuanto se encuentre tejido fresco, se estudiará *in situ* en suelo ruso, donde los investigadores contarán con las herramientas y el conocimiento necesarios para iniciar un intento de clonación.

Por lo tanto, hagamos un receso y recapitulemos. La carrera para devolverle la vida al mamut lanudo sigue adelante. Hay dos equipos distintos de científicos —uno de Japón y otro de Corea del Sur, y los dos saben muchísimo sobre clonación— que colaboran con dos instituciones de investigación rusas distintas —que tienen muchísimos mamuts—. Los japoneses tienen al bebé pelirrojo Yuka, mientras que los surcoreanos tienen al «mamut sangriento». Los dos grupos esperar extraer núcleos de las células de los mamuts muertos y usarlas después para clonarlo. Los dos son optimistas. Deben serlo. Para asumir un proyecto de tal visión y magnitud se necesita una actitud de «vaso medio lleno», pero hay muchos escépticos que creen que ambos proyectos están predestinados al fracaso. Dicen que las opciones de encontrar una célula de mamut con un núcleo intacto y viable son tan pocas que son prácticamente nulas. «Yo tengo un antiguo jarrón de porcelana sobre mi mantel», dice el fisiólogo Kevin Campbell, de la Universidad de Manitoba, en Winnipeg, Canadá, que ha estudiado las moléculas de mamut. «Es precioso, pero no le echo agua porque tiene grietas. Lo mismo pasa con las células de mamut.» Es bastante probable que hasta una célula que parece estar bien bajo el microscopio esté dañada y que sus componentes se hayan perdido hace mucho. Menos mal que hay un tercer caballo corriendo en esta carrera.

EDITAR UN ELEFANTE

George Church, de la Universidad de Harvard, también está intentando revivir al mamut lanudo, y si hay alguien que pueda hacerlo, yo creo que es él. Mi convencimiento se basa en dos razones. La primera, de la que ya he hablado, es que Church es uno de los genetistas más inteligentes, innovadores y brillantes que existen. Tiene en su haber una ristra de logros científicos importantísimos y la tecnología de edición genética más sofisticada que existe al alcance de su mano. La segunda —y este es el factor decisivo— es que se parece mucho a Dios. Church tiene una barba de proporciones bíblicas, las cuales no desentonarían en absoluto en un fresco de Miguel Ángel. Si tengo que confiar en algún hombre, tendrá que ser uno que no se vea fuera de lugar en la Capilla Sixtina. Su idea es usar la edición genética para hacer algo que, a todos los efectos, se parezca y comporte como un mamut lanudo: un elefante grande y peludo al que le guste el frío y que pueda vivir en el Ártico.

En su momento, los mamuts lanudos evolucionaron de muchas formas para poder lidiar con el frío extremo. En su apariencia externa, eran tremendamente lanudos. Su piel estaba llena de glándulas sebáceas que, al mantenerlo grasiento, hacían que el pelaje fuese resistente al agua. Tenían orejas y colas pequeñitas para minimizar la pérdida de calor, y unos michelines tan gruesos que convertirían a un luchador de sumo en un fino caballero. Pero también hubo cambios en su interior. En 2010 Kevin Campbell y sus colegas demostraron que los mamuts lanudos tenían una variación rara del gen de la hemoglobina. Insertando este gen del mamut en una célula bacteriana, consiguieron que la bacteria hiciese hemoglobina de mamut y fueron capaces de mostrar que esta molécula del Pleistoceno era especialmente buena a la hora de liberar oxígeno a bajas temperaturas. Esto habría ayudado a los mamuts a conservar la energía y lidiar con el frío. «Es hemoglobina auténtica, genuina —dice Campbell—. No hay diferencia entre esta y la que se obtendría si se pudiese viajar atrás en el tiempo y tomar una muestra de sangre de un mamut de verdad, vivo.» No había logrado del todo desextinguir un mamut, pero había desextinguido una de sus proteínas.

Entonces en 2015 dos grupos distintos publicaron versiones de alta calidad del genoma del mamut. Un grupo, liderado por Vincent Lynch, de la Universidad de Chicago, comparó el genoma del mamut lanudo con el del elefante asiático, el pariente vivo más cercano del mamut lanudo, con el que compartió un antepasado común solo hace seis millones de años. Aunque la gran mayoría de los nucleótidos eran idénticos, los investigadores encontraron 1,4 millones de letras de ADN que eran distintas, y que a su vez alteraban la secuencia de más de 1.600 genes codificadores de proteínas. Algunos de estos genes estaban implicados en el crecimiento y color del pelo, otros, en la detección de la temperatura, y otros ayudaban a regular el reloj biológico, una posible adaptación a la vida en un lugar en el que, en ocasiones, el sol de verano nunca se pone.

Estas dos idiosincrasias genéticas, juntas, aportan un mapa para todo el que esté buscando cómo resucitar a un mamut lanudo. Al igual que quien quisiera resucitar a un neandertal podría teóricamente tomar una célula humana y «neandertalizarla», Church tiene la intención de tomar una célula de elefante y alterar su genoma para que se «mamutice». «Pero solo porque haya millones de diferencias [entre los genomas del mamut y del elefante], no significa que sea una tarea desalentadora», dice. Todo lo contrario. Para lograr su objetivo de hacer una criatura parecida al mamut, no necesita editar al completo el millón aproximado de secuencias exclusivas del mamut en una célula de elefante. En lugar de eso, Church planea alterar solo las diferencias genéticas más significativas.

Está usando una técnica llamada CRISPR (pronunciado «crisper»). Este nuevo método permite que los genomas se editen con precisión milimétrica. Antiguamente, los investigadores podían añadir genes a las células, pero no se sabía en qué parte del genoma acabarían las nuevas adiciones, creando pavor ante la posibilidad de que pudiesen alterar las secuencias relacionadas con el crecimiento celular y causaran cáncer. CRISPR, en cambio, se considera la opción más segura porque se puede usar para editar el genoma en lugares concretos.

CRISPR es el acrónimo del inglés *Clustered Regularly Interspaced Short Palindromic Repeats* («repeticiones palindrómicas cortas agrupadas y regularmente interespaciadas»). Tal y como sugiere este enrevesado nombre, estas secuencias de ADN están agrupadas juntas, espaciadas regularmente y se repiten en orden palindrómico; como en la frase palindrómica «anula la luz azul a la Luna», algunas de las letras del ADN se leen de igual manera hacia adelante que hacia atrás. Se encuentran de manera natural en algunas bacterias, donde ayudan a combatir los virus. Apto para su uso en el laboratorio, el sistema ha sido comparado con un par de tijeras moleculares guiadas por un navegador por satélite. El navegador por satélite sería una molécula guía especialmente diseñada, hecha de la molécula ARN (como el ADN), la cual guía a las tijeras y a una enzima llamada Cas9 para cortar el genoma en el punto exacto deseado.

La tecnología se dio a conocer en 2012, cuando Jennifer Doudna, de la Universidad de California, en Berkeley, y Emmanuelle Charpentier, ahora en el Centro Helmholtz de Investigación de Infecciones, en Braunschweig, Alemania, escribieron conjuntamente un artículo que demostraba cómo podían usar el sistema para cortar el genoma bicatenario en cualquier lugar que quisieran. Un año después, George Church y sus colegas demostraron que el sistema se podía usar no solo para cortar, sino para editar los genomas de células humanas, un hito en la historia del CRISPR. El CRISPR, tal y como hoy sabemos, se puede usar para añadir, borrar o alterar cualquier cosa, desde los nucleótidos simples hasta genes enteros. Al ser una técnica relativamente barata y fácil de usar, cientos de laboratorios de todo el mundo han adoptado el CRISPR y lo usan para intentar entender cómo influyen los genes en la salud y en la enfermedad, para diseñar y desarrollar nuevas terapias y para hacer un montón más de cosas ingeniosas. Pero también se ha demostrado que funciona en otras especies..., incluyendo los elefantes.

Bajo la bandera del «Proyecto de resurrección del mamut», Church y sus compañeros ya han usado el CRISPR para editar los genes de la hemoglobina de mamut en el núcleo de una célula de elefante. Después, cuando vea que la célula de elefante puede leer las nuevas instrucciones y hacer hemoglobina auténtica de mamut, centrará su atención en otros rasgos clave del mamut, como el pelo y la grasa. Para que este animal tenga su pelaje lanudo característico, probablemente tendrá que alterar una media docena de genes distintos: después de todo, el pelo del mamut era cualquier cosa menos normal. Si bien el pelaje áspero externo de sus costados y barriga crecía hasta un metro de largo, el pelo de la parte interior, rizado y más fino, era mucho más corto. También podrá diseñar el color del pelaje. Por lo que sabemos, los mamuts tenían una versión particular de un gen llamado *Mc1r* que influye en el color de la piel y del pelo. Pero dependiendo de la secuencia exacta que elija usar, Church podría hacer elefantes peludos cuya gama de color fuese del rubio rojizo al castaño rojizo oscuro. Me dice Church que él opta por el pelirrojo. «Habrán existido mamuts con pelo rojo claro», dice. Así que, ¡¿por qué no?! Y como está decidido a recrear rasgos que ayudarían a su animal a sobrevivir en el Ártico, más que una copia genética exacta del mamut, no se opone a la idea de añadir genes de otras especies. Una opción sería plagiar el ADN de otro mamífero peludo del Ártico, el buey almizclero *(Ovibos moschatus)*. «También hay humanos lanudos», dice Church. La gente con hipertricosis o «síndrome del hombre lobo», por ejemplo, está totalmente cubierta de pelo. Muy solicitados como monstruos de feria antaño, ahora se sabe que algunos le deben su condición a una mutación genética en concreto. Si se corta y pega eso al genoma del elefante, se puede generar una bestia francamente peluda. Según escribo estas palabras, Church ya ha «mamutizado» aproximadamente una docena de distintas posiciones en el genoma del elefante, pero esa es la parte fácil. El siguiente paso del proceso, hacer un embrión que se desarrolle de manera normal, es sin duda un desafío mucho mayor.

UN ELEFANTE EN LA HABITACIÓN

El problema es que todos los métodos para hacer un mamut de los que se ha hablado chocan en algún momento con los dos mismos escollos: todos implican usar elefantes y óvulos de elefantes, ninguno de los cuales es fácil de conseguir.

El primer problema, por tanto, es encontrar una hembra de elefante que esté ovulando. Una hembra de elefante libera solo un óvulo cada cuatro meses, pero un par de semanas antes de que esto suceda deja salir de su vagina una mucosidad rebosante de feromonas que le hace saber a todo paquidermo de los alrededores que su fertilidad está a punto. Alrededor suyo, sus parientes más cercanos amplifican esta señal sexual liando un «desmadre para el apareamiento». Los miembros de la manada van de un lado a otro como locos, haciendo sonar las trompas y gritando, anunciando a bombo y platillo, a todo aquel que lo quiera saber, la disposición para aparearse que tiene la hembra. Es un poco como Newcastle los sábados por la noche. El macho dominante, que puede que esté a kilómetros de distancia, pilla este mensaje tan poco sutil y corre para estar cerca de ella, para que puedan aparearse en cuanto ovule. El resultado: que, en libertad al menos, no hay hembras fértiles que no estén embarazadas.

Así que lo mejor es centrarse entonces en los elefantes en cautividad, pero incluso ahí hay problemas. Las hembras de elefante soportan el embarazo más largo de todos los mamíferos (22 meses), y después pasan aproximadamente el mismo tiempo amamantando a sus crías. Como las hembras de los mamíferos tienden a no ovular cuando están embarazadas o lactando, significa que pueden pasar entre cuatro o cinco años antes de que haya otro óvulo disponible. Esto limita bastante el grupo de óvulos para la desextinción de mamut.

Pero supongamos que se halla una hembra que esté ovulando. El siguiente paso sería extraer el óvulo, un procedimiento que implica navegar por el complejo sistema reproductivo que se encuentra entre los ovarios de una elefanta y el mundo exterior. Allí donde las humanas tienen el hueco más pequeño entre la luz del sol y la entrada a la vagina, las elefantas tienen un tubo enorme, de un metro de largo, llamado vestíbulo. El vestíbulo no es, tal y como sugiere el nombre, un sitio donde colgar los abrigos, ni tampoco tienen que llamar a la puerta aquellos elefantes que quieran entrar. Es sencillamente una peculiaridad de la biología del elefante: allí donde las humanas tienen el hueco más pequeño entre la luz del sol y la entrada a la vagina, las elefantas tienen esta salita de espera. Probablemente, los elefantes machos tienen el pene más largo de todos los animales terrestres (más de un metro cuando está erecto), pero el vestíbulo está separado de la vagina prácticamente por la misma distancia a la que el díscolo y curvado miembro puede llegar en su momento álgido. Por eso, el himen de una elefanta, la membrana que cubre la entrada a la vagina, no se daña físicamente durante el acto sexual. En cambio, el esperma tiene que serpentear por un pequeño agujerito en el himen para llegar a la vagina y más allá, y cuando nace un elefantito y se rompe el himen, este simplemente vuelve a crecer. Para conseguir un óvulo, el que quiera hacer un mamut necesitará guiar un instrumento quirúrgico por sitios a los que el pene de un elefante no ha llegado jamás: por el vestíbulo, a través del himen, derecho a la vagina, al infinito y más allá. Es una operación complicada, pero se ha hecho. Un equipo de veterinarios especialistas dirigido por Thomas Hildebrandt, del Instituto Leibniz de Investigación para Zoológicos y Vida Salvaje de Berlín (de quien hablaré mucho más en el capítulo 9), ha mejorado la técnica y ha conseguido recolectar óvulos de elefantas.

El siguiente paso entonces sería usar esos óvulos para hacer un mamut. El desarrollo embrionario necesita activarse en una placa de Petri. Pero nadie ha hecho jamás un embrión de elefante en el laboratorio, y mucho menos uno de mamut. La clonación, el método debatido más a menudo, es obviamente ineficaz. Cuando los investigadores intentaron desextinguir al bucardo, usaron más de 500 óvulos de cabra para hacer más de 500 embriones clonados, la mayoría de los cuales se quedaron en la placa de cultivo. El montón que sobrevivió —un par de cientos— se implantaron entonces en más de 50 cabras receptoras diferentes, de las cuales solo siete se quedaron embarazadas.

Pero si las opciones para el bucardo no fueron las mejores, para el mamut lanudo serán todavía peores. Los experimentos para la clonación del bucardo intentaron reprogramar el ADN de células de piel adultas sanas, congeladas cuidadosamente con productos químicos protectores. Pero si para hacer un mamut se necesita tejido de la era glacial, las células y cualquier ADN que haya en ellas estarán lejos de ser perfectos, alejando aún más las opciones de triunfar. Incluso si el ADN es decente, elaborado a lo mejor con edición genética, no hay manera de saber si un óvulo de elefante podrá reprogramar ADN de mamut. Y si los investigadores del bucardo tuvieron que hacer cientos de embriones clonados para generar un nacimiento vivo, quien quiera hacer un mamut necesitará probablemente hacer miles. Los embriones en sus primeros estadios de desarrollo tendrían luego que trasplantarse a un vientre receptor, y aquí entramos de nuevo en territorio desconocido.

Nadie, jamás, ha trasplantado un embrión en una elefanta. Para hacer esto, habría que guiar al embrión por el vestíbulo, a través del himen, derecho a la vagina, seguir hasta el cérvix, luego hacer una parada de emergencia en el útero. Es un viaje enrevesado y tortuoso de dos metros de largo. El osado veterinario necesitaría, o bien tener los brazos de Don Cosquillas,[7] o realizar una endoscopia dolorosísima. Aunque podría haber otra manera. Los investigadores de la Sooam planean devolver al útero los embriones de mamut no a través del vestíbulo sino por el recto. Un dispositivo de laparoscopia se usaría para realizar un agujero en la pared del intestino y colocar el embrión cerca del útero. Es un atajo reproductivo, ideado para los rinocerontes, que recorta casi más de un metro el viaje del embrión. Si la opción A es como conducir por una circunvalación, la opción B es como ir campo a través, pasando por un terreno lleno de estiércol. Incluso así, las posibilidades de que sobreviviese el embrión serían escasas. Nadie sabe cómo le iría a un embrión de mamut o de elefante modificado genéticamente dentro del útero de una elefanta. Pero sí sabemos

[7] El protagonista del primero de los cuentos infantiles de la serie *Don*, de Roger Hargreaves, que tenía unos brazos larguísimos y elásticos. *[N. de la T.]*

que, cuando se coloca el embrión de una especie en el útero de otra, las cosas tienden a ir mal. El equipo del bucardo, si se toma como referencia, trasplantó embriones en 50 receptoras distintas, de las cuales solo siete se quedaron embarazadas, pero seis de esos embarazos fallaron y el único bucardo clonado que nació murió en los brazos del veterinario que lo trajo al mundo. La experiencia obtenida del proyecto del bucardo, y de otros intentos de clonar especies en peligro de extinción, sugiere que, si los investigadores intentan hacer embriones de mamut que se desarrollen dentro de los úteros de elefantas receptoras, habrá muchos, muchísimos fallos antes de acercarse siquiera a una pequeña victoria. Las receptoras estarán sujetas a un altísimo estrés, como conejillos de Indias con los que aún se tiene que experimentar.

Y es ahora cuando el elefante más grande de todos, el que ha estado en la esquina de la habitación durante todo este capítulo, sentado en silencio, se levanta, hace ondear una banderita que dice «POR AQUÍ» y empieza a hacer sonar la trompa ruidosamente para mostrar su descontento.

Los elefantes asiáticos son los parientes vivos más cercanos del mamut lanudo, así que es a ellos a quienes tendremos que recurrir si queremos los óvulos y sus capacidades de subrogación. Pero los elefantes asiáticos están en peligro de extinción. Su número ha descendido a más de la mitad en solo tres generaciones, y aun así seguimos cazándolos y destrozando su hábitat. No son animales de laboratorio. No son herramientas con las que experimentar. Un mamut vivo, que respire, bien podría ser la cosa más maravillosa del mundo, pero ¿a cambio de qué?

Los científicos, claro, están intentando idear maneras que eviten estos problemas. A lo mejor los investigadores podrían recoger óvulos de elefantes que hayan muerto de manera natural o asesinados. A lo mejor los óvulos se podrían crear en el laboratorio artificialmente (véase el capítulo 9), o con unos ajustes precisos el proceso de clonación podría ver aumentadas sus posibilidades de éxito. Quizá, pensando mucho más allá, un día podamos eludir la necesidad de tener animales receptores y hacer crecer los embriones en el laboratorio dentro de una especie de vientre artificial. Pero, como dice el dicho, si los deseos fueran caballos, los mendigos sabrían montar.

PENSAMIENTO LANUDO

Pero imaginemos un minuto que alguien consigue hacer un mamut. Lo que ocurre después es la peor parte. Si —y este es un gran si— naciese una cría de mamut sana, de hecho, correría el riesgo de estar muy sola. Por las grandes tumbas en grupo de mamuts y por las huellas fosilizadas, podemos suponer que los mamuts vivían en su momento en familias grandes y extensas. Como los elefantes modernos, los grupos probablemente eran matriarcales y en su mayoría de hembras. Los miembros de la manada se comunicarían unos con otros con ruidos de baja frecuencia, y no es descabellado pensar que, al igual que los elefantes, las madres mamut tendrían una relación muy estrecha con sus crías. Pero ¿reconocería una cría de mamut lanudo a su madre elefanta? Y esta, ¿sabría amamantarla? ¿Qué pasaría con la madre? ¿Le daría cariño una madre elefanta moderna a su peludo bebé acariciándolo con la trompa o lo rechazaría como a un engendro? Y si decidiera cuidar a este marginado del Pleistoceno, ¿cómo podría enseñarle a comportarse como un mamut más que como un elefante? Si el objetivo es repoblar Siberia con mamuts, ¿cómo aprenderían a sobrevivir en el frío los del siglo XXI si a sus referentes maternos les encanta el sol? La noción de qué es innato y qué es aprendido en el comportamiento de un mamut es otro tema muy comprometido. Con tanto como está en juego, sería inevitable que el primer mamut lanudo desextinguido naciese y se criase en cautividad, donde se puede controlar el entorno cuidadosamente. Pero luego llegarían más mamuts. Tendrían que hacerlo. No solo se necesita una mezcla de géneros, sino una mezcla se genes. Sin diversidad genética con la que defenderse de las enfermedades y del cambio ambiental, los nuevos animales no tendrían la más mínima oportunidad. Si los nuevos mamuts tuviesen solo uno o dos orígenes genéticos, con el tiempo acabarían siendo tan endogámicos como la familia real, aunque probablemente con las orejas más pequeñas. El objetivo, por tanto, sería soltar manadas de mamuts en su hábitat natural. Pero ¿cuántos y dónde se liberarían? Una vez más, todo es impreciso.

Combinando los isótopos químicos del esmalte dental con los de la tierra, los investigadores calculan que algunas especies de mamut cubrían hasta 480 kilómetros al año, así que necesitarían mucho espacio. Los elefantes modernos consumen hasta 200 kg de comida al día, así que los mamuts también necesitarían mucho forraje. Si el objetivo es repoblar Siberia con mamuts lanudos, entonces surge la pregunta de si las reservas que hay preparadas para ellos son suficientes. El Parque del Pleistoceno, el proyecto de Sergey Zimov, tiene una superficie de unos 160 km^2, mientras que una segunda reserva más al sur, creada cerca de Moscú, es 50 veces más pequeña. Claro, que podrían rondar por cualquier parte. No hay mucha gente que viva en el Ártico superior. Pero si la meta principal es mantener un número de mamuts determinado que pueda mantener congelado el Ártico y prevenir que salga el carbón que está debajo de él, entonces ha llegado el momento de pensar todos juntos. Incluso si se superaran mañana mismo todas las barreras técnicas que existen para hacer un mamut (que no se van a superar), aún se tardaría más de medio siglo en generar algo parecido a una sola manada decente... y para entonces, si creemos las predicciones actuales, el hielo del Ártico puede haberse derretido ya. «Los mamuts llegarían demasiado tarde para poder obrar algo de provecho», dice el ingeniero climático Hugh Hunt, de la Universidad de Cambridge. Sin hielo que refleje en el espacio la luz del sol, el mundo continuará calentándose. La tundra se derretirá y la bomba de relojería de carbono que contiene explotará. «Tenemos que encontrar la manera de enfriar el Polo Norte en los próximos 10 o 20 años —dice—. Pasado ese tiempo, será demasiado tarde.» Si queremos que sea el mamut lanudo quien nos salve del calentamiento global, deberíamos pensarlo dos veces. Aunque la imagen de un mamut con capa y calzoncillos sea visualmente atractiva, los mamuts sencillamente no son los superhéroes del cambio climático que algunos querrían que fuesen.

Si yo tuviese que elegir un animal al que devolverle la vida, ¿sería un mamut lanudo? Claro, me gustaría ver uno. Me gastaría el dinero en un pijama enterizo, una petaca llena de brandy y un billete de avión a Siberia para poder alucinar ante las maravillas de un Parque del Pleistoceno a reventar, pero solo si se pudiesen hacer mamuts sin dañar a los paquidermos que ya tenemos. No quiero que vuelva el mamut a expensas del elefante. No quiero que se practiquen procedimientos con tanto potencial de riesgo y daños en una especie tan querida, tan preciosa y que tanta protección necesita por nuestra parte. Habrá, quizá, un momento en el que el progreso científico y tecnológico triunfará por encima de mi oposición, en cuyo caso será bien recibido. Pero, al menos por ahora, el mamut lanudo se queda fuera de mi lista.

4
EL REY DE LAS AVES

Según se va levantando la tapa lentamente, no estoy segura de qué esperar. «Aquí está —dice el conservador del museo con una sonrisa melancólica—. Parece bastante triste, ¿verdad?» Le tengo que dar la razón. Estoy observando el dodo más famoso del mundo, pero lo único que hay es una cabeza disecada. Se apoya en un lado de una caja de cartón, con su ojo visible a medio cerrar. Su rostro arrugado, con un gran pico saliente, se halla dentro de un tenso pasamontañas de piel negra y curtida, con unas cuantas plumas cortas y gruesas que sobresalen. Al lado está lo que parece la imagen reflejada del ave, otro dodo que le devuelve la mirada al primero a través de una cavidad del ojo hueca. Pero, de hecho, forma parte del mismo pájaro. Cuando los científicos victorianos examinaron al dodo, le arrancaron la piel de una mitad del cráneo y luego se la volvieron a poner como si fuese una extraña máscara funeraria. En otra caja mucho más pequeña hay una cuenca del ojo osificada. En una tercera, un pie escuálido y algunos trozos de piel seca y con escamas. Parece una comilona de resaca en el KFC.

Por lo tanto, estas son las partes del cuerpo que quedan del famoso dodo de Oxford, conservado con cariño y respeto por el Museo de Historia Natural de la universidad. La muestra es tan rara que inspiró al catedrático de Oxford Charles Dodgson (también conocido como Lewis Carroll) para añadir el dodo al clásico infantil *Las aventuras de Alicia en el País de las Maravillas*. Pero, al igual que después de que desaparezca el gato de Cheshire lo único que queda es una sonrisa, así le pasó al dodo de Oxford, un espécimen entero resplandeciente y desintegrado... hasta que lo único que quedó de él fue esto. Puede que «solo» sea una cabeza y un pie, pero, con la piel y la carne disecada, es el dodo mejor conservado del mundo entero. Otros museos tienen huesos de dodo, pero en verdad ninguno es como este.

Esta es la historia de cómo un ave sorprendente hizo un viaje que abarca miles y miles de años hasta llegar a Oxford, en donde se descodificó su ADN, y cómo esa historia hace, al menos para mí, que el sueño de devolverle la vida al dodo sea una inspiración. Estaba esperando algo espantoso y macabro, pero lo que descubrí es algo triste y hermoso. Esta ave, disecada y diseccionada, antigua e icónica, lleva consigo un aire inesperado de dignidad y tranquilidad. Esta es la cara del último dodo de la Tierra.

TAN MUERTO COMO...

En lo que respecta a muertos, no hay nada más muerto que un dodo. Son el mejor ejemplo de la extinción y tienen hasta su propia expresión idiomática. Según el dicho, estar tan muerto como un dodo es estar, sin ambigüedad que valga, inequívocamente muerto. La frase da a entender que hay distintos grados de falta de vida, que algunas cosas están más muertas que otras. Si hubiese una escala de «defunción», los dodos estarían fuera de ella. Los dodos son las cosas más muertas que hay. De modo que, si alguna vez ha habido un candidato para la desextinción, seguramente el dodo tendría que serlo, ¿no? Estar «más vivo que un dodo» puede que no tenga el mismo tono, pero sería sin duda un gran cambio, sobre todo para el dodo.

El dodo fue un ave grande no voladora que vivió una vez en Mauricio, una pequeña isla del océano Índico a miles de kilómetros de la costa oriental africana. A pesar de su importancia en el imaginario colectivo, en realidad sabemos muy poco sobre él. Lo que sabemos procede del estudio de sus restos —un puñado de partes del cuerpo momificadas, miles de huesos sueltos— y de los informes de quienes vieron u oyeron hablar sobre esta formidable criatura. Los marineros del siglo XVII que visitaron la isla pintaron y dibujaron el pájaro, y escribieron descripciones de él en sus diarios, pero sus imaginativos relatos están llenos de incongruencias y contradicciones. Según los varios relatos que existen, los pájaros eran fáciles de atrapar, y eran difíciles de atrapar. Eran lentos, eran ágiles, eran listos y eran tontos. Después, cuando los marineros volvieron a casa y se extendieron las noticias sobre el dodo, otros artistas, la mayoría de los cuales no había nunca visto al ave con vida, también empezaron a pintarlo. Se tomaron unas licencias artísticas enormes para rellenar los huecos de su conocimiento sobre el ave y satisfacer las ideas preconcebidas de quienes les hacían los encargos. Por eso el dodo ha sido representado sin unanimidad alguna como gordo, o flaco, o recto, o inclinado, o torpe, o atlético, con los pies torcidos o palmípedo, marrón, o gris, o negro o azul. Como si de una versión pintada de un cuento chino se tratara, las aves fueron cada vez menos ellas mismas y más como las torpes caricaturas de culo gordo en las que muchos de nosotros pensamos cuando nos imaginamos al dodo.

Con sus cuerpos de proporciones extrañas y su apariencia cómica, era un blanco fácil para las bromas. Los marineros ingleses los apodaron *dodoersen*, o «culos gordos». Un insulto que ha acabado convirtiéndose en el nombre por el que los conocemos hoy y que pudo haber asentado las bases para un gran complejo de inseguridad. ¿Acaso fue el dodo el primer animal en preocuparse por el tamaño de su trasero? ¿Deambulaba por los bosques de la isla Mauricio lamentándose de su plumaje hinchado y reflexionando sobre la apócrifa pregunta: «¿Esto me hace el culo gordo?»? Hasta el gran científico de blanca peluca del siglo XVIII Carlos Linneo se unió a esta campaña de difamación. Gracias a la fama del dodo, Linneo le otorgó el nombre científico de *Didus ineptus*. Y aunque el nombre oficial cambió después,[1] el nombre común del ave se sigue usando de manera peyorativa. Si se le pregunta a la mayoría de la gente lo que sabe del dodo, contestará que eran estúpidos, gordos y perezosos. Fueron un desastre evolutivo, demasiado débiles para esquivar los golpes de quienes vinieron a matarlos, y demasiado lentos para superar la extinción. La verdad es que todo es un poco injusto. Es fácil reírse de algo de lo que conocemos tan poco, que ya no está aquí para defenderse por sí mismo o para demostrarnos lo equivocados que estamos.

Lo que sí puedo decir es esto: en algún momento de los últimos siete millones de años (nadie está del todo seguro de cuándo exactamente), el antepasado del dodo —un ave voladora mucho más pequeña— aterrizó en la isla Mauricio. El paraíso de la isla era una escala muy atrayente, así que muchas aves decidieron quedarse allí. Con ningún depredador autóctono y un suelo forestal plagado de frutos caídos, las aves vieron cómo cada día tenían que volar menos y caminar más. El vuelo, después de todo, requiere mucha energía, así que es mucho más fácil ni siquiera molestarse a no ser que sea imprescindible. Luego, esculpidas por la evolución durante muchas generaciones, sus alas empezaron a menguar hasta que finalmente perdieron del todo la capacidad de volar. Y las aves se hicieron más grandes. De acuerdo con la «regla de la isla», las especies que viven en una isla cambian de tamaño en función de los recursos con los que cuentan. Los mamíferos más grandes

[1] Ahora es *Raphus cucullatus*, ya que ha surgido la pregunta.

encojen de maravilla: hubo una época en la que había minimamuts en Chipre *(Mammuthus creticus)* y humanos de tamaño hobbit *(Homo floresiensis)* en Indonesia. Sin embargo, los roedores y las aves tienden a crecer. Menorca tenía su lirón gigante *(Hypnomys mahonensis)*, Madagascar presumió de su enorme ave elefante (de la familia de los *Aepyornithidae*) y la isla Mauricio asistió al nacimiento del dodo.

Aunque nadie sabe con exactitud cuándo evolucionó el dodo, ni cuántos había durante el apogeo del ave, sabemos que hace 400 años la vida para el dodo era buena. Estos pájaros gigantes vivían en espesos bosques de ébano y palmeras, pasando el rato con aves exóticas y tortugas gigantes. Se peleaban por los frutos caídos, construían sus nidos en el suelo y criaban a sus descendientes, ajenos a cualquier amenaza.

Pero una mancha lejana en el horizonte estaba a punto de cambiar todo eso. En septiembre de 1598, los barcos holandeses en ruta a las Indias Orientales divisaron la idílica isla desde lejos. Los marineros, que llevaban meses en el mar, estaban cansados, hambrientos y sin agua dulce. Así que echaron anclas en el litoral y remaron hasta la playa. Lo que encontraron era como maná caído del cielo: tantas aves que podían tirarlas de las alturas con un palo, tantos peces que podían pescarlos con red fácilmente y tortugas gigantes tan dóciles que podían montarse a caballito sobre ellas en la playa (tal y como muestra una ilustración antigua). Y luego estaba el dodo.

«Andaban a pie erguidos como si fuesen seres humanos», cuenta un relato de la época. Tenían el «cuerpo de un avestruz», «tres o cuatro plumas negras grandes» en vez de alas y un «trasero redondeado con dos o tres plumas curvas en él». «Su arma era el pico, con el que podían morder ferozmente», decía otro relato. Así que, cuando los marineros se les acercaron y los golpearon hasta la muerte, no es que no pudiesen contraatacar, es que eligieron no hacerlo. No era un problema de armamento, sino de actitud. «Las aves modernas se comportan de manera uniformemente agresiva en general», dice el ornitólogo actual y experto en dodos Julian Hume, del Museo de Historia Natural de Londres. Los dodos probablemente no serían muy distintos. Pero estas aves no habían visto jamás a los humanos, así que no les percibieron como una amenaza. Los dodos, al parecer, tenían una curiosidad suicida y una confianza en los humanos irremediable. El grito de un dodo atrapado atraía a otros desde el bosque, a los cuales entonces también se los podía atrapar. Por eso la gente pensó que eran estúpidos. «Pero no lo eran —dice Hume—, lo que eran era muy ingenuos.»

Cara a cara frente a estos exóticos y singulares pájaros gigantes que nunca habían visto en su vida, los hambrientos marineros no podían pensar más que en una sola cosa: a qué sabrían. Así que los mataron y se los llevaron a las cocinas de los barcos. Y menuda decepción fue aquella. Al contrario que la mayoría de los animales exóticos, el dodo no sabía «ni un poco a pollo»; al parecer, era «muy desagradable y nada nutritivo».[2] «Aunque estuvieron al fuego mucho tiempo —escribió un marinero—, eran muy duros para comer.» Así que el dodo se ganó otro apodo: *walghvogel* o «pájaro asqueroso».

Para los dodos poco afortunados que fueron capturados y cocinados, el fin de sus vidas fue horrible, pero para los que se quedaron vivos en la isla fue el comienzo de una muerte mucho más lenta. Al ser una escala tan bien situada para aquellas de sus flotas que atravesaban el océano Índico, los holandeses visitaron la isla Mauricio muchas veces antes de fundar allí una base permanente en la década de 1630. Por el camino, destrozaron el hábitat natural del dodo, taladrando los bosques para hacer sitio a las plantaciones de azúcar, e inundaron la isla de especies invasivas. Las ratas, los monos, los cerdos y las cabras empezaron a competir con el dodo por los recursos. Destruyeron los nidos de los dodos y mataron sus huevos y polluelos. El dodo empezó un tremendo declive.

[2] Más o menos como un döner kebab.

DE VUELTA A INGLATERRA

Sin embargo, algunos pájaros abandonaron la isla vivos. Los marineros vieron que había oportunidades económicas en estas criaturas de aspecto extraño si las podían vender a los coleccionistas de tierras lejanas. Así, pues, metieron el dodo de Oxford embalado en una caja y lo mandaron a Gran Bretaña. Encerrado en la caja un mes tras otro, debió de ser un viaje lamentable, pero se cree que el dodo de Oxford sobrevivió y consiguió llegar a Londres vivo. El teólogo inglés Hamon l'Estrange describe un encuentro con lo que parece ser el dodo de Oxford en 1638. Estaba andando por los callejones de Londres cuando se topó con una placa en la puerta de una casa que anunciaba un «ave de aspecto extraño». Dentro, tras subir unas escaleras, se encontró a un pájaro robusto, del tamaño de un pavo, metido dentro de una jaula. El cuidador lo alimentaba con piedrecitas —«algunas tan grandes como nueces»— para ayudarle a digerir, y le llamaba *dodo*. He aquí la prueba de que al menos un dodo llegó a Europa con vida. Pero cuando el pájaro pasó a mejor vida, tal y como inevitablemente sucedió, la atracción no se detuvo.

Primero terminó en un «gabinete de maravillas», con entrada de pago, en el sur de Londres llamado The Tradescant Ark, en cuyo catálogo aparecía listado un «dodar, de la isla Mauricio, que no puede volar al ser tan grande». Pero cuando los dueños de la colección murieron, el dodo pasó a manos del amigo de la familia Elias Ashmole, quien lo expuso en el primer museo público de Gran Bretaña, el recién construido Ashmolean de Oxford.[3]

El dodo de Oxford por fin estaba en Oxford, pero su futuro no parecía muy prometedor. En aquel entonces, los museos tenían

[3] En un primer momento, el Ashmolean tuvo críticas dispares. Con su aparente batiburrillo aleatorio de nimiedades, los críticos lo llamaron el «Chismetorio», algo que no le sentó muy bien a Ashmole. Por lo visto, fue demasiado para él y «volvió a tener gota».

un carácter bastante práctico, y se animaba a los visitantes a agarrar y manosear los objetos expuestos. Con sus proporciones extrañas y su inusual pico, el dodo debía de parecer bastante atrayente. Poco a poco, conforme iba de un lado a otro, el dodo de Oxford empezó a deteriorarse. Los insectos invadieron su mal conservado cuerpo y en 1755, cuando los administradores del museo hicieron una inspección rutinaria de la exposición, decidieron que el dodo de Oxford estaba en tan mal estado que debía ser destruido y reemplazado por un dodo muerto en mejores condiciones.

Pero había un problema. Que ya no había más dodos que exponer. En la isla Mauricio, el último dodo se había ido a finales de la década de 1680. Calculando a partir de esa fecha, los expertos actuales estiman que la especie se convirtió en «tan muerta como el Dodo» alrededor de 1693. Con todos los dodos vivos ya inexistentes, el dodo de Oxford era irreemplazable. Lo que ocurrió a continuación ha pasado a formar parte de la leyenda de Oxford. Sin saber que el dodo se había extinguido, el personal del museo hizo lo que le dijeron y echó el dodo de Oxford a una hoguera en la que su cuerpo ardió rápidamente. Pero entonces, a última hora, un ayudante del museo con dedos de amianto decidió desobedecer el protocolo y arrancar de las llamas lo que quedaba del pájaro. Se recuperaron una cabeza a la brasa y una única pata y se devolvieron al museo, adonde yo fui a verlos más de 250 años después.

Es una historia que hace enfurecer a la protectora actual del dodo, la directora de colecciones del Museo de la Universidad de Oxford, Malgosia Nowak-Kemp. La verdad, me cuenta el día que hago mi propia inspección, es mucho menos dramática. «No hubo ningún fuego», dice. Las partes no óseas del pájaro simplemente se pudrieron y se deshicieron de ellas. El mito de la conflagración surgió por un error de traducción: una palabra latina que significa «inspección» se tradujo mal por la palabra latina que significa «purificación por fuego». «La cabeza y el pie se dejaron porque eran las únicas partes del pájaro que merecía la pena salvar.»

En el siglo XIX, los únicos restos de dodo que se conocían eran el pie y la cabeza de Oxford, otro pie en Londres, un cráneo en Copenhague y una pata y un trozo de pico en Praga. Los restos eran tan escasos, los recuerdos tan remotos, que algunos dudaron de la mera existencia del dodo. La alternativa, que era que había existido y después se había extinguido, era impensable para la gran mayoría de los literalistas bíblicos. Un autor de la época dijo: «El dodo... parece que ha existido solo en la imaginación... o la especie se ha extirpado totalmente... lo que apenas es posible». El espécimen de Oxford era, según él, una especie desconocida de ave que seguía viva en alguna parte. Para el dodo de Oxford fue una época de angustia existencial sin precedentes. ¿Había existido en absoluto?

Atrapado en el Ashmolean sin, literalmente, ningún cuerpo al que acudir, los restos del dodo de Oxford se abandonaron tranquilamente durante décadas. Entonces, en 1847, llegó la primera de las dos disecciones. Los científicos victorianos separaron en dos la cabeza del ave. Según Nowak-Kemp, su objetivo iba más allá de la curiosidad intelectual. En una universidad que entonces estaba desprovista de toda ciencia, el acto sirvió para aumentar el perfil no solo del dodo, sino de la ciencia en sí. Los científicos llegaron a la conclusión de que el dodo no era, tal y como algunos creían, una especie de buitre o de albatros, sino un ave de la familia de las colúmbidas. El dodo había vuelto. La gente volvió a creer en él.

La universidad construyó un nuevo museo para albergar sus colecciones científicas, así como para enseñar e investigar las ciencias. En 1860 el dodo de Oxford abandonó el Ashmolean y se fue al otro lado de la ciudad hasta el nuevo y catedralicio (por su aspecto) Museo de Historia Natural, en donde aún se encuentra a día de hoy. El museo es una obra de arte gótico. Si alguna vez se visita Oxford, no se puede dejar de ir. En una mañana soleada de otoño, su techo de cristal abovedado baña el museo de luz y calidez, iluminando las maravillosas criaturas que allí se presentan. Con esto en mente y antes de que entrara el nuevo milenio, Malgosia Nowak-Kemp sacó con toda calma al dodo de Oxford de la exposición pública y le encontró un nuevo lugar de descanso, lejos de los rayos de sol decolorantes, en una habitación fresca y sin ventanas. El dodo que se ve expuesto en la galería pública es una reproducción, y el cráneo que hay junto a ella, una réplica. Pero si se le pide amablemente, Nowak-Kemp, también conocida como la «señora dodo», puede llegar a mostrar el pájaro de verdad. Ella ha estado cuidando del dodo de Oxford los últimos 25 años y parece, por fin, que se le está dando al pájaro la protección que necesitaba tan desesperadamente. Los restos descansan sobre papel de seda dentro de cajas de almacenaje seleccionadas *ex profeso*, libres de ácidos para minimizar la decoloración y la descomposición. De vez en cuando, se desplazan las cajas para prevenir el robo. Pero cuando yo lo visito, están guardadas en un elegante gabinete de curiosidades, entre una ecléctica colección de cráneos extraños, cuernos y caparazones. Nowak-Kemp manipula las cajas con mimo y respeto, dejándolas sobre una mesa cercana al igual que una madre lo haría con su recién nacido. Cuando levanta la tapa, miramos juntas al pájaro.

—¿Alguna vez te cansas de mirarlo? —le pregunto.

—Nunca —me responde.

Miramos, pero no tocamos. Le hago fotos, pero sin flash. Con la piel de medio cráneo extraída, las cicatrices de la disección victoriana son obvias. Pero las de la otra mitad apenas son visibles. En 2001 la Universidad de Oxford albergó un próspero laboratorio de investigación del ADN antiguo liderado por Alan Cooper, ahora en la Universidad de Adelaida, Australia. Para aquellos interesados en el ADN antiguo, fue una época de gran optimismo. Los investigadores habían extraído moléculas de momias egipcias, mamuts y neandertales, y el mismo Cooper había extraído el ADN de otra ave extinta no voladora, la moa gigante *(Dinornis gi-*

ganteus). «Al principio de la investigación del ADN antiguo, todo giraba en torno a quién podía poner las manos en el espécimen más impresionante», dice la investigadora de ADN antiguo Beth Shapiro (ahora en la Universidad de California, en Santa Cruz), que se unió a Cooper en su laboratorio en aquella época. «Y no había nada más impresionante que el dodo.» Todos querían extraer el ADN del dodo de Oxford, no para resucitar al pájaro, sino para poder usar cualquier resto de ADN que quedara en los maltrechos restos del ave que les ayudara a entender dónde se hallaba el inusual pájaro en el árbol de la vida.

A ambos se les dio permiso para acceder a los icónicos restos. Empezaron por recoger muestras de tejido blando o «costras», como las llamaba Shapiro, raspando dentro del cráneo del dodo. Pero las muestras no revelaron ningún ADN. De forma que lo siguiente que hicieron fue usar una taladradora y hacer un boquete en el hueso de la pata del dodo. Esta vez dieron en el blanco. El equipo pudo obtener retazos cortos de ADN mitocondrial, gracias al cual se pudo confirmar que el dodo era en efecto de la familia de las colúmbidas, y que su pariente vivo más cercano es la seductora y tornasolada paloma de Nicobar *(Caloenas nicobarica)*. En Google está... ¡y es una preciosidad!

Que dicha información se pudiese recoger del ADN mitocondrial fue impresionante, pero ambos sabían sus limitaciones. Cualquier ADN nuclear que pudiese existir estaría presente en cantidades tan pequeñas que sería imposible de detectar con las técnicas del momento. Y teniendo en cuenta que el dodo de Oxford es único en su especie, extraer cualquier muestra más para analizarla era impensable. Así, pues, aquí termina de momento la historia del dodo de Oxford. Sus restos siguen estando bajo la atenta mirada de Malgosia Nowak-Kemp; que así descansen y se conserven, en paz, en el lugar que les ha dado un respiro durante el último siglo y medio.

Pero la búsqueda del ADN del dodo continúa. La gran mayoría de huesos de dodo que se han encontrado proceden de un único origen, un antiguo pozo seco localizado cerca de la costa sureste de la isla Mauricio. Hace poco más de 4.000 años, todo tipo de animales, incluyendo dodos y tortugas gigantes, visitaban el lugar, pero llegó la sequía y la charca empezó a secarse. Los animales siguieron arremolinándose alrededor de las menguantes aguas, y sus excrementos mezclándose con el cada vez más salado y turbio lodo. Esto, según revelan los análisis de sedimentos, ayudó a promover el crecimiento de bacterias potencialmente tóxicas. Cientos de miles de animales quedaron atrapados en el barro y murieron intoxicados, deshidratados y pisoteados.

Hoy en día, el sitio, conocido como el Mare aux Songes, es un pantano herboso, no muy lejos del aeropuerto internacional Sir Seewoosagur Ramgoolam de la isla, y el fango anaeróbico que mató a tantos animales en el pasado posteriormente ayudó a conservar sus restos. Los fósiles que se encuentran en el Mare aux Songes son tan numerosos y están tan bien conservados que la zona ha sido denominada *Lagerstätte* (la palabra alemana para «espacio de almacenamiento»), un término que solo se usa para designar los yacimientos de fósiles más excepcionales. En excavaciones recientes, realizadas por Beth Saphiro y Julian Hume, entre otros, han salido a la luz cientos de huesos de dodo. Cuando el pobre pájaro se quedó atrapado en el fango hace 4.000 años, su parte superior se pudrió, pero los miembros inferiores enterrados en el barro sobrevivieron. Muchos de los huesos de dodo que se encuentran pertenecen a las patas.

Usando tecnología punta, Saphiro ha intentado extraer el ADN de más de 50 huesos distintos de dodo sacados del Mare aux Songes, pero aparte de unas cuantas secuencias cortas mitocondriales, no ha habido mucho éxito. Aunque los huesos están en buenas condiciones, el ADN que hay dentro de sus células no lo está. Tener unos miles de «letras» o «pares de bases» de ADN mitocondrial es una cosa, pero está a años luz de los miles de millones o más de pares de bases de ADN nuclear que constituyen el código genético completo de un pájaro. El ADN nuclear del dodo está o tan degradado que no queda ya nada auténtico, o el poco que queda se encuentra en tan mal estado que permanece más allá del alcance de los métodos modernos.

Le pregunto a Saphiro si hay algún ápice de esperanza, alguna oportunidad factible de conseguir ADN del dodo alguna vez. Me habla claro: «Es poco probable que vayamos a encontrar algún espécimen con ADN decente en la isla Mauricio». La isla es demasiado cálida, lo que hace que el ADN se desintegre. Y el Mare aux Songes, de donde proceden el 99 por 100 de los restos de dodo que se han encontrado, es demasiado húmedo y ácido, lo que también hace que se desintegre el ADN. «Tiene todo lo que no quieres cuando lo que intentas es conservar ADN.» La única esperanza de encontrar ADN de dodo, dice Saphiro, sería encontrar un dodo exportado que hubiese muerto en otro sitio y hubiese sido cuidadosamente mantenido a una temperatura fresca y constante durante siglos. Y eso no va a pasar. Los humanos tenemos ya una larga historia de *no* cuidar al dodo: de matarlo, comerlo, destruir su hábitat y luego quedarnos haciendo nada en absoluto mientras sus restos ya mal conservados se caen a pedazos. Si el ejemplar más completo que tenemos es el dodo de Oxford, con su cabeza arrugada y sus pedacitos de ADN mitocondrial destrozados por el tiempo, entonces el código genético completo del ave es probable que quede para siempre fuera de nuestro alcance. Sin su genoma, sencillamente no hay esperanza de revivir al dodo. Mi sueño de desextinguirlo está «tan muerto como el ídem...». Es hora de afrontar la verdad. Nunca tendré el dodo mascota de mis sueños.

Estoy hecha polvo. ¿Quién no querría ver un dodo de verdad? Yo me vestiría como Alicia, le daría un bastón, le pondría unos gemelos en las mangas y le dejaría montar una carrera en comité. Así, todos podrían ser los ganadores.[4] En lo que respecta a las aves,

[4] Se trata de un guiño a los seguidores más entusiastas de Lewis Carrol. ¿Hay alguno? Ya sabía que no. Aun a riesgo de desentrañar la historia y quitarle

el dodo era una colúmbida extraordinaria, la cual sencillamente no volveremos a ver nunca más. Pero el sueño de resucitar una marchosa paloma extinta no se tiene que terminar aquí. Hay otra colúmbida extinta, una que ha muerto hace nada, que los científicos creen que *pueden* traer de vuelta a la vida.

UN ECLIPSE AVIAR

Cuando los dodos se estaban muriendo en la isla Mauricio, una colúmbida mucho más pequeña, cuyas alas todavía funcionaban, aún surcaba los cielos de Norteamérica. No eran rechonchas como el dodo, ni elegantes como la paloma de Nicobar; estas eran rápidas y esbeltas. Los machos eran azul cobalto con el pecho de color melocotón, ojos rojos brillantes y patas y pies de color coral. Las hembras, como todas las hembras, eran un poco más sutiles. A principios del siglo XIX, estas aves tenían un número de poblaciones desorbitante. Había miles de millones de ellas. Las bandadas eran tan grandes que ocultaban literalmente el sol: un eclipse aviar. A veces, una única bandada tardaba días en pasar. El aleteo conjunto de sus alas era como el estruendo de un trueno y, según dicen algunos, creaba una corriente tan fuerte que, de hecho, a los que estaban debajo les hacía tiritar. Así como al dodo, escondido en su idílico ambiente isleño rural, había sido fácil pasarlo por alto, a estas aves, por su gran cantidad, era imposible ignorarlas.

Las aves eran palomas pasajeras *(Ectopistes migratorius)*, también conocidas como los «meteoros azules», en su momento el ave más numerosa de Norteamérica y probablemente del mundo. Hubo un tiempo en el que había más palomas pasajeras que seres

la gracia, allá voy: en *Las aventuras de Alicia en el País de las Maravillas*, el dodo organiza una carrera en comité en la que los participantes pueden correr en la dirección que más les guste, comenzando y terminando donde quieran, así que todos ganan.

humanos sobre la Tierra. Es casi imposible imaginárselo, incluso irreal. Pero si se intenta... Una única bandada podía tener más de 160 km de longitud y más de un kilómetro y medio de ancho. Si todas las palomas de esa bandada se hubiesen puesto en fila india, desde el primer pico hasta la última cola, la fila habría dado la vuelta a la Tierra 22 veces. Si se tomaran todas las palomas del Reino Unido, se multiplicasen por 400 y se lanzaran al aire, *ese* sería el tamaño de una sola bandada de palomas pasajeras. Y, de repente, un día desparecieron todas. La paloma pasajera tuvo el mismo destino que su primo de Mauricio.

Que la paloma pasajera pudiese desaparecer en el espacio de unas pocas décadas después de haber existido en tan grandes cantidades es devastador, pero a los únicos que podemos culpar es a nosotros mismos. En su máximo apogeo, estas bandadas inmensas volaban por los bosques caducifolios del este y el medio oeste de Estados Unidos y Canadá, dándose un atracón con las bellotas y hayucos que allí encontraban. Como una plaga de langostas con plumas, aparecían en masa y arrasaban bosques enteros. Luego, cuando acababan con el suministro de comida, sencillamente volvían al cielo y seguían volando. Como fuente aparentemente inagotable de proteínas gratis, demasiado fáciles de atrapar, masacramos a millares de ellas. Las bandadas eran tan densas que con un único disparo se podían derribar docenas de pájaros a la vez. No había necesidad de apuntar. Un hombre ciego podría haber disparado su rifle al aire y aun así habría conseguido derribarlas. Las sacamos a palazos del cielo y las reventamos con cañones. Las envenenamos con maíz empapado en whisky, prendimos fuego a los palomares y las asfixiamos con azufre ardiente. Las engañamos para que acudieran a nidos grandes, gracias a los zureos de palomas prisioneras a las que atábamos a pequeños postes con los párpados de los ojos cosidos para que no pudieran abrirlos, dando lugar al término *stool pigeon* («soplón») y, algún tiempo después, a la canción de Kid Creole and the Coconuts.

A finales del siglo XIX, mientras se extendía el telégrafo y el ferrocarril, los cazadores descubrieron que podían hallar y viajar a nuevos palomares muy fácilmente. Las palomas pasajeras, la fuente de proteínas más barata de Estados Unidos, se convirtieron en un gran negocio, y el «palomicidio» continuó a escala industrial. Embutidas en barriles, las aves muertas se vendían por toneladas. Famosas por una carne oscura supuestamente deliciosa, la mayoría acababa al horno, estofadas o cubiertas de masa pastelera. Supersticiosamente, algunos pensaron que rellenar sus almohadas con plumas de paloma otorgaría una vida duradera. No lo hizo. Al menos, no a las palomas pasajeras. Tal fue nuestra codicia que a veces los barriles llenos de pájaros sin vender se dejaban pudrir. Qué desperdicio más vergonzoso. Y si matarlas no fue suficiente, destruimos sistemáticamente los bosques de los que obtenían su alimento y cobijo. En la década de 1870, los colonizadores europeos ya ocupaban la mitad de la tierra nativa de Norteamérica con intenciones agrícolas y madereras. Es difícil subestimar el efecto que esto habría tenido sobre las aves que quedaban. Con sus sitios para anidar cada vez más pequeños, y con las bellotas y hayucos que las alimentaban cada vez en menor número, la población empezó a caer en picado.

Cuando alguien se empezó a dar cuenta de la situación y se introdujo una legislación seria al respecto, ya no quedaban palomas pasajeras que salvar. A principios del siglo XX, las pocas que quedaban se confinaron en los aviarios de Estados Unidos. No mucho después solo quedaba un pájaro, una hembra llamada Martha, que vivía en los jardines zoológicos de Cincinnati, Ohio. De edad avanzada e inmóvil, los visitantes le tiraban arena para ver si se movía, así que los cuidadores tuvieron que acordonar su jaula. Así, el 1 de septiembre de 1914, Martha, la última paloma pasajera sobre la faz de la Tierra, sucumbió a lo inevitable. Murió esa misma tarde y, según algunos, el corazón de Estados Unidos se rompió. La paloma pasajera pasó a ser un mero recuerdo.

Al darse cuenta de su importancia, los cuidadores del zoo la congelaron en un trozo de hielo gigante y la enviaron a Washington, D. C., donde fue descongelada, despellejada, disecada y expuesta al público en el Smithsonian. Desde entonces, solo ha dejado su lugar de descanso dos veces, una vez para aparecer en una conferencia en San Diego, y otra para visitar su antigua morada, el zoo de Cincinnati. Las dos veces voló en primera clase bajo la atenta supervisión de una auxiliar de vuelo dedicada solo a ella. Nacida, criada y muerta en cautividad, es irónico que Martha volase una vez muerta más lejos de lo que nunca había podido en sus 27 años de vida.

Y ese es el fin de la paloma pasajera... solo que puede que no. En 2012 un grupo de ornitólogos, genetistas y conservacionistas, que incluía a Beth Saphiro y George Church, se reunió en la Harvard Medical School para discutir sobre si esta icónica especie debería o no ser devuelta a la vida. El simposio fue organizado por Ryan Phelan y Stewart Brand, que habían estado dándole vueltas a la desextinción y preguntándose si era posible. Los expertos concluyeron que sí lo era.

Saphiro ya había conseguido separar el ADN nuclear de las almohadillas de los dedos de los pies de las aves del museo, y la tecnología de edición genética mejoraba cada día. Por supuesto que había obstáculos técnicos, pero en general el tono era optimista. «El encuentro fue una luz verde para nosotros», dice Phelan. Los dos crearon Revive and Restore, una organización prestigiosa, sin ánimo de lucro y llena de buenas intenciones destinada a avanzar en la ciencia de la desextinción (y más; véase el capítulo 8). Se ideó «El retorno de la gran paloma pasajera».

Hoy, el proyecto está en pleno apogeo, y está al mando del joven científico Ben Novak. Con la financiación de Revive and Restore, y trabajando bajo la supervisión de Saphiro en su laboratorio de Santa Cruz, Novak está haciendo algo que todos querríamos, pero que pocos logramos: vivir el sueño de su infancia.[5] Lleva

[5] El sueño de mi infancia era abrir una peluquería para conejillos de Indias de pelo largo. Desafortunadamente, nunca se convirtió en una opción laboral.

pensando en la desextinción desde que tenía 13 años. De niño, hizo un proyecto para una feria de ciencias sobre la posibilidad de devolverles la vida a los dodos. Unos años más tarde, abrió un libro y vio una imagen de una paloma pasajera. «Me enamoré de la foto —dice—. Me enamoré de la historia.» Entonces empezó a comer palomas,[6] soñar palomas y respirar palomas. Estaba tan desesperado por empezar a hacer cosas que antes de conseguir su trabajo en Revive and Restore recaudó 4.000 dólares de su familia y amigos para poder empezar a secuenciar el ADN de la paloma pasajera por su cuenta. Investigó la genética, historia y ecología de la paloma, todo por lo que parecía el sueño imposible de devolverles la vida, de darle a su triste historia un final feliz. Así que, cuando el proyecto Revive and Restore se hizo realidad, se involucró en él a la mínima oportunidad. «Es inteligente. Tiene la actitud de que todo es posible, y tiene a sus espaldas una pasión vital inagotable por este tema», dice Phelan. Novak tampoco es para nada lo que una esperaría de un loco de las palomas o un académico. Si se busca en Google «colombófilo», empiezan a aparecer imágenes de pensionistas con gorras que sonríen a la cámara sin dientes, mientras murmuran con admiración a sus preciadas aves. Pero no Ben Novak. Puede que también lleve boina, pero la lleva al revés. Su aspecto es el de alguien que debería estar en un grupo de rock *indie* llamado «Ectopistes», o en un grupo de baile callejero inglés llamado «Diversidad Genética». Un hombre modesto, que tiene la agudeza y experiencia técnica de un investigador posdoctoral diez años mayor que él. Novak sabe más sobre palomas que todos los miembros juntos de la Asociación Nacional de Palomas. Si alguien puede devolverle la vida a la paloma pasajera, ese es Ben Novak.

Su material de partida son los cientos de palomas pasajeras despellejadas y disecadas que se pueden encontrar en los museos públicos del mundo. Junto con Saphiro, Novak ha extraído el

[6] No literalmente.

ADN de más de 80 de estas aves que se remontan desde finales del siglo XIX hasta hace 4.000 años. Como es normal en criaturas de esta edad, el material genético está roto en muchos, muchísimos trozos diminutos. Por lo tanto, Novak está usando la secuenciación de nueva generación para leer las secuencias de todos los trocitos de cada muestra simultáneamente. Repitiendo el proceso una y otra vez, puede ir creando una imagen cada vez más precisa del genoma, aunque esté en millones de pedacitos. Hasta la fecha, Novak ha secuenciado 21 miles de miles de millones de pares de bases de ADN. Es una cifra bastante abrumadora: es «21» seguido de 12 ceros.

El siguiente paso es volver a unir esas secuencias fragmentadas en un genoma entero, primero digitalmente dentro de un ordenador, y luego funcionalmente dentro de una célula. La ayuda procede del pariente vivo más cercano de la paloma pasajera, un pichón de aspecto bastante normal llamado paloma de collar *(Patagioenas fasciata)*, que tiene una secuencia genética muy parecida a la de la paloma pasajera. Al igual que los investigadores usaron el genoma de los humanos modernos para llegar al de los neandertales, y la secuencia genética del elefante se ha usado para ayudar a recrear la secuencia del mamut lanudo, Novak está usando el genoma de la paloma de collar como base sobre la que hacer coincidir y ordenar los fragmentos de su ADN de paloma pasajera. Ahora tiene el genoma completo de dos aves, y trocitos y pedazos de los genomas de otras 37.

Lo siguiente que hará será utilizar el CRISPR, la tecnología de edición genética que usó Church para mamutizar las células de su elefante (véase el capítulo 3), para editar genes clave de la paloma pasajera en las células de palomas de collar. Novak alineará eficazmente los genomas virtuales de las palomas de collar y pasajeras, uno junto a otro, y mirará las posibles diferencias que existan entre ellos. Luego viene la parte peliaguda: averiguar cuáles de los diez millones de diferencias que se esperan son verdaderamente importantes. ¿Qué secuencias, por ejemplo, le dan a la paloma pasajera sus alas anchas, su pecho musculado y su cola larga? ¿Y sus alas moteadas azul cobalto o su pecho rosado? ¿Hay un elemento genético en su pasión por ver mundo o su preferencia por las bandadas multitudinarias? Es una tarea abrumadora.

El truco, dice Novak, está en buscar genes que ya estén vinculados con ciertas características, como el plumaje y el color, y luego ir extrayendo otras secuencias genéticas menos conocidas que hayan sido seleccionadas positivamente. Estas son piezas de secuencia que han cambiado tan rápidamente en el tiempo que deben de haber sido conformadas por algo distinto al cambio genético aleatorio. Son trozos del código genético tan útiles que las aves que los llevaban tenían muchas más posibilidades de sobrevivir, reproducirse y pasar sus genes a las generaciones futuras. A lo mejor las secuencias alteraron de alguna manera la forma del ala o la agudeza visual, haciendo que las aves volaran más rápido o que recolectaran forraje de forma más efectiva. O a lo mejor las secuencias influyeron en la manera en que funcionaban sus cerebros, ayudándolas a volar grandes distancias. Las secuencias seleccionadas positivamente dejan un rastro de pistas que dan información sobre el código genético y que pueden ser detectadas por genetistas avispados. Son estas secuencias más notables las que Novak editará en las células de sus palomas de collar.

¡Genial! De manera que en teoría tenemos un genoma de paloma pasajera dentro de una célula de ave viva. El siguiente paso es hacer un polluelo. «¿Y por qué no se clona?», oigo a una voz gritar. Después de todo, ¿por qué no? El lector habrá leído los capítulos anteriores con una intensa pasión, pasando las páginas con determinación. Ya se sabe quién es Dolly la oveja, Celia la bucarda y los potenciales clonadores de mamuts del mundo. Entonces, ¿puede la clonación ser una opción?

En la clonación mamífera, el ADN donante se inyecta en un óvulo, el cual, después de unos cuantos tejemanejes biológicos, se convierte en un embrión, que después se implanta en un útero receptor. Pero con las aves es más complicado. El sistema reproductivo femenino es un poco como una cadena de montaje automatizada. En un extremo, el ovario libera una masa limitada por membranas que contiene la yema y un puntito de ADN. Después, cuanto la masa crece para caer por el oviducto del ave, se añade la clara y la cáscara sucesivamente. Cuando se pone un huevo, ya está demasiado desarrollado, por no decir demasiado cubierto de cáscara como para usarlo en la clonación, e incluso, si se pudiese, no habría útero al que devolverlo. Los investigadores llevan intentando y fracasando en la clonación de aves desde hace una década o más, llevando a algunos a asegurar que el procedimiento es sencillamente imposible. «El problema con la clonación de aves no es solo que se requiera destreza técnica, sino que también es un proceso logísticamente complejo», dice el biólogo reproductivo Michael Kjelland, de Conservation, Genetics and Biotech, LLC.

Sin embargo, Kjelland y sus compañeros han estado trabajando para superar estas trabas. Su idea es entrar y recoger los huevos antes, tan pronto como se hayan ovulado, pero antes de que se añadan la cáscara y la clara. Trabajando con pollos, porque son más fáciles de manejar, de cuidar y porque producen muchos huevos, usa un pulso firme y una cuchara para sacar las masas del tamaño de uvas. Después usa una técnica especialmente desarrollada que combina la microscopía con un marcador químico para visualizar el ADN del huevo. Si se quiere que la clonación funcione en algún momento, el ADN propio del huevo tiene que ser quitado para que se pueda implantar el ADN donante, pero ponerlo sobre el fondo opaco de la yema ha resultado ser problemático. «Fue un escollo importante», dice. Con la masa de la yema dentro de un vaso de precipitados de cristal, perfora la estructura y usa una delgada pipeta de cristal para quitarle el ADN. «El problema es que la yema podía haberse derramado cuando la pinchamos —dice—, pero no lo hizo.»

El siguiente paso sería añadir el ADN de algún ave que se quiera clonar en el huevo «vacío» y luego procurar que la célula reconfigurada empiece a dividirse. Pero el huevo en desarrollo tendría que ser colocado físicamente en algún sitio para que se incubara. Aquí, según Kjelland, hay dos opciones. Una es trasplantar el embrión de vuelta en el tracto reproductivo de un ave adulta, desde el que podría caer por el oviducto al igual que cualquier otro huevo y producir posteriormente la clara y la cáscara. La otra es cortar cuidadosamente la parte de arriba de un huevo normal de tamaño similar, vaciar su contenido y después colocar dentro el embrión clonado con un poco de clara, antes de sellarlo otra vez. Nadie ha intentado aún este último paso con un embrión aviar clonado, pero Kjelland cortó la parte de arriba de un huevo de pavo y obtuvo un polluelo de gallina roja de Rhode Island: esto en principio es una prueba de que el traslado de embriones funcionaría.

Al parecer, las partes que componen el proceso de clonación aviar ya están ahí, pero aún se necesita afinar la técnica y que la practiquen manos experimentadas y hábiles, y luego juntar todo. Nadie ha conseguido aún hacer todo el proceso de principio a fin. «El principal problema ahora —dice Kjelland— parece ser la falta de financiación y una actitud derrotista. Necesitamos superar esto.» Pero entre tanto, puede que haya otro método, más desarrollado y bien ensayado, que se podría usar para hacer un polluelo de paloma pasajera...

NO LLORES, PAPI

Pobres papás. Cuando nace un bebé, su padre pocas veces recibe algo de reconocimiento. Todas las miradas están puestas en el pequeñín, arrugado y vulnerable, y en la madre, estoica y resistente, absolutamente agotada (con toda justicia) tras la hercúlea tarea de estar embarazada y dar a luz. Pobres, inadvertidos y descuidados padres. Nadie les reconoce lo bien que han llevado el día a día según iba creciendo la barriga de su pareja y se le hinchaban los tobillos. Nadie les felicita por haber comido y meado de manera normal, mientras que su pareja se pone verde ante la sola visión de una tostada y se las ve y se las desea con una vejiga del tamaño de un guisante. Apenas les dan palmaditas en la espalda mientras se pasean por la sala de partos, metidos en el papel de «pieza de recambio», mientras que su pareja intenta dolorosamente sacar un «cuadrado» a través de un «círculo». Pobres papás.

Una nueva vida se crea cada minuto de cada día, aunque a los padres apenas se les reconozca el mérito. Entonces, una vez de cuando en cuando, llega una historia que celebra el papel jugado por el padre, un cuento que recoge su papel individual en el milagro de la creación. Esta es una de esas historias.

En marzo de 2013, un padre lleno de plumas ocupó las páginas de los periódicos de todo el mundo. Era un padre que verdaderamente había hecho algo extraordinario. «Un pato engendra a un pollo», decía un titular. «Un pollo tiene de padre a un pato», anunciaba otro. «El padre de un pollo es un pato», murmuraba otro como pidiéndoles disculpas en voz baja.[7] Si alguna vez existió un caso que mereciese ser sometido a una prueba de paternidad, era este. De alguna extraña manera, en un encuentro plumífero provocado en un laboratorio, un pato macho y un pollo hembra se lo montaron juntos y consiguieron engendrar no un «patopollo», ni un «pollopato», sino un pollito de pura raza. La buena nueva se anunció en la publicación revisada por expertos *Biology of Reproduction*, que publicaba una fotografía enternecedora de mamá gallina y papá pato con cara de felicidad, sobre un césped bañado por el sol. Pero este no era un padre normal. Era un pato con un secreto. Y un secreto tan secreto que ni siquiera él sabía qué era. Un secreto que guardaba... en sus gónadas.

Más o menos un año antes, cuando el pato, conocido entonces con el nombre tan poco cariñoso de «wd25», no era más que un embrión, se sometió a un procedimiento en un laboratorio de

[7] No lo hicieron, pero tendrían que haberlo hecho. Los redactores dejaron pasar toda una oportunidad.

Dubái. El biólogo celular Il-Kuk Chang y sus colegas del Laboratorio Central de Investigación Veterinaria inyectaron células de pollo en su flujo sanguíneo. Pero estas células tampoco eran normales. Eran células germinales primordiales o PGC (por sus siglas en inglés), células especializadas formadas en una fase temprana del desarrollo que solo hacen una cosa: asentarse en las gónadas y crear células sexuales. En las gónadas de la hembra crean óvulos y en las del macho espermatozoides. Cuando Chang inyectó las PGC de pollo en la aorta de wd25, viajaron por todo el flujo sanguíneo hasta sus gónadas, donde se acostaron entre las propias PGC del pato y empezaron a hacer esperma: esperma de pollo. Con una mezcla de PGC de pollo y pato, cuando el pato alcanzó la madurez sexual, comenzó a generar tanto esperma de pollo como de pato. De acuerdo con el trabajo de investigación, «se recogieron muestras de semen»[8] y luego se usaron para inseminar a hembras de pollo, que después se pusieron a hacer lo que mejor hacen los pollos: poner un montón de huevos. Entre estos, un puñado se convirtió en auténticos pollitos de pollo: polluelos sanos que genéticamente eran pollos al cien por cien, pero con un padre pato y una madre gallina. Y luego se quejan de las crisis de identidad de los jóvenes.

Es una anécdota científica llamativa, pero con un propósito mucho más profundo. Si los óvulos y el esperma de una especie pueden crecer en el sistema reproductivo de otra, entonces la técnica se podría usar para ayudar a aumentar el número de ejemplares de las especies que estén en peligro de extinción, y potencialmente resucitar a las que estén extintas. Las PGC de las palomas de collar, si se editan para que contengan ADN de palomas pasajeras, se podrían inyectar en un embrión huésped aviar. Este, lo más seguro, sería una paloma de collar, a la que se dejaría crecer de manera normal y que podría, con el tiempo, empezar a producir

[8] Me quedo helada... Me gusta pensar que hubo algún tipo de música de fondo y un ejemplar de algún libro de relaciones de pareja.

esperma de paloma pasajera. Si las hembras de palomas de collar se pudiesen alterar de manera similar para que produjeran óvulos de palomas pasajeras, entonces, en teoría al menos, se podrían engendrar palomas pasajeras.

Los padres receptores, seguramente palomas de collar, se podrían usar para incubar los huevos y vigilar cuándo eclosionaban. Pero, dado que las palomas de collar son casi monocromáticas y que las palomas pasajeras son multicolores, Ben Novak me dice que a los padres receptores igual habría que teñirles las plumas para que fuesen más convincentes. «Después de todo —me comenta—, nunca se ha de quedar uno corto a la hora de hacer las cosas bien.» Pero un pichón de paloma pasajera puede que no esperase mucho en cuestiones de cuidados paternos. Los registros históricos demuestran cómo todos los miembros de una única bandada hacían sus nidos al mismo tiempo en el mismo bosque, construyendo millones de nidos endebles en lo alto de las copas de los árboles. Después de eso, todos ponían sus huevos —uno o dos por nido, bastante al unísono—, y los incubaban un par de semanas. Cuando los polluelos salían del huevo, los padres los alimentaban con la «leche de paloma», una pasta grasa y rica en proteínas que hacían con la boca, mezclada con trozos de su comida regurgitada. Luego, a la tierna edad de solo dos semanas, pasaba algo increíble. Los padres les daban a sus crías un último almuerzo, y luego alzaban el vuelo todos juntos y desaparecían. Literalmente abandonaban el nido. Los polluelos indefensos eran dejados a su suerte, a tres metros de altura, sin comida y con unas plumas aún demasiado cortas que todavía se tenían que transformar en alas. Aturdidas, las crías, cada vez más hambrientas, se quedaban en el nido un día o dos y luego, una por una, se lanzaban al suelo del bosque en busca de comida. Es como sacar a un bebé de un carrito y esperar que sea capaz de prepararse su propia papilla. En los pocos días que les tardaban en crecer las alas, las enclaustradas crías eran una presa fácil para los carnívoros terrestres. Los lobos, zorros, halcones y otros depredadores tenían un día festivo. Es como sacar a un bebé de un carrito y esperar que sea capaz de preparar su propia papilla... en una cocina llena de tigres a los que les encanta comer bebés. Que alguien llame a los servicios sociales aviares.

Parece una estrategia inútil y cruel, pero lo cierto es que, con las reservas de comida cada vez más escasas, los adultos tenían sencillamente que largarse en busca de alimento. Vale, su escapada llevaba a la muerte a miles de polluelos, pero en términos evolutivos se pueden considerar daños colaterales. La colonia en conjunto sobrevivía otro día. Y por extraño que parezca, este estilo desapegado de paternidad podría beneficiarnos hoy en día. Como las crías de las palomas pasajeras estaban acostumbradas a «llevarlo lo mejor posible», un ave recién desextinguida probablemente no les pediría a sus padres receptores mucho más que un poquito de leche masticada y alguna que otra semilla regurgitada.

El plan sería criar a las aves con cuidado en cautividad, en un aviario lo más grande posible, hasta que llegaran a un número lo suficientemente elevado como para formar una bandada y se las dejara en libertad. Los bosques caducifolios del este norteamericano, en su momento llenos de granjeros europeos, han sido reforestados en gran medida, así que al menos hay hábitat (aunque algunos dicen que a lo mejor no es suficiente). Como aves nómadas que seguían el instinto de sus picos para encontrar comida, más que un patrón migratorio definido, no necesitarían que se las enseñara adónde ir. En vez de eso, si se pareciesen en algo a sus antepasados, formarían una bandada instintivamente y buscarían comida, sobre todo bosques ricos en frutos secos y hasta puede que granjas llenas de semillas. «Los más jóvenes probablemente formarían su propia estructura social», dice Novak. En lo que se refiere a números, Revive and Restore maneja una cantidad a lograr aún desconocida, pero probablemente abarcará cientos de miles, si no millones. Puede sonar a barbaridad, pero hay muchas aves que se mueven dentro de estos números y más aún. En 2014 había una población estimada de 275 millones de tórtolas. Así que hay sitio de sobra para la paloma pasajera.

La clave para Novak, y de hecho para Revive and Restore, es recrear un pájaro que cubra el mismo nicho ecológico que sus antepasados. En el caso de la paloma pasajera, el objetivo es crear un pájaro del siglo XXI que se comporte como una paloma pasajera y que interactúe con el entorno del mismo modo que esta. Si Novak hace bien su trabajo, la paloma pasajera «revivida y restaurada» volará en bandadas[9] densas, comerá frutos y semillas, destruyendo algunos, dispersando otros y ayudando a ampliar la diversidad del bosque. Será una fuente de proteínas para los carnívoros y una competencia para el resto de animales que se alimentan de granos y frutos. Sin embargo, todo esto llevará su tiempo. Con bastantes procedimientos científicos básicos todavía por establecer, Revive and Restore no espera oír el repiqueteo de las patitas de las palomas pasajeras hasta el 2022, y prevé que las primeras bandadas de prueba vuelen hacia el 2032. Así, pues, aunque no sea inmediatamente, no dejaremos de mirar al cielo.

El proyecto no escapa a los escépticos. Algunos, como Beth Saphiro, alegan obstáculos técnicos: «No podemos desextinguir a la paloma pasajera de momento por un montón de razones». Hasta ahora, nadie ha hecho o modificado PGC de paloma, y mucho menos lo ha transferido a un ave huésped para que haga espermatozoides u óvulos, y luego usar esas células sexuales para generar aves vivas. Pero yo he trabajado como bióloga celular. He jugueteado con la modificación genética. Me he pasado largos y frustrantes días intentando desentrañar los nutrientes exactos que se necesitan para mantener vivas mis células cultivadas en placas de Petri. He apretado los puños con frustración cuando mis prime-

[9] He asumido, a lo largo del capítulo, que *bandada* sería el sustantivo colectivo correcto para las palomas pasajeras, pero igual merecen su propio término. Sugiero o una «tempestad», o un «eclipse», o un «Novak» de palomas pasajeras.

ros intentos por editar genéticamente dichas células no daban resultados ni satisfactorios ni espectaculares. Yo sé lo difícil que puede ser trabajar con células y con ADN, pero, 20 años después, puedo ver cuán rápido y lejos está llegando la tecnología. Sí, claro que hay obstáculos, pero, con gente inteligente y entusiasta como Novak entre los investigadores, no hay motivo para pensar que estos obstáculos no se puedan superar.

Pero solo porque podamos hacer algo no significa que debamos. El ornitólogo Mark Avery, autor de *A Message from Martha*, está preocupado por el bienestar de las aves en caso de que las resucitemos. Durante los primeros tiempos de su desextinción habría, irremediablemente, pocos pájaros, criados y nacidos en cautividad. «Pero sabemos que estas aves tenían un carácter altamente social —dice—, así que sería un poco triste.» Las bandadas de estas aves estaban formadas por millones de ellas. Lo necesitaban. Así se sentían más a salvo y se aseguraban de que el número se mantuviese alto cuando tantas crías sin atender se caían al suelo y eran devoradas. No se puede resucitar solamente a unas pocas palomas pasajeras. No tendrían la más mínima oportunidad de sobrevivir. Con la paloma pasajera es todo o nada. O resucitamos una bandada entera tan grande que oscurezca el cielo, o no resucitamos ninguna en absoluto. Y aquí es donde yo me quedo errando en el lado de los cautos.

En 1855 un testigo de una bandada de palomas pasajeras describía cómo «los niños gritaban y corrían a sus casas. Las mujeres se recogían las enaguas y se apresuraban a resguardarse en los pajares. Los caballos se desbocaban. Algunos susurraban palabras llenas de terror sobre la llegada del apocalipsis y varios se pusieron de rodillas y empezaron a rezar». Estas eran aves escandalosas y alborotadoras que dejaban tras de sí un panorama desolador. Podían devorar un campo recién plantado en cuestión de minutos. Arruinaban cosechas enteras y hacían enfurecer hasta límites insospechados a los granjeros. Cuando dejaban de volar, se colgaban de cualquier rama o se encaramaban en cualquier parte, apilándose las unas encima de los otras, haciendo que las ramas se rompieran, aplastando a las palomas que estaban por debajo. Cuando hacían sus necesidades, parecía que del cielo cayeran copos de nieve gigantes, dejando el suelo cubierto de una capa profunda de guano. Y cuando migraban, dejaban tras de sí un paisaje devastado, incluso peor que los restos de una fiesta de cumpleaños infantil. El gran naturalista James Audubon dijo que era «como si un tornado hubiese barrido el bosque». Como omnívoros oportunistas que eran, volaban de un lugar a otro, como una plaga de langostas con plumas, devorando todo lo que podían. Y si se estaban comiendo algo, pero de repente encontraban otra cosa que les gustaba más, escupían lo que estuviesen masticando y seguían de comilona. Las palomas pasajeras eran las bulímicas plumíferas provocadoras de Norteamérica.

Elegir de candidato para la desextinción a una especie cuya supervivencia dependería probablemente mucho del gran número en el que exista es, bajo mi punto de vista, una elección controvertida. Quizá tendríamos que acabar sacrificando a las criaturas que tanto nos costó crear. «Podría ser como con Martha una segunda vez», dice Avery. Teniendo en cuenta que las palomas no son las aves vivas más queridas del planeta a día de hoy, ¿estamos preparados, pregunto, para las palomas pasajeras?

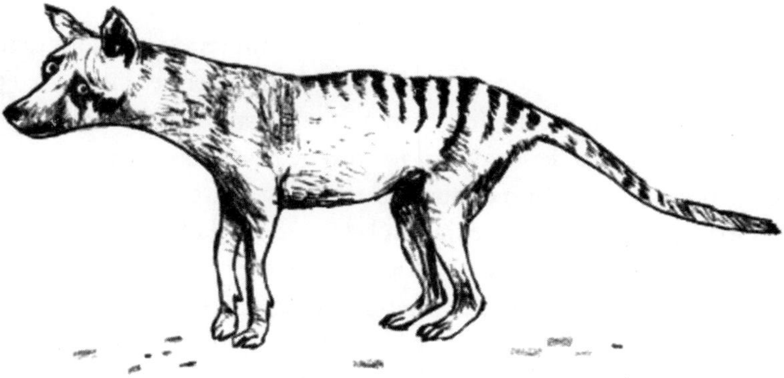

5

EL REY DE AUSTRALIA

Aquella noche hacía un frío horroroso. Según iba bajando la temperatura silenciosamente hasta el cero, un tilacino enjaulado se movía de aquí para allá bajo el cielo estrellado de Tasmania. Adormecido por el frío, cayendo poco a poco en la hipotermia, la bestia rayada parecida a un lobo lanzó un grito. Pero no había nadie alrededor que lo escuchara, nadie a quien le importara. Los cuidadores le habían encerrado hacía ya mucho tiempo y se habían ido a casa.

Era el 7 de septiembre de 1936, el momento más álgido de la Gran Depresión. En el zoo Beaumaris de Hobart, los tiempos eran muy difíciles. Para mantener los costes del zoo bajo mínimos empleaban mano de obra barata sin ninguna experiencia —los llamaban «sussos»— para que cuidara de los animales. Trabajaban por salarios mínimos con mínima supervisión. Como consecuencia, las jaulas se quedaban sin limpiar y se dejaba a los animales comerse los restos podridos de comidas anteriores. Con sus necesidades básicas sin cubrir, muchos enfermaron, pero nadie se molestó en llamar al veterinario. Los veterinarios eran caros.

El tilacino, llamado Benjamin, vivía en un recinto rectangular y pequeño, en la parte trasera del zoo. Aunque era el inicio de la primavera, el día había sido extrañamente caluroso. El único árbol que daba algo de sombra al recinto de Benjamin aún no había dado hojas, y el tilacino estaba expuesto al sol directo. Los visitantes iban y venían, pero Benjamin estaba demasiado deshidratado como para darse cuenta. Al anochecer, se suponía que los cuidadores tenían que abrir una puerta corredera de madera y hacer que el animal entrara en su jaula nocturna cubierta, pero se volvieron a olvidar. El agotado tilacino se quedó solo frente a los elementos. Mientras los cuidadores dormían en sus camas, Benjamin fue incapaz de llegar a la suya. Y cuando regresaron a trabajar al día siguiente, Benjamin estaba muerto. En un acto final lleno de indiferencia, arrojaron su cuerpo helado y sin vida a la basura.

Fue una muerte triste y sin sentido que se podía haber evitado fácilmente, pero fue aún más conmovedora por el hecho de que Benjamin era irreemplazable. No era solamente el último tilacino del zoo. Era el último tilacino que se conocía sobre la Tierra.

Los tilacinos, también llamados tigres de Tasmania o lobos de Tasmania, son animales raros y enigmáticos. Hay que imaginarse a un perro con orejas puntiagudas, *eyeliner* negro y un atuendo de tigre. Tenía la cabeza de un lobo, las rayas de un tigre y la bolsa de un canguro. La gente decía que andaba como un «perro con la espalda rota», aunque podía darse la vuelta y desaparecer en la maleza en un visto y no visto. Era un depredador feroz que se alimentaba de roedores, aves y tejones. Tremendamente ruidoso, emitía toda una variedad de sonidos extraños: silbidos, resoplidos y un resuello en particular que sonaba como si necesitara un inhalador. Parecía un mamífero placentario, pero era un marsupial. Ahora bien, a pesar de que la mayoría de los marsupiales tienen bolsas que se abren por arriba, el tilacino tenía una que apuntaba hacia abajo.[1] De manera poco usual, ambos sexos tenían una bolsa. Las hembras usaban la suya para cuidar a sus crías y los machos para proteger sus escrotos colganderos de la espinosa maleza tasmana.[2]

Aparecieron hace unos 25 millones de años. Se han encontrado fósiles de tilacino en el yacimiento de Riversleigh (Patrimonio de la Humanidad de la Unesco), en Queensland, Australia, junto a los restos de otras criaturas fantásticas: canguros carnívoros, cocodrilos trepadores de árboles y una de las aves más grandes halladas jamás: un carnívoro apodado «pato demonio» *(Bullockornis planei)*. En aquel entonces había al menos seis tipos de tilacinos, algunos tan grandes como perros labradores, y otros tan pequeños como los chihuahuas. «Paris Hilton podría haber llevado una de estas cosas en su bolsito por todo el mundo», dijo el paleontólogo Michael Archer, de la universidad australiana de Nueva Gales del Sur, en un evento TEDx sobre la desextinción en 2013, «hasta que se le cayera encima un cocodrilo trepador». Entonces, progresivamente el mundo empezó a cambiar. Se volvió más frío y seco, y los distintos tipos de tilacinos tuvieron dificultades para adaptarse. Hace cuatro millones de años se habrían visto reducidos a una sola subespecie, el tilacino moderno, *Thylacinus cynocephalus*, «el perro con bolsa y cabeza de lobo». Después, también este empezó a desaparecer.

Hace 60.000 años, Australia, Nueva Guinea y Tasmania eran parte de una única masa de tierra, hogar aún de los tilacinos. Pero

[1] Las zarigüeyas de agua *(Chironectes minimus)* también tienen bolsas que apuntan hacia abajo. Aún vivitas y coleando en los arroyos y lagos de agua fresca de América del Sur y Centroamérica, las bolsas de las zarigüeyas de agua se pueden cerrar y hacerse herméticas gracias a un anillo de músculos muy fuerte. Los bebés permanecen secos, mientras que los genitales de los machos, escondidos dentro, no se pueden enredar en las plantas subacuáticas. ¡Fiu!

[2] La primera descripción científica del tilacino, realizada en 1805 por el teniente gobernador de Tasmania, Paterson, describía al bien dotado tilacino de esta manera: «Con un escroto colgante, pero oculto en parte por una pequeña cavidad o bolsa en su abdomen... Los ojos son grandes y negros... lo que le da al animal una apariencia salvaje y maliciosa».

entonces llegaron los humanos de Asia. En un lugar en el que había sido un depredador absoluto durante millones de años, se encontró con que ahora tenía que competir. Los humanos, que cazaban el mismo tipo de animales que los tilacinos, empezaron a descentrar el delicado equilibrio del ecosistema australiano. La masa de tierra se dividió. Hace 10.000 años, los tilacinos se extinguieron en Nueva Guinea. Más tarde, hace 3.500, llegaron nuevos colonos a Australia y trajeron con ellos a los dingos. Al usarlos como compañeros de caza, estos animales gregarios ayudaron a los humanos a ser todavía mejores en lo que a temas de matar se refiere. Superados por la competencia y tácticamente, el número de tilacinos empezó a mermar hasta que, un día, el tigre de Tasmania desapareció del territorio australiano también.

Tasmania era la última fortaleza del tilacino, pero incluso aquí estaba empezando a tambalearse. A principios del siglo XIX llegaron los colonizadores europeos, dispuestos a convertir Tasmania en pequeños trocitos de su hogar. Construyeron iglesias, casas y granjas de ovejas, reemplazando los animales nativos por sustitutos europeos. Empezaron a circular rumores que decían que el tilacino era un asesino de ovejas, y lo que al principio fue un chismorreo pronto se convirtió en una paranoia que recorrió la isla de punta a punta. Según el cotilleo, los tilacinos no solo mataban ovejas, sino que además a veces se llevaban a los niños pequeños. Al final, la gente estaba tan asustada que el Gobierno de Tasmania fijó una recompensa por cada cabeza de tilacino. Cualquier hombre que tuviese un arma se volvió contra ellos. Se masacró a miles de tilacinos.

Lo más trágico de todo es que los rumores eran infundados. Nunca hubo una evidencia real que sugiriese que los tilacinos se llevaban a los niños. Las historias eran leyendas, inventadas probablemente para asegurarse de que los niños curiosos se alejaran de ellos. Tampoco hay ninguna prueba que sugiera que los tilacinos mataran más que a la oveja negra del grupo. Desde luego, no eran los asesinos sedientos de sangre en los que quisieron convertirlos. La verdad, según el biólogo Robert Paddle, de la Universidad Católica de Australia (autor de *The Last Tasmanian Tiger: The History and Extinction of the Thylacine*), es que los tilacinos fueron usados como cabeza de turco. Las granjas de ovejas no tenían éxito, no porque los tilacinos mataran al ganado, sino por el mal tiempo y la pésima gestión. En lugar de admitir sus fallos, para los intermediarios de la industria ovejera de Tasmania era más fácil culpar de todo a alguien, o algo en este caso. Los tilacinos se convirtieron en el chivo expiatorio y pagaron el pato.

A principios del siglo XX, los tilacinos ya eran muy escasos en Tasmania, y en 1936 solo quedaba uno: Benjamin. Tres años antes de morir, el naturalista australiano David Fleay filmó a Benjamin en su recinto exterior. Es una de las grabaciones más inolvidables que se pueden ver. Pido al lector que se meta en Google y lo busque. La película está desgastada y tiene mucho grano. No hay sonido. Un Benjamin en blanco y negro se pasea por su diminuto y vacío recinto. Mira a la cámara y empieza a bostezar. Parece que ya lo ha dado todo por perdido. La película se da la vuelta y empieza otra vez. Pero es lo que pasó después de que la cámara parase de rodar lo que, para mí, devuelve a Benjamin a la vida. Los tilacinos «bostezaban» cuando se sentían amenazados. Esa impactante apertura de 120 grados era un indicador de que no estaban contentos y de que, si se los provocaba, lo más probable era que atacaran. Una caja negra sobre un trípode y una cortina con un par de piernas por debajo debía de ser sin duda algo amenazador, y Fleay, o lo ignoró, o no tenía ni idea de la señal de aviso que el tilacino le estaba haciendo. Cuando la cámara dejó de rodar, el último tilacino vivo de la Tierra mordió al operador de cámara en el trasero, no una, sino ¡dos veces! ¡Tilacino 2-*Homo sapiens* 0! Es un destello lleno de vida al término de una historia por lo demás trágica y lamentable.

Para mayor ironía, el tilacino recibió al fin protección legal total el año en que murió Benjamin, pero básicamente fue tirando a tarde. Desde entonces, se ha convertido en un icono de Tasmania muy querido y mucha gente se niega a creer que ya no esté. Desde la muerte de Benjamin, se han registrado unos 4.000 supuestos avistamientos de posibles tilacinos. Roberta Westbrook, la dueña del Mole Creek Hotel, en el norte de Tasmania, afirma haber visto uno en 1997, cuando conducía sola por la carretera de Mole Creek a Paradise. Tenía, dice, los ojos oscuros, como si el animal llevara *eyeliner*. En 2010 un mochilero francés vio a un animal parecido en el mismo tramo de la carretera. ¿Un zorro con kohl en los ojos o un tilacino auténtico? En el lejano oeste de Nueva Guinea, los habitantes locales hablan de un animal parecido al tilacino al que llaman *dobsegna*, que se vio por última vez en fechas tan recientes como 1997. Y desde Australia llegan fotos con grano y vídeos borrosos. Un trozo de película, rodada desde un coche en 1973, muestra a un animal del tamaño de un perro, parece que con rayas, saliendo de unos árboles y cruzando una carretera. Su andar es medio perruno, medio de canguro, y su cola se mantiene rígida. Pero en un visto y no visto, el animal ya no está.

Sin embargo, el problema es que la «evidencia», si es que se puede llamar así, es o equívoca o realmente indemostrable. Algunas fotos y películas han resultado ser falsas, y otras, demasiado borrosas como para identificarlo al cien por cien. Las historias son esas, y los testimonios oculares llegan sin pruebas contundentes. Las muestras de supuestos pelos y excrementos de tilacino han resultado ser todas de otros animales autóctonos. Un estudio de Ralph Molnar, del Museo de Queensland, encontró que los patrones de avistamiento del tilacino no se correspondían con los de otros animales salvajes de Australia, como sería lo esperado, ¡pero tampoco lo hacen los avistamientos de OVNIS! Al igual que los platillos volantes, los avistamientos de tilacino los suelen hacer personas que en ese momento están solas, duran solo unos minutos y suceden de madrugada, a menudo después que haya cerrado el bar. En esta época en la que tenemos los móviles con cámara pegados a la mano, todavía no hay nadie que haya sido capaz de hacer una foto lo suficientemente buena como para convencer a los incrédulos. En ausencia de un cuerpo o de una prueba de ADN, el tilacino, por lo menos para mí, sigue estando triste y definitivamente muerto. ¿Por qué soñar con algo cuando se puede hacer algo práctico?

EN CONSERVA

Australiano de nacimiento, Michael Archer creció en los montes Apalaches, en el este de Estados Unidos. De niño, estaba más interesado en la fauna local que en sus compañeros de clase. «Era un poco sociópata», dice. «No disfrutaba mucho de la compañía de la gente; las serpientes y las tortugas me resultaban mucho más razonables.» Después descubrió fósiles en las piedras y rocas de alrededor de su casa, y así nació un interés de por vida por la existencia de los animales extintos hace mucho tiempo. Un día, en un viaje a Nueva York, arrastró dos maletas llenas de fósiles hasta la entrada del Museo Americano de Historia Natural y le pidió a alguien que echara un vistazo. El antiguo conservador de los invertebrados, Norman D. Newell, le complació generosamente e identificó a sus ejemplares por él. Este acto de amabilidad inspiró a Archer a convertir la ciencia en su carrera. Estudió Geología y Biología en Princeton y después, durante su estancia en el Museo de Australia Occidental de Perth gracias a una beca Fulbright, se mostró intrigado por la colección de animales australianos conservados en tarros. Se dio cuenta de que muchos ejemplares no habían sido nunca identificados adecuadamente. «Eran desconocidos para la ciencia», dice. Esto le hizo a Archer caer en la cuenta de lo poco que se sabía sobre esta parcela de la biodiversidad australiana. Para su doctorado en la Universidad de Australia Occidental, estudió a los marsupiales carnívoros, incluyendo al tilacino, y siguió, a lo largo de toda su carrera, catalogando muchos de los fascinantes descubrimientos de Riversleigh. Pero fue una visita que hizo al Museo Australiano de Sídney en 1976 lo que cambió todo.

«Mirándome desde un estante lleno de cráneos y tejido esquelético estaba la cría de un tilacino dentro de un tarro de cristal en formol», dice. La cría había sido adquirida hacía unos cien años por el conservador de museos y coleccionista George Masters. Como una especie de «Cocodrilo Dundee» victoriano, Masters viajó por toda Australia y Tasmania, luchando contra serpientes venenosas y disparando a toda fauna que se moviese para llevarla a las colecciones del Museo Australiano. Llegó un momento en el que había conseguido más de la mitad de las piezas de historia natural expuestas del museo, y el tilacino estaba entre ellas. La exposición a la luz y el alcohol en el que había sido conservado había blanqueado la mayoría del color del diminuto cuerpo del tilacino, así que era blanco como el papel. Solo se podía ver un rastro mínimo de sus típicas rayas en la espalda. Estaba curvado hacia arriba con la cola metida por debajo del trasero, y sus patas delanteras dobladas como si estuviese rezando. Pliegues arrugados de piel le colgaban sueltos de su barriga gordinflona y los ojos los tenía bien cerrados. Archer estaba hipnotizado.

Los años siguientes iría a ver al cachorro varias veces más. Por su línea de investigación, Archer era más consciente que otros del enorme papel que había jugado el ser humano en la extinción del tilacino. «Nosotros los matamos», me cuenta. «Los masacramos. En mi opinión, dado que está claro que fuimos nosotros quienes exterminamos esta especie, no solo tenemos la obligación moral de ver qué podemos hacer al respecto, sino que tenemos el imperativo moral de intentar hacer algo si podemos». El cachorro de tilacino fantasma le embrujó. Entonces, durante una visita en 1990, se le pasó un pensamiento por la cabeza. Archer sabía lo suficiente sobre conservación como para darse cuenta de que el alcohol no solo conserva las células, sino también el ADN de su interior. Si el cachorro había sido puesto en conserva justo después de su muerte, quizá su ADN todavía estaba en buen estado y se podía usar para clonarlo. A lo mejor la humanidad podía deshacer algunos de los errores que había cometido y desextinguir al tilacino.

Fue una idea atrevida. En 1990 afirmar que se había extraído el ADN de muestras antiguas de tejido solía ser recibido con bastante escepticismo y los mamíferos no se habían clonado todavía. Archer preguntó a sus amigos genetistas qué opinaban. «Se desternillaron de la risa», dice Archer. «Mis colegas pensaron que la idea era totalmente absurda.» Pero no se vino abajo. Decidió que, si alguna vez tenía una oportunidad, lo intentaría.

La oportunidad llegó aproximadamente una década más tarde, cuando Archer fue nombrado director del Museo Australiano, hogar del tilacino en conserva. Ordenó que al cachorro en conserva se le sacara de su baño de etanol y se le extrajera un trozo diminuto de tejido. Los genetistas Don Colgan y Karen Firestone le hicieron unos análisis a continuación para ver si el tejido aún contenía ADN. Para su regocijo, vieron que sí.

La idea era crear una «biblioteca viviente» de ADN de tilacino, en la que se guardaría el material genético recuperado, dentro de bacterias vivas que se pudieran guardar en el laboratorio. De aquí, Archer esperaba acumular material para poder clonar. El genoma del tilacino se reconstruiría dentro de una célula perteneciente al pariente vivo más cercano al animal: el demonio de Tasmania *(Sarcophilus harrisii)*. Si se podía generar un embrión clonado, se criaría usando las habilidades subrogativas de esa misma especie. Más allá, Archer imaginó un escenario en el que los tilacinos clonados se criarían en cautividad, permitiéndoles procrear de manera natural, y luego serían devueltos a su hábitat natural en libertad. «Hay muchos lugares de Tasmania donde aún podrían vivir», dijo. Durante una visita, Archer fue a los bosques de hayas de la parte sur de la isla, donde un habitante local, Peter Carter, que recordaba a los animales de su infancia, le dio una vuelta a Archer por la zona. Carter le contó cómo los tilacinos solían dar vueltas alrededor de su antigua choza de caza por la noche, y cómo, cuando era niño, le dejaron tener uno con correa. En aquel entonces, a pesar de todos los falsos rumores sobre el asesinato de ovejas y el rapto de niños, parece ser que los tilacinos hacían las veces de mascotas. Algunos especímenes del museo tienen anillos de menos pelo alrededor del cuello como muestra de que llevaban correa. Y los registros históricos muestran cómo, en 1831, la primera tienda tasmana de la historia, unos establos de caballos de alquiler en Hobart, tenía un tilacino vivo a la venta como mascota. Archer no ve razón alguna por la que los tilacinos desextinguidos no pudieran ser también hoy mascotas. «Estamos en un momento en el que la fauna salvaje cada vez tiene más dificultades para mantenerse a salvo en libertad», dice. «Necesitamos estrategias adicionales para ayudar a proteger lo que tenemos.» Es una idea controvertida. A mucha gente no le haría ninguna gracia la idea de desextinguir a un animal salvaje solo por tenerlo como perrito faldero, pero la idea de Archer sería tener tilacinos como mascotas y en cautividad, y poblaciones en libertad. Para él, es algo de lo más natural. A lo largo de los años, ha tenido todo tipo de fauna salvaje australiana como mascota en su casa, incluyendo ualabís, cuoles, pósums y murciélagos de la fruta. «Los marsupiales —dice apasionadamente— son mascotas estupendas.» Pero el objetivo no sería hacer compañía. Sería dar a conocer al tilacino, hacer que la gente se preocupara más por la vida salvaje y su grado de desaparición. «Ningún animal al que hayamos tenido en nuestros brazos se ha extinguido», dice. Pero cada cosa a su tiempo...

Poco después de que su equipo extrajera fragmentos de ADN del cachorro de tilacino, Archer dio una rueda de prensa en la que le dijo a los medios de comunicación del mundo: «Señoras y señores, estamos aquí para anunciar lo que probablemente es el equivalente biológico de la llegada del hombre a la Luna». Fue una declaración atrevida, de esas que acaparan las primeras planas, y de la que yo pienso que, a posteriori, Archer se va a tener que retractar. Desde aquel momento, los medios de comunicación han estado fascinados. Los periodistas le pedían a Archer y a su equipo noticias constantes, y Discovery Channel filmó cada uno de sus movimientos. Esto creó mucha presión, pero los medios no captaron las sutilezas de lo que estaba pasando. El equipo que había aislado trocitos fragmentados de cadenas de ADN ahora se veía capaz de recuperar genes enteros, no solo del cachorro en conserva, sino de otros especímenes disecados o conservados. Fue un paso significativo, pero los medios solo vieron la gran ausencia de un tilacino vivito y coleando. «Ese fue el mayor problema del proyecto del tilacino —dice Archer—. Desde el día uno, se hizo bajo los focos de los medios de comunicación.» Entonces, en 2003 Archer dejó el Museo Australiano para convertirse en decano de Ciencias de la Universidad de Nueva Gales del Sur, donde todavía ejerce hoy en día. En el Museo Australiano, el proyecto del tilacino se quedó a medio camino. «Jamás imaginé que el proyecto del tilacino no continuara sin mí —dice Archer—. Fue una gran decepción.»

Desde entonces, nadie ha retomado el proyecto donde Archer lo dejó. A día de hoy, no hay ningún plan coherente destinado a conseguir la desextinción del tilacino. Pero se siguen realizando investigaciones importantes. Se ha publicado el genoma mitocondrial del tilacino, y hay evidencias que sugieren que las secuencias de ADN de los especímenes conservados podrían de hecho funcionar todavía. En 2008 Andrew Pask, de la Universidad de Melbourne, y sus colegas extrajeron un diminuto fragmento de ADN de algunos tilacinos que estaban en conserva desde hacía al menos un siglo. El fragmento no era un gen, sino un trozo de ADN que activa el gen que codifica el colágeno, la proteína estructural de los huesos y los cartílagos. Unieron el fragmento a otro gen que produce un pigmento azul e inyectaron el ADN híbrido a embriones de ratón en desarrollo. Catorce días después, cuando los ratones embrionarios se procesaron, eran de hecho muy azules, dando a entender que el ADN del tilacino había conseguido conmutar el gen de colágeno del roedor. Puede que Pask no haya resucitado al tilacino, pero sí le devolvió la vida a su ADN. Eso es un gran paso en la buena dirección. Por ahora, es lo más cerca que ha estado nadie de crear un tilacino vivo, pero

Archer no está desanimado. Porque tiene otro proyecto de desextinción en el horno.

TENGO UNA RANA ATRAVESADA EN LA GARGANTA[3]

El Proyecto Lazarus está intentando resucitar uno de los animales más raros del mundo. Es todo lo contrario al tilacino. Esta criatura no tiene pelaje, ni bolsa, no es grande o con rayas. No tenía los dientes afilados o una cola larga. Nunca inspiró miedo o leyendas. Lo cierto es que poca gente de fuera de su entorno natural ha oído nunca hablar de ella. Nunca molestó a las ovejas, a la gente o a nada en general, pero sí que pudo haberle hecho daño a una mosca. El animal era una rana humilde y viscosa que vivió, hasta hace muy poquito, en los riachuelos burbujeantes de Queensland, Australia. Pero era capaz de realizar el más increíble de los trucos. Atención... Redoble de tambores, por favor... Las ranas hembras eructaban ranitas completamente formadas. No me estoy quedando con nadie. Hablo en serio.

Pongámonos a pensar sobre lo raro que es esto. Las ranas hembras, como nos dicen en el colegio, dejan en una charca o una acequia sus huevos redonditos. Después de que el macho fertilice los huevos, se convierten en renacuajos, que luego se transforman en ranas. Es un proceso que se lleva a cabo en tarros de mermelada y cubos de todo el mundo, para asombro de niños alucinados. Así es como las ranas tienen a sus crías. Las mamás rana, tal y como el instinto nos dicta, no eructan ranitas. Eructar permite que salgan los gases, no ranas. Si no fuese así, escupiría cuatrillizos cada vez que me tomo un gin tonic. Menos mal que no es el caso, pero he aquí un animal que de algún modo expulsa ranitas completamente formadas por la boca. Da a luz eructando.

[3] Es la expresión inglesa para la española «tengo un nudo en la garganta». *[N. de la T.]*

Veamos, yo he parido por los métodos convencionales... varias veces. En una ocasión hasta tuve que sacar dos cosas enormes en el plazo de una hora. Pero no fue bonito para nada. En ese corto espacio de tiempo, experimenté un dolor que estaba más allá de la escala de Richter, me comunicaba solo en palabras de un máximo de cuatro letras y casi le doy un puñetazo a la matrona. Y así varias veces. Los bebés salieron divinamente, pero mi vestíbulo[4] se quedó hecho jirones y, si alguna vez llegué a tener dignidad, fue barrida por el tsunami que se generó cuando rompí aguas. Sin embargo, eructar un bebé me parece una idea excelente. ¿Quién no se ha dado el gustazo en algún momento de emitir un sonoro y atronador eructo? Honestidad, ante todo. ¡Qué libertad! ¡Qué liberación! La producción de un sonido tan distinto a la voz normal que tenemos no debería ser posible. Pero lo es. Una rana que eructa y da a luz al mismo tiempo no se queda corta en su jugada maestra evolutiva.

La rana de incubación gástrica del sur *(Rheobatrachus silus)* fue descubierta en 1973, el mismo año en el que el concierto de Elvis Presley «*Aloha* desde Hawái vía satélite» atrajo a más espectadores que el aterrizaje del *Apolo* en la Luna. Dio con ella por casualidad el biólogo David Liem durante una prospección de campo rutinaria en los arroyos rocosos del sureste de Queensland. En lo que a ranas se refiere, esta tampoco era nada del otro mundo. Nada que destacar. Grisácea. No especialmente grande. No especialmente pequeña. Pero Liem se dio cuenta de que era distinta al resto de ranas australianas. Tenía unos ojos grandes y saltones, un morro corto y despuntado y un cuerpo excesivamente viscoso que la convertía en un animal difícil de atrapar. A Liem le recordó más a una rana descubierta en África, la *Xenopus laevis*, que a cualquier anfibio autóctono. Pero ahí estaba, escondida entre las piedras de un torrente australiano. Sin conocer el talento oculto de la rana, los compañeros de Liem, los biólogos Chris Corpen y Greg Ro-

[4] Véase el capítulo 3 para la explicación del término.

berts, capturaron algunos ejemplares del animal y, como se hacía tarde, decidieron llevárselos a casa para que pasaran allí la noche. Ya los llevarían al laboratorio más tarde.

Como invitadas, menuda impresión causaron. Los anfibios estaban en una pecera del salón cuando uno de los habitantes de la casa se percató de que la rana grande parecía estar comiéndose una más pequeña. Pero, cuando los investigadores miraron más a fondo, se dieron cuenta de que el pequeño anfibio estaba saliendo, no entrando, de la boca de la rana más grande. Todo fue muy raro. Los científicos se quedaron impresionados, pero no atónitos del todo. Después de todo, las ranas macho de Darwin *(Rhinoderma darwinii)* son conocidas por criar y transportar a sus renacuajos en unos sacos bucales agrandados. A lo mejor, pensaron los investigadores, esta era una rana macho que estaba haciendo algo parecido.

Entonces volvió a ocurrir. Se habían llevado las ranas al laboratorio y a una de ellas se la pasó a una pecera aparte. Pero, cuando el investigador sumergió la mano en el agua, la rana se deslizó entre sus dedos, salió a la superficie y, para sorpresa de todos, eructó no una, sino seis ranitas. Durante las siguientes semanas aparecieron tres ranitas más, así que los investigadores decidieron examinar más de cerca a la rana madre. Pero, cuando intentaron pillarla, la rana levantó la cabeza y eructó octillizos. Luego, sin avisar ni con tiempo para llamar a la matrona, llegaron otras cinco ranitas. Cuando el director del equipo, Mike Tyler, de la Universidad de Adelaida, y sus colegas pudieron por fin diseccionar la rana, descubrieron que el animal que habían supuesto que era macho era de hecho una hembra. La madre no había eructado su descendencia de un saco bucal, sino que la había incubado dentro de su enorme y elástico estómago.

La rana de incubación gástrica era bastante única. Ahora sabemos que esta rana hembra deja sus huevos y, una vez que están fertilizados, se los traga. Los huevos caen hasta el estómago, donde se convierten en renacuajos, y allí pasan las siguientes seis semanas, hasta que se transforman en ranas. Una madre embarazada puede albergar, asombrosamente, hasta 20 ranitas dentro de su cuerpo, que es como una máquina del tiempo, y lo que hace es toda una proeza, teniendo en cuenta que solo mide siete centímetros de largo, y cada una de las ranitas totalmente formadas, un centímetro. Según van creciendo los bebés, su estómago se estira tanto como el papel *film* de un sándwich, ocupando toda su cavidad corporal y haciendo que sus pulmones estén tan aplastados que tenga que respirar a través de la piel. Con su flotabilidad y centro de gravedad alterados, la inflada hembra tiene que sumergirse en el agua de manera vertical, con la cabeza hacia afuera. Entonces, cuando está lista, solo tiene que eructar los bebés, uno o más a la vez, como y cuando están preparados. Después de eso, su estómago vuelve a su tamaño normal como si nunca hubiese pasado nada fuera de lo común.

Mike Tyler y sus compañeros describieron esta «forma de cuidado materno única» en la revista *Science* en 1974, pero no tuvo la algarabía esperada. En vez de ser recibido con sorpresa y entusiasmo, el artículo fue visto con escepticismo e incredulidad. La incubación gástrica, al parecer, era una idea imposible y disparatada. Un estómago no se podía convertir en útero al igual que un útero no se podía convertir en estómago. Los críticos afirmaron que Tyler lo había hecho todo mal.

Así que Tyler se puso a estudiar y fotografiar la rana hasta que tuvo la suficiente cantidad de datos para redactar un segundo artículo de investigación, más detallado, que describía tanto el animal como su comportamiento. Esta vez adjuntó la evidencia fotográfica. La imagen más icónica es la de una hembra cómodamente sujeta entre los dedos pulgar e índice del científico, con su boca abierta de par en par y con una minirrana saliendo de ella. Se parecía a la matrioska[5] más horrorosa que nadie podía haber visto jamás, pero era irrefutable. Cuando Tyler publicó el segundo artículo en 1981, la respuesta fue completamente distinta. La rana de incubación gástrica

[5] Las famosas muñecas rusas. *[N. de la T.]*

«eruptabebés» apareció en todos los periódicos, revistas y publicaciones de todo el mundo. Varios grupos empezaron a estudiar la rana.

Pero justo cuando el interés por la rana de incubación gástrica estaba aumentando, el número de especímenes en libertad comenzó a disminuir drásticamente. Tyler y su equipo visitaron los riachuelos del sureste de Queensland todos los meses entre 1976 y 1980, pero la ranita cada vez era más difícil de encontrar. La última rana de incubación gástrica en libertad se vio en 1981, y aunque la gente siguió buscándola, no se ha vuelto a ver desde entonces. Después de aquello, las dos últimas ranas adultas que Tyler había mantenido en su laboratorio murieron en 1983, y la especie se convirtió oficialmente en extinta. Solo a los diez años de haber sido descubierta, la rana de incubación gástrica del sur ya no existía. Menuda pérdida.

Entonces, en la Nochevieja de 1984, ¡llegaron buenas noticias! Un hombre que luego sería conocido como el «hombre que susurraba a las ranas», por su habilidad para encontrar y atrapar ranas en libertad, se estaba bañando en una cascada, en lo alto de las montañas del Parque Nacional Eungella, Queensland. Era el biólogo Michael Mahony, por aquella época en la Universidad de Macquarie de Sídney, y se estaba tomando un merecido descanso después de un día caluroso y húmedo que había pasado recogiendo ranas para su proyecto de tesis doctoral. De repente, uno de sus colegas divisó una rana marrón anaranjado desaparecer debajo de una piedra. Gracias a su conocimiento de la fauna local, Mahony sabía que esto no era habitual —el único anfibio marrón anaranjado de los alrededores era el sapo de caña, pero no se encontraba en los arroyos de montaña—. Tanteó por las piedras y la rodeó con las manos, pero la criatura era extremadamente viscosa, una característica típica de la resbaladiza rana de incubación gástrica. «Así que supe lo que era antes de verla», dice. Mahony había descubierto una segunda especie de rana de incubación gástrica, la variedad del norte *(Rheobatrachus vitellinus)*.

Estas ranas no son difíciles de encontrar. Mahony y sus colegas pudieron recoger docenas de ellas en una sola noche. Había muchas esperanzas de que se pudiese estudiar el animal y de que se desvelaran los secretos de su incubación gástrica. «Encontrar la nueva especie de rana de incubación gástrica fue como una segunda oportunidad —dice Mahony—, pero fue agridulce.» Casi al mismo tiempo en que fue descubierta, la rana de incubación gástrica del norte también desapareció. Los científicos de Queensland, encargados de monitorizar la especie, vieron cómo se desmoronaba la población local. «No hubo ningún esfuerzo proactivo por salvar la rana —dice Mahony— así que lo que hicieron los científicos fue monitorizar estupendamente su extinción.» Menos de un año después de que Mahony identificara el primer espécimen resbaladizo, la rana de incubación gástrica del norte desapareció de los arroyos de Eungella. También se extinguió.

Lo cierto de todo esto es que los humanos hemos hecho sin querer un «ranicidio» masivo por todo el mundo, por culpa de un hongo asqueroso que infecta y mata a las ranas y a otros anfibios. Diseminado por todo el mundo debido al comercio de anfibios destinado a fines alimentarios y de crianza, el hongo quítrido *(Batrachochytrium dendrobatidis)* está ahora en todos los continentes en los que hay anfibios (eso significa que está en todas partes menos en la Antártida). Entra en el cuerpo del animal a través de la piel, altera su equilibrio de fluidos y lo mata causándole un fallo cardíaco. El quítrido ha causado la mortalidad masiva, la disminución de poblaciones y la extinción en múltiples continentes, y en términos de destrucción de la biodiversidad ha sido la enfermedad más significativa de los vertebrados de la historia conocida. En los últimos 30 años ha provocado el descenso catastrófico o extinción de al menos 200 especies de ranas. Aunque el hongo no se identificó hasta 1999, los análisis de especímenes conservados en museos sugieren que los anfibios que vivían en el hábitat de la rana de incubación gástrica —la cordillera del sureste de Queensland— ya estaban infectados en 1978. La última rana de incubación gástrica del sur fue vista solo tres años después. «Creemos que las ranas de incubación gástrica son especialmente susceptibles al quítrido», dice Mahony. De nuevo, parece que los humanos son los responsables de la desaparición de otra especie más.

Pero Michael Archer espera cambiar todo eso. Bajo los auspicios del Proyecto Lazarus, ha reunido a un equipo de expertos formidable, incluyendo a Michael Mahony y Mike Tyler, para la desextinción de la rana de incubación gástrica. Como con el proyecto del tilacino, Archer ve el Proyecto Lazarus como la oportunidad que tendría la humanidad para expiar sus crímenes contra la biodiversidad, pero también para algo más que eso. Como el tilacino, la rana de incubación gástrica representa algo único en términos evolutivos. Habría que discutir sobre el asunto de resucitarla solo porque sea tan distinta. Es física y genéticamente diferente. La capacidad de la hembra para convertir su estómago en un útero provisional la aleja de cualquier cosa viva que exista hoy en día en el planeta. Si pudiésemos desextinguir a la rana de incubación gástrica, entonces tendríamos la oportunidad de entender cómo suceden estos cambios, de explicar cómo evitan las hembras digerir los huevos que se tragan. Los estudios preliminares de cuando las ranas todavía estaban vivas sugieren que las cubiertas gelatinosas de los huevos contenían una sustancia, la prostaglandina E2, que mitigaba la producción de ácido del estómago, y que, cuando los renacuajos se transformaban, producían la misma sustancia tipo hormona. Archer argumenta que, si desextinguimos a la rana de incubación gástrica y descubrimos cómo dispone sus secreciones de ácido gástrico, podríamos llegar a desarrollar nuevas terapias para las úlceras de estómago o para aquellas personas que se estén recuperando de cirugías estomacales. Pero Archer primero tiene que clonarla.

LOS INICIOS

Afortunadamente para el Proyecto Lazarus, ya se han clonado otro tipo de ranas. En los años 50, la gente no estaba interesada en la clonación por sí misma, sino en una pregunta que había estado dando la lata a los biólogos celulares durante más de medio siglo: ¿qué le pasa al genoma de un huevo fertilizado cuando empieza a desarrollarse y finalmente se transforma en un animal adulto? Al principio de la vida embrionaria, las células de dentro de un embrión son totipotentes. Esto quiere decir que se pueden convertir en cualquiera de los muchos cientos de tipos de células diferentes que se encuentran en un animal adulto: células del corazón, de los músculos o células nerviosas, por poner un ejemplo. Pero según se va desarrollando el embrión, desde una masa aparentemente sosa de células hasta algo más reconocible, con miembros, órganos, tejidos y demás, las células empiezan a perder su totipotencia. Empiezan a ser menos capaces de generar distintos tipos de células. De modo que la pregunta que se seguían haciendo los biólogos celulares por las noches era: según va madurando un embrión, ¿sus genes siguen siendo los mismos, pero de alguna forma se conectan o desconectan de manera distinta, o por algún motivo se pierden las partes del genoma que ya no se necesitan? Los experimentos de transferencia nuclear tenían la respuesta. Si se pudiese transferir el núcleo de una célula adulta que contiene el ADN a un huevo al que se le ha quitado su propio material genético, ¿qué pasaría? Si el desarrollo era normal, entonces los genes requeridos debían de haberse reactivado. Pero, si el huevo clonado fallaba al dividirse, a lo mejor el ADN que se necesitaba para que se desarrollase se había perdido, por algún motivo, para siempre...

Los científicos habían estado intentando y fracasando a la hora de obtener un núcleo de una célula e insertarlo en otra, separando físicamente la célula, puesto que las células se rompían con tanta facilidad que la mayoría de la gente pensaba que la tarea era simplemente imposible. Así que, cuando un hombre, Robert Briggs, pidió financiación al Instituto Nacional del Cáncer (NCI, por sus siglas en inglés) para sus experimentos de transferencia nuclear, su «plan descabellado» se desestimó rotundamente. Pero Briggs, músico de banjo y antiguo trabajador de una fábrica de zapatos, no se rindió. El NCI cedió y Briggs consiguió la ayuda de un brillante investigador llamado Thomas King. Para su investigación, decidieron centrarse en una belleza de rana llamada *Rana pipiens*, la rana leopardo. Con su cuerpo verde y sus marcadas manchas negras, parecía que acabara de salir brincando de un libro para colorear. Briggs y King tomaron una única célula de una rana embrionaria, le extrajeron el núcleo con una pipeta de cristal pequeña y luego se lo insertaron a un huevo al que ya le habían extraído su propio núcleo. El trabajo era lento y frustrante, y los dos se pasaron dos años perfeccionando sus métodos y acumulando datos. Pero lo que descubrieron fue que el 40 por 100 de los huevos a los que se les había dado ADN se transformaron en embriones y después en renacuajos. Fue el primer experimento de transferencia nuclear real, y un logro técnico enorme. Publicaron sus investigaciones en 1952 y obtuvieron una gran aclamación científica. Pero, si bien de alguna manera habían encontrado respuesta a la pregunta en la que estaban interesados, no lo consiguieron del todo. Briggs y King habían demostrado que el ADN de los huevos embrionarios de rana podía orientar el desarrollo, pero ¿qué pasaba con el ADN de células más viejas y especializadas? Haría falta un hombre, que después pasó a ser conocido como el «padrino de la clonación», para averiguarlo.

En el colegio, al británico de nacimiento John Gurdon le aconsejaron que no se convirtiera en científico. En su informe de fin de curso, su profesor escribió:

> Creo que Gurdon pretende ser científico. Teniendo en cuenta la situación actual, esto es una ridiculez. Si no es capaz siquiera de aprender hechos biológicos sencillos, no tendrá ninguna oportunidad de hacer el trabajo de un especialista, y sería una pérdida de tiempo absoluta tanto para él como para aquellos que le tuvieran que enseñar.

Gurdon recuerda estas palabras, escritas hace más de 60 años, como si las hubiese oído ayer. Hasta conserva el viejo informe con una chincheta encima de la mesa de su oficina porque le divierte.

Y tiene todo el derecho del mundo para morirse de la risa. Ha conseguido hacer lo que todos los estudiantes desean: demostrar que sus profesores están totalmente equivocados.

Para sus experimentos, Gurdon eligió una rana distinta para estudiar. Si la *Rana pipiens* es una rana supermodelo, entonces la rana de Gurdon, la rana de uñas africana *(Xenopus laevis)* tendría bastantes problemas para que le hicieran aunque fuera una foto en un catálogo de calceta. Hay que imaginarse una bola de plastilina marrón oscuro que ha sido lanzada contra la pared, a la que luego se le han añadido ancas de rana. Esa es la *Xenopus laevis*. De todas las ranas, esta es la que más merecería ser besada por una princesa. Pero, como todos sabemos, la belleza no está en el exterior, sino que lo importante es lo que hacemos con nuestra vida, y se podría decir que esta rana formó parte de una de las investigaciones biológicas más importantes de todos los tiempos. Gurdon decidió aislar los núcleos, no de las ranas embrionarias, como habían hecho Briggs y King, sino de los renacuajos, concretamente de las células que recubren los intestinos del renacuajo. El motivo era que estas células «epiteliales intestinales» carecían de totipotencia. Estas células no podían generar otro tipo de células o cambiar su propia identidad. Cuando se es una célula epitelial intestinal, siempre se es una célula epitelial intestinal. Los investigadores hablan sobre las células como si estas estuviesen «comprometidas», una analogía interesante que, de alguna manera, hace que la célula tome un voto de «epitelialidad intestinal». Nunca más codiciarán otras células. Si el núcleo de una célula comprometida podía orientar el desarrollo después de meterse en un huevo enucleado,[6] significaba que los genes para orientar el desarrollo aún estaban ahí. Gurdon transfirió el núcleo del renacuajo a huevos enucleados de rana y consiguió producir no solo uno, sino diez renacuajos clonados. Demostró que el material genético de células maduras y comprometidas todavía contiene toda la infor-

[6] Al que se le ha extraído su núcleo.

mación necesaria para crear un organismo entero. Fue un salto conceptual hacia adelante, que ha estimulado los campos de la biología de células madre y la medicina regenerativa desde entonces. Abrió el camino para que se pudiesen clonar los mamíferos, para Dolly y la incursión de la desextinción. Pero también preparó el terreno para la clonación terapéutica. Gurdon se dio cuenta de que, si podía extraer el ADN de alguien enfermo de, por ejemplo, alzhéimer, y reprogramarlo a un estado embrionario a través de la transferencia nuclear, se podría usar el embrión resultante para cosechar células de «repuesto», que se podrían emplear para tratar la enfermedad. Las mismas células también se podrían usar en cultivo para probar nuevos medicamentos, acelerando el proceso del desarrollo de fármacos. En 2012 Gurdon ganó el Premio Nobel de Medicina por su investigación en reprogramación celular, y sigue siendo una inspiración para cualquiera que, como yo, haya padecido bajas y rotundas expectativas por parte de los profesores e informes escolares permanentemente mediocres. No hace falta ser el primero de la clase para que te vaya bien en la vida.

Pero ¿y la rana de incubación gástrica? ¿El trabajo de John Gurdon sirve para acercar a la realidad un poco más el sueño de resucitar a la extraña «eruptadora» de bebés? Todo el que piense que, gracias al trascendental trabajo de clonación de ranas de Gurdon, clonar ranas es fácil, está perdonado. Si podían hacerlo en los años 50, seguramente sería pan comido unas décadas después...

CASI RENACUAJOS

El primer paso para Michael Archer y el Proyecto Lazarus era encontrar una fuente de ADN de ranas de incubación gástrica. Así que Archer llamó a su amigo Michael Tyler, que había tenido a los anfibios en su laboratorio en los 70, para preguntarle si había conservado alguna rana después de que muriera. Para su regocijo, supo que sí. Décadas antes, Tyler había tenido la visión de pensar que, algún día, el material de la rana de incubación gástrica podría ser de interés para otros. Los restos de un par de docenas de especímenes estaban almacenados, casi olvidados, en el fondo del congelador de su laboratorio. Había ranas enteras, trozos de ranas, adultas y jóvenes: un verdadero tesoro oculto de células, y con suerte ADN, para los experimentos de clonación de Archer.

Sin embargo, las partes del cuerpo ahora tenían más de 30 años y habían sido congeladas sin crioconservantes. Así, pues, cuando los científicos descongelaron un poco de tejido e intentaron que crecieran células en él, las células se obstinaron en no salir. Se limitaban a deambular por la placa de Petri, flotando, muertas. Cuando los biólogos habían clonado ranas en los 50, su material de inicio estaba en buenas condiciones. Sin embargo, el tejido de la rana de incubación gástrica parecía de tan mala calidad que todo el equipo del Proyecto Lazarus suponía que sus experimentos de clonación fallarían. Y donde Briggs y King, y después Gurdon, habían usado el ADN de ranas embrionarias y de renacuajos, respectivamente, el equipo de Archer se tenía que conformar con usar ADN de especímenes mucho más antiguos. Sus células eran más maduras, más especializadas, y probablemente menos susceptibles de ver «reseteado» su reloj biológico con el fin de impulsar el desarrollo embrionario. «Es relativamente sencillo obtener animales clonados a partir de los núcleos de células embrionarias —dice Gurdon—. Lo que es mucho más difícil es obtener animales adultos normales de los núcleos de células especializadas.»

Esta era la idea. Recurriendo a la experiencia de Gurdon, Briggs y King y muchos otros, el equipo del Lazarus planeaba extraer el núcleo de una de sus células aparentemente inservibles e inyectarlo en un huevo de rana viva al que se le hubiese quitado o inactivado el núcleo. Pero, como no había huevos de ranas de incubación gástrica en el congelador, el equipo tendría que usar los huevos de una especie viva y similar para sus experimentos. Esto era otro inconveniente que solo alejaba las posibilidades de éxito. «Nadie ha clonado jamás una rana usando el núcleo de una especie en el huevo enucleado de otra», dice Gurdon. Siguiendo el consejo de Michael Mahony, decidieron quedarse con la rana Gran Barrada *(Mixophyes fasciolatus)*, una rana bastante común con un huevo grande y rico en yema, que se puede recoger de su hábitat salvaje mientras uno conduce por las pluviselvas de Nueva Gales del Sur por la noche (donde está radicado Mahony y donde se iban a llevar a cabo los experimentos de clonación), intentando no atropellarlas cuando atraviesan saltando la carretera.

Con las ranas y sus huevos recogidos cuidadosamente, dieron marcha a sus experimentos. Con sumo cuidado, transfirieron cientos de núcleos a cientos de huevos receptores y esperaron. Los recién fertilizados huevos de rana «normales» tardaron un par de horas en empezar a dividirse, de modo que, si los huevos clonados iban a hacer lo mismo, el equipo pensó que probablemente tardarían el mismo tiempo. Pero el reloj seguía haciendo tic tac, las horas pasaban y los huevos reconstituidos, desgraciadamente, no hacían nada.

Pero entonces, de forma inesperada, uno de los huevos reconfigurados sí que empezó a dividirse. La célula sencilla se dividió en dos células, que a su vez se dividió en cuatro células y la mitosis siguió. El equipo del laboratorio chocó los cinco. El entorno de cría de la rana Gran Barrada había reactivado de alguna manera el núcleo muerto, y un diminuto embrión de rana de incubación gástrica se estaba formando justo delante de sus ojos. «Cuando vimos la primera división, luego la segunda y la tercera, sabíamos que teníamos algo», dice Mahony. El núcleo de la Lazarus había vuelto a la vida. Pero si bien, según la Biblia, el rey Lázaro de Betania supuestamente había estado muerto cuatro días antes de que viniese un famoso tipo con barbas[7] y le resucitara, el ADN de la rana de incubación gástrica muerta había sobrevivido por algún

[7] No el biólogo de Harvard, George Church; el otro.

medio 30 años en un arcón congelador de Australia. No era nada milagroso. El equipo había logrado con éxito la desextinción de la rana de incubación gástrica del sur.

Mientras, en la placa de Petri, las valerosas células seguían dividiéndose hasta que formaron una pelota diminuta y sin rasgos de unos cientos de células. Puede que no suene a mucho, pero de esos orígenes tan humildes surge cualquier vida multicelular. Sin embargo, entonces, justo cuando acababa de empezar, la división de células se detuvo. El embrión nunca se convirtió en renacuajo, y mucho menos en una rana. La rana de incubación gástrica se había largado una vez más.

Los análisis genéticos confirmaron que el embrión temprano había tenido de hecho ADN de rana de incubación gástrica, y que el ADN se había replicado según se iban dividiendo las células. Fue un clon auténtico, pero un clon que desafortunadamente nunca pasó de los primeros días de vida. Aun así, Archer anunció los progresos del equipo en el evento sobre desextinción de TEDx en 2013, que concluyó con una sentida ronda de aplausos y un frenesí de información en prensa. Más tarde, ese mismo año, el equipo consiguió hacerse un hueco entre los mejores 25 inventos y descubrimientos de 2013 de la revista *Time*, junto a un páncreas artificial, un nuevo reloj nuclear y el «crónut», ese reposteril hijo bastardo del cruasán y el dónut.

La rana Lazarus no había conseguido superar un hito importante del desarrollo embrionario conocido como gastrulación. La gastrulación, un período crucial en los inicios de la vida, ocurre cuando la macilenta bola de células embrionarias tempranas empieza a doblarse sobre sí misma para formar una estructura a capas llamada gástrula. Estas capas luego generarán varios tipos definidos de tejidos, como los vasos sanguíneos, los huesos, la piel y el cerebro. Los órganos y las partes del cuerpo no se pueden desarrollar hasta que no sucede la gastrulación, y el proceso entero está presidido por un complicado frenesí de actividad genética y molecular. Por alguna razón aún desconocida, los embriones Lazarus dejaron de dividirse justo cuando estaban a punto de la gastrulación.

Pero el equipo se mantuvo imperturbable. Con cada intento de clonación, llevaban a cabo una serie detallada de experimentos de control. En uno, mantuvieron todo igual, pero en vez de transferir un núcleo de rana de incubación gástrica a un huevo enucleado, inyectaron un núcleo tomado de una rana Gran Barrada. El huevo modificado estuvo dividiéndose varios días, al igual que habían hecho los embriones clonados de rana gástrica, y luego se detuvo exactamente en el mismo momento, justo antes de la gastrulación. Suena mal, solo que no es malo en absoluto. Como los embriones de núcleos donantes tanto vivos como muertos fallaban en el mismo punto, el experimento de control sugiere que probablemente el problema no son los núcleos de ranas de incubación gástrica muertas. Lo más probable es que sea el proceso de clonación en sí. De modo que, si el proceso de clonación se puede mejorar, a lo mejor los embriones Lazarus pueden gestarse más allá de la gastrulación, convertirse en renacuajos y finalmente en ranas.

Los científicos del Lazarus creen que el ADN de la rana de incubación gástrica todavía contiene la información necesaria para hacer una ranita: se trata solo de conseguir que el huevo reactive estas señales genéticas. «Creo que el muro a salvar es el huevo», dice Mahony. Al igual que el óvulo y el esperma son vitales en la fertilización normal, el huevo también tiene un papel vital cuando se crea la vida por clonación. Su citoplasma (básicamente todo lo que hay dentro del huevo menos el núcleo) contiene un cóctel de moléculas aún sin caracterizar que pueden reconfigurarse físicamente y alterar la actividad del ADN. Estas moléculas pueden reorganizarse, reformularse y reactivar el ADN, conectando de alguna manera las señales que guían el desarrollo embrionario. Pero, si el huevo se daña, las señales pueden fallar. Puede que el desarrollo embrionario no suceda en absoluto o, si lo hace, que no dure mucho. Aunque los huevos de la rana Gran Barrada «parezcan» buenos, quizá sean la razón de que los embriones Lazarus todavía no se hayan convertido en nada que se parezca a un renacuajo. También es difícil quitar hasta el último resto de ADN nuclear de la rana Gran Barrada del huevo, algo que el equipo está luchando duramente por superar.

Están intentando darle la vuelta a las cosas usando solo los mejores huevos para sus experimentos de clonación. Y es este el momento, hablando con otro miembro del equipo, Andrew French, en el que me doy cuenta del nivel de detalle, dedicación y tenacidad que hay que tener para llevar al embrión Lazarus al siguiente nivel. Me explico: voy a dar una idea de lo duro que trabajan estos chicos. Conseguir los mejores huevos implica conseguir las mejores ranas, pero la rana Gran Barrada es una reproductora estacional que solo pone los meses del verano austral, entre septiembre y febrero. Es en estas cálidas y húmedas noches cuando un miembro del equipo se mete en un cuatro por cuatro y se recorre de arriba abajo los bosques de Nueva Gales del Sur recogiendo hembras, en cuanto estas salen de su lecho de hojas y cruzan la carretera para ir brincando hasta los riachuelos y reproducirse. Se precisan unas cuantas semanas de noches en vela para recolectar la escasa docena de hembras necesarias para una ronda de experimentos de clonación, y a las damas se las lleva entonces con chófer particular hasta el laboratorio, donde se las trata a cuerpo de rey. «Necesitamos que están en una forma excelente», dice French. Así que se les dan bocados de pollo y grillos de corral vivos para comer. Al igual que en la fecundación *in vitro* humana, las ranas reciben un tratamiento hormonal para estimular la ovulación. Pero no se pueden comprar hormonas de rana en cualquier tienda, así que el equipo tiene que «crear» y purificar él mismo las hormonas a partir de las glándulas pituitarias de los sapos de caña. Se les inyectan entonces las hormonas a las hembras, más o menos al mismo tiempo para que todas, al menos en teoría, ovulen sus 500 huevos o más el mismo día: el día asignado para los experimentos de clonación..., solo que nunca sale así. Por cada cinco hembras (aproximadamente) a las que se les han inyectado hormonas, solo una o dos ovulan cuando deben. French sabe cuándo sucede esto, porque las hembras que están ovulando contonean las patas traseras frenéticamente como si tuviesen contracciones. Los huevos tienen que usarse lo más frescos posible, por lo que, si la hembra no los pone enseguida, French les da un delicado masaje en el abdomen hasta que lo hacen. Pero los huevos recién puestos no están todavía listos para los experimentos de clonación. Si se le pregunta a cualquier niño de cinco años, dirá que los huevos de rana están dentro de una capa protectora gelatinosa. Esta masa gelatinosa es la enemiga de los clonadores de ranas. De hecho, no hay una sino varias capas de gelatina alrededor del huevo, y la textura es como la de la masilla de silicona que se emplea para sellar ventanas. Si se quita una capa, milagrosamente brota otra en su lugar. El esperma se las arregla de alguna manera para atravesar estas múltiples capas de membranas, pero las finísimas agujas de cristal de los clonadores no pueden. La aguja o rebota o se rompe. Son unos huesos viscosos y difíciles para trabajar con ellos. Es tremendamente frustrante, así que el equipo está afinando los métodos para quitar la gelatina a los huevos de rana. Es un procedimiento complejo que implica productos químicos, luz ultravioleta y retirar físicamente las membranas con fórceps diminutos. «Estamos teniendo que reinventar los protocolos de Gurdon de los años 50», dice French. Lo que se espera es que, recogiendo y tratando los huevos con cariño y cuidado extremo, prestando atención a cada uno de los elementos del protocolo que guía la transferencia nuclear, los huevos estén en la mejor forma posible, y que sean capaces de reactivar los núcleos muertos con ADN de las ranas de incubación gástrica. Y parece que todo este duro trabajo está dando sus frutos.

«Cada vez que volvemos a hacer los experimentos, obtenemos mejores resultados», dice French. Por cada cien experimentos aproximados de transferencia nuclear que se hacen —en los que el núcleo de una célula de rana de incubación gástrica muerta se inyecta en un huevo vivo, desgelatinado y enucleado de rana—, se crean alrededor de siete u ocho embriones Lazarus vivos. La mayoría falla antes de la gastrulación, pero de vez en cuando, una vez de cada mil, cuando hay luna nueva en el cielo y los planetas se alinean, el raro embrión clonado sigue dividiéndose. El equipo ha observado con gran ilusión cómo un pequeño número de embriones Lazarus clonados amorfos empiezan a desarrollar rasgos tipo renacuajo reconocibles, con forma de puente irregular, destinado a convertirse en la espina dorsal del animal. «Son casi renacuajos», dice French. Poco a poco, según van avanzando los protocolos del experimento hacia su mejor momento, las ranas embrionarias están empezando a vivir un poquitín más, a desarrollarse un poquito más y a convertirse en algo parecido a un renacuajo. Sin embargo, la frustración por ahora se debe a que los «casi renacuajos» se quedan ahí: en «casi». No se convierten en renacuajos, y mucho menos en ranitas o ranas. El desarrollo embrionario se detiene después de que se forme la espina dorsal básica, y todos los embriones mueren.

Pero yo no estoy en absoluto descorazonada. He hablado con estos científicos y sé que no se van a rendir fácilmente. Tienen optimismo, espíritu de equipo y una lista interminable de variables experimentales que seguirán retocando hasta que consigan que sus procedimientos funcionen. El siguiente paso es extraer un núcleo de un embrión de incubación gástrica clonado en estado embrionario (antes de que deje de dividirse) y usarlo para la clonación. «Pensamos que "reclonar" puede ser la mejor opción», dice French. Clonando un clon, esperan apresurar el consecuente desarrollo embrionario y que finalice, para así resucitar a la rana de incubación gástrica.

Cuando los científicos británicos Patrick Steptoe y Robert Edwards intentaron por primera vez crear embriones humanos en una placa allá por los años 60, les resultó tremendamente difícil. Sus intentos por fusionar artificialmente esperma humano con óvulos humanos fallaron una y otra vez. De hecho, a los pioneros de la fecundación *in vitro* (FIV) les llevó ocho años conseguir ver cómo un óvulo *in vitro* se dividía en una placa, hasta el nacimiento del primer niño probeta del mundo, Louise Brown, el 25 de julio de 1978. Es muy poco realista esperar que experimentos de este tipo funcionen a la primera. «En última instancia, lo que necesitas es que se den todas las condiciones correctas justo a la vez... y luego es un juego de números», dice French. Si se siguen transfiriendo los suficientes núcleos de donantes a los suficientes huevos, se continúa aprendiendo de los experimentos y se perfeccionan los métodos, finalmente la rana de incubación gástrica se levantará como Lázaro, no de una tumba de piedra, sino del fondo de un arcón congelador de un laboratorio de Adelaida. «Que todos estén atentos —dice Michael Archer— porque creo que vamos a conseguir que esta rana brinque feliz de nuevo por el mundo.» Si tuviese que elegir un animal entre todos los que han existido en la historia, probablemente sería la rana de incubación gástrica.

6
EL REY DEL «ROCK 'N' ROLL»

Cuando por fin llegó, mi decepción fue mayúscula. Algún tiempo atrás, había comprado un poco de pelo de Elvis Presley en eBay y, como un niño que ansía la Navidad, me tuve que enfrentar a semanas de nerviosismo y especulaciones mientras esperaba a que mi adquisición apareciese. Soñaba con algo tan icónico como el Rey en persona. El envoltorio, me decía a mí misma, estaría hecho de lamé dorado y tachonado de diamantes falsos, por lo menos. Llegaría con gran ceremonia, respaldado por su propia música, coreado por los frenéticos gritos de las fans, que acamparían en el jardín de mi casa y se desmayarían cuando el paquete hiciera su aparición. Pero, cuando el cartero finalmente entregó mi precioso pedido, fue sin fanfarria ni algarabía. Ni siquiera tocó el timbre. Tan solo metió el sobre marrón y plano en el buzón y se fue.

Cogí la mustia entrega, color verde oliva desvaído, y le di la vuelta. Excepto por el sello emborronado de Memphis en la esquina superior derecha, había pocos indicios de su contenido legendario. Quizá las cosas fueran más prometedoras en el interior, me dije. Rebosando nerviosa energía, incluso temblando, abrí cuidadosamente el paquete y fui sacando el contenido. Pero el exuberante tupé de mis sueños no estaba por ninguna parte. En vez de eso, me encontré examinando un «Certificado de autenticidad» tamaño Din A4. «Ahora es usted la orgullosa propietaria de una genuina hebra del pelo de Elvis Presley», se jactaba el papel. Pero ¿dónde estaba el pelo? Quizá habían olvidado incluirlo, o quizá iba a ser enviado separadamente, bajo protección de un guardia armado de Graceland. Rastreé el trozo de papel burdamente fotocopiado en busca de una pista. Y solo entonces, bajo el absoluto escrutinio de mi mirada de oso Paddington más eficaz, detecté una gota de pegamento seco al final del folio. Tenía el tamaño de un guisante y era transparente, fácil de pasar por alto. Pero dentro, como un insecto atrapado en ámbar, había una pequeña hebra de pelo. La miré, incapaz de creer lo que veían mis ojos, incapaz de procesar lo que mis manos sujetaban. Me quedé sin palabras. La hebra no solo era minúscula (más pequeña, incluso, que una pestaña de mis ojos), sino que también era... casi ni puedo decirlo... pelirroja. Elvis Presley, si su certificado no mentía, era rubio cobrizo.

Al darme cuenta de la cruda realidad, me sentí tan sola que me dieron ganas de llorar. Había pagado 14,90 $ (más gastos de envío y embalaje) y soportado una espera más larga que la que las fans del Rey aguantaron en su regreso a los escenarios, solo para recibir lo que parecía un pelo de la nariz de Ronald McDonald. Así que hice lo único que se me venía a la mente. Sellé el certificado en su sobre original, encontré un grueso rotulador negro y escribí sobre él: «DEVOLVER AL REMITENTE», añadiendo que la dirección era desconocida. Estaba segura de que no captarían la ironía, pero aquello me devolvió la sonrisa. A la mañana siguiente, temprano, mandé mi carta de vuelta.

Todavía no estoy segura, a día de hoy, de la razón exacta por la que me decidí a comprar una hebra de pelo de Elvis Presley. Es verdad que he sido fan suya casi toda mi vida. Tengo un reloj de Elvis en mi estudio, un mono de Elvis en mi armario y un hámster con tupé que canta «Rock-a-Hula». Cuando me casé, mi encantadora madre me llevó al altar con la música de fondo de «Burning Love».[1] Pero no estoy obsesionada. Tan solo me gusta la música y la parafernalia tan *kitsch* que la acompaña. Así, pues, cuando me topé con una hebra de su pelo durante mi rastreo diario de recuerdos de Elvis en eBay, decidí que sencillamente tenía que tenerlo. El pelo, y yo lo sabía, es una excelente fuente de ADN, así que la compra me ofrecía la posibilidad de conseguir una pieza de historia genética, el mismo ADN que dio forma a uno de los hombres más guapos y brillantes del planeta. Compré una hebra de pelo de Elvis porque era el último grito en recuerdos del cantante. Lo compré por curiosidad académica. Lo compré porque me hizo pensar... que, si se pudiese recuperar el genoma de Presley de un mechón de su cabello, o de alguna otra fuente, ¿se podría usar de alguna manera para traer de vuelta al Rey? ¿Se podría desextinguir a Elvis Presley? Y, si se hiciese, ¿cuánto de similar o de diferente tendría el nuevo Elvis con respecto al original? ¿Tenía Elvis un ADN sexy? ¿Había alguna parte de su genoma que le otorgara su famoso mohín o sus caderas extraordinariamente ágiles? ¿Y qué decir de su predilección por la crema de cacahuete frita o su afición por los zapatos azules de ante? ¿Lo traeríamos de vuelta solo para condenarlo a una segunda muerte prematura en el baño?

Llegados a este punto, estoy segura, algunos estarán mordiéndose las uñas desesperadamente: «¡No tiene sentido clonar estrellas del pop!», oigo gritar. «Simon Cowell[2] ha estado haciéndolo

[1] «Burning Love» [«Ardiente amor»] era mi petición. Mi marido quería «Heaven Knows I'm Miserable Now» [«El cielo sabe lo desdichado que soy ahora»], de The Smiths.

[2] Simon Cowell es un famoso directivo de Sony que ha dedicado los últimos años de su carrera profesional al desarrollo de programas como *The X Factor,* donde se buscan nuevos cantantes y músicos más bien comerciales. *[N. de la T.]*

durante años y todos ellos son basura... Además, Elvis está muerto, no extinguido, así que no puedes hablar de desextinguirlo... ¿Vale?».

A lo que respondo: bien jugado lo de Simon Cowell. Sin embargo, los seres humanos pueden no estar extinguidos... todavía. Pero, inevitablemente, nuestro tiempo pasará. De manera que, cuando (y no si) nos hayamos extinguido, ¿dejaremos un manual de instrucciones y la tecnología para desextinguirnos a nosotros mismos? La gente, yo misma incluida, ha fantaseado con la idea de desextinguir a seres humanos de otros tiempos, pero pocos se han atrevido a llevar este experimento imaginario hasta su conclusión lógica: si nosotros mismos podemos ser desextinguidos, sería inteligente, al menos, pensar en ello. Y si vamos a pensar en ello, podríamos también fijarnos en nuestro ojo o en nuestro oído como sujetos de análisis. Una discusión sobre la desextinción del *Homo sapiens* no es una tontería. Es profética. Y para cualquiera que se encuentre a sí mismo gritando: «¿ADN sexy? ¿Estás loca, mujer? No hay nada semejante a "ADN sexy". El fenotipo de cualquier ser humano es una interacción compleja de factores genéticos, epigenéticos y ambientales, por no hablar del factor suerte». Y yo digo: tranquilidad, *menos* conversación. Ya llegaré a eso. Pero, por ahora, vamos a rocanrolear.

EN EL GUETO

Elvis Aaron Presley —el de verdad— nació alrededor del mediodía del 8 de enero de 1935, en Tupelo, Misisipi. Su madre, Gladys Smith Presley, una recolectora pobre de algodón, dio a luz gemelos. Pero el hermano de Elvis, Jesse Garon, nació muerto. El padre de Elvis, Vernon Elvis Presley, iba de trabajo en trabajo y pasó algún tiempo en la cárcel, y Elvis creció como hijo único en una modesta casucha de dos habitaciones. Tuvo una infancia muy musical. Por las tardes, solía sentarse en el porche con su familia y cantar. En la iglesia, se zafaba de los brazos maternales para poder cantar con el coro. Escuchaba música de iglesia, músicos cantando blues y el *Grand Ole Opry*, un programa semanal de música country que se retransmitía por la radio. Entonces, cuando tenía 10 u 11 años, su madre lo llevó a la ferretería local y le compró la primera guitarra.

En 1948 la familia se mudó a Memphis, Tennessee, donde Elvis cambió su peinado por un tupé, para esconder su acné juvenil. Escuchaba jazz en la legendaria Beale Street, y entonces un día, cuenta la historia, pasó conduciendo por delante de un cartel que cambiaría su vida. Era un anuncio de Memphis Recording Service, del tipo «Haz tu propio disco», que cobraba cuatro dólares por dos canciones. Elvis decidió grabar un par de ellas para su madre, pero el propietario del estudio, Sam Philips, quedó tan impresionado con su registro vocal, que contrató a Elvis para su discográfica, Sun Records. En 1954 Elvis lanzó su primer single, «That's All Right». Según la revista *Rolling Stone*, fue el primer disco de *rock 'n' roll* de la historia. Un año más tarde, las fans se pelearían en la puerta del recinto tras su concierto en Jacksonville, Florida, después de que acabara el show anunciando con cara de duro: «Chicas, os veo a la salida».

Con 19 años, Elvis iba camino de convertirse en una sensación internacional. Con un sonido y un estilo completamente nuevos, una pelvis peligrosamente sensual y una presencia escénica electrizante, Elvis daba la bienvenida a una nueva era de la música estadounidense y la cultura popular. Sus caderas giratorias eran consideradas tan sexis que ciertos programas de televisión se negaron a retransmitir la parte inferior de su cuerpo. En 1956 con un nuevo acuerdo discográfico en el bolsillo, lanzó «Heartbreak Hotel». Fue la primera grabación que consiguió alcanzar el número uno en tres listas diferentes: la Billboard Country and Western, la Rhythm and Blues y la Pop. Después de eso, le tentó el cine. Elvis grabó 33 películas, una detrás de otra, y se mudó a la última cueva del hombre, Graceland. En el momento en que fue reclutado por el Ejército de los Estados Unidos había lanzado 14 discos consecutivos de ventas millonarias. En 1967 se casó con Priscilla, y un año después volvió a la pequeña pantalla con una electrizante y sensual reaparición llamada simplemente *Elvis*. El cuero negro nunca había le había quedado tan bien.

En los años siguientes, experimentaría algunos de sus mejores y peores momentos. Lanzó «In the Ghetto» y «Suspicious Minds», pero su salud comenzó a fallarle. Los kilos se le acumulaban y Elvis se convirtió en un adicto a los medicamentos. En 1973, en mitad de su gira más ajetreada, se divorció de Priscilla y tomó una sobredosis de barbitúricos en dos ocasiones. Sufría de migrañas y de glaucoma, le costaba terminar sus actuaciones y hacia el final de su vida tenía que ser ayudado físicamente por sus escoltas para salir del escenario. En los primeros ocho meses de 1977, le habían sido prescritas más de 10.000 dosis de sedantes, anfetaminas y narcóticos. Entonces, el 16 de agosto de 1977, su novia Ginger Alden lo encontró muerto en el suelo del baño de Graceland. Solo tenía 42 años. El presidente Jimmy Carter emitió un comunicado en el que agradecía a Elvis haber «cambiado para siempre la cara de la cultura popular americana». Mohamed Ali le llamó el «hombre más dulce, humilde y bueno que jamás se pueda conocer». Pero... ¿lo podremos traer de vuelta alguna vez?

AMERICANOS A FAVOR DE CLONAR A ELVIS

Érase una vez, a mediados-finales de los 90, cuando los teléfonos móviles no eran inteligentes e internet contenía más porno dibujado a mano que fotos malas de gatos, en que había una web llamada «Americanos a favor de clonar a Elvis». Inspirada por el nacimiento de la oveja Dolly, mostraba una imagen con grano de Elvis girando sus caderas torpemente, como si estuviera atrapado en un eterno espasmo digital. El título, «Americanos a favor de clonar a Elvis»,[3] estaba escrito en una letra retro, pixelada, y debajo se encontraba el grito de guerra. La página web imploraba a los fans afines a Elvis que firmaran una petición en la que se solicitaba a los científicos que resucitaran a la leyenda del rock. Dice así:

> Nosotros, los abajo firmantes, en nuestro imperecedero amor por Elvis, imploramos a todos aquellos involucrados en la clonación que escuchen nuestra petición [...]. La tecnología la tenemos, y esta petición es un testamento de nuestra voluntad.

Parece que hay americanos a quienes les gustaría enormemente ver a Elvis clonado; o eso, o tienen mucho tiempo libre y les gusta firmar peticiones. Hoy, la página web está todavía en uso y casi sin modificaciones, y más de 3.000 personas han dado su nombre por la causa. La seriedad del proyecto está por ver. Estoy bastante segura de que no pasan el rato en laboratorios secretos haciendo transferencias nucleares en embriones con tupé, pero al menos han pensado en clonar al Rey. ¿Qué haría falta? ¿Por dónde empezamos?

El plan implicaría encontrar una fuente de ADN de Elvis, descifrar su genoma y luego tomar las partes de este genoma que eran únicas en él para implantarlas en una célula humana normal. El ADN que contuviera el núcleo de esta célula podría ser clonado para crear un bebé que, efectivamente, sería el hermano gemelo de Presley. En apariencia, no es tan distinto del método usado por George Church para crear un elefante peludo, pero aquí estamos hablando de Elvis. Mientras que el ADN de mamut se puede encontrar con relativa facilidad en las células de los restos de huesos del Ártico en deshielo, solo hubo un Elvis, y ahora mismo está criando malvas en Graceland.

[3] La página web aún existe y puede ser encontrada en americansforcloningelvis.bobmeyer99.com.

Pero se puede, como me ha demostrado mi propia experiencia, comprar trocitos de pelo de gente famosa en internet y a través de vendedores privados.[4] Unos pocos clics en Google y aparecen mechones que pertenecieron a la princesa Diana, Abraham Lincoln y Michael Jackson.[5] Al igual que la autenticidad, varían los precios. Aunque quizá me he llevado la mejor parte de 15 $ por algo que se parece sospechosamente a un pelo púbico pelirrojo, un mechón genuino del Che Guevara se ha llegado a vender por 119.500 $. Y cuando Britney Spears se rapó en 2007, su peluquero trató de subastar los mechones en la red con un precio de salida de un millón de dólares.[6]

Si de verdad se quiere encontrar algo relacionado con Elvis, realmente solo hay un lugar al que ir: el Loudermilk Boarding House Museum en Cornelia, condado de Habersham, Georgia. Desde fuera parece una modesta estructura de madera con tejado a dos aguas y un gran porche blanco. Pero en su interior alberga la colección de recuerdos más extravagante y loca de Elvis que existe, incluyendo la «Travelling Panoramic Encyclopedia of Everything Elvis» de Joni Mabe. Mabe, una artista de talento que se autoproclama la Reina del Rey, ha estado acumulando chismes de Elvis desde el día que este «la palmó». Tiene cinco habitaciones llenas de recuerdos ostentosos apilados desde el suelo con lentejuelas hasta el techo de satén. Su colección, que ha estado viajando por el mundo durante 14 años, es un refugio para todo lo *kitsch* y retro. Aparte de lo más obvio, como trajes, recortes de re-

[4] Como nota macabra y desagradable, también existen partes del cuerpo de famosos ahí para quien las desee. El pene de Napoleón, por ejemplo, se dice que está en posesión de Evan Lattimer, hija de un urólogo de Nueva Jersey, quien lo compró en una subasta en París en 1977. Al parecer fue extirpado durante la autopsia por el doctor de Napoleón y el miembro en reposo no medía más de unos 4 centímetros. Así que Josefina no debía de ponerse muy triste cuando él decía: «Esta noche no».

[5] Probablemente antes de hacer el anuncio de Pepsi.

[6] Pero nadie los compró.

vistas y envoltorios de chicles, están las alfombras para rezar de Elvis, los cordones de sus zapatos y los trocitos de sus uñas. Incluso está la etiqueta que colgaba de su dedo gordo del pie mientras yacía en el tanatorio de Memphis.

Entre todo esto, sin embargo, hay tres posibles fuentes de ADN de Elvis.

La primera no es tan solo una hebra, sino todo un mechón de pelo de Elvis. Está teñido de negro, en un supuesto homenaje a la estrella del cine de los años 50 Tony Curtis. El tupé empapado en gomina necesitaba un mantenimiento constante de manos de su peluquero personal, Homer Gilland, quien escondió y luego vendió muchos de los restos de pelo. Mabe le compró la muestra directamente a él, así que está convencida de su autenticidad.

Aunque el pelo de nuestras cabezas esté muerto, las células que hay en la base de cada hebra están muy vivas. Estas se dividen para crear nuevas células capilares, que migran entonces hacia el pelo y son rellenadas con queratina, la proteína estructural que logra la dureza de aquel. Mientras las células se queratinizan, su ADN comienza a disgregarse, pero algunos fragmentos se pueden encontrar todavía miles de años después. Se ha podido recuperar el ADN mitocondrial del pelaje de rinocerontes lanudos y mamuts, y en 2010 los científicos recuperaron el genoma completo de un inuit momificado hace 4.500 años... todo a partir de su pelo. Por tanto, es razonable asumir que el cabello genuino de Elvis Presley, de tan solo unas décadas, podría ser una fuente fiable de su ADN. Tampoco debería ser un problema la manía que tenía Elvis por teñirse el pelo. Cuando los investigadores extraen ADN del cabello, primero lo blanquean con peróxido de hidrógeno y luego lo aclaran con alcohol. No es una cuestión cosmética: lo que hacen es quitar cualquier rastro de ADN contaminante de la superficie del cabello. En el caso de Presley, esto significa que cualquier ADN que se recuperase vendría de él mismo, y no de su peluquero o de otro cualquiera.

Una segunda fuente en potencia de ADN viene de otra estructura queratinizada, esta vez de una que Mabe recogió ella misma cuando visitó Graceland en 1983. Mientras pasaba por la tenuemente iluminada «Habitación de la Selva», el antro de moqueta verde que representaba la «caverna del hombre», Mabe se vio abrumada por la necesidad de sentir literalmente lo que Elvis había sentido. Cuando su grupo de visita echó a andar, ella se quedó atrás para rozar con sus dedos la alfombra de felpa, pero se topó sin embargo con algo que ella consideró en principio una díscola lentejuela. Solo cuando examinó su tesoro, fuera del recinto, a la luz del día, se dio cuenta de que había encontrado un trocito de uña. «O bien es del segundo dedo del pie, o del gordo», dice. Mabe ha guardado la uña durante más de 30 años, lo que la convierte en una verdadera fan del Rey. Al igual que el cabello, las uñas son también una buena fuente de ADN, pero aquí el problema es que no estamos seguros de a quién pudo pertenecer la uña. Un montón de gente acudió a fiestas en la Habitación de la Selva, y todavía más han desfilado por allí desde que Elvis pasara a mejor vida. «Yo la llamo la Quizá Uña de Elvis», me dice con su maravilloso acento del sur, «porque quizá sea de Elvis o quizá no». A lo mejor la uña *es* de Elvis, pero puede que sea del hombre que puso la alfombra. Si lo que queremos es devolverle la vida al Rey, «quizá» no es suficiente, lo que nos lleva a la opción tres.

Si se observan las fotografías de Elvis anteriores a 1958, se ve que tiene una verruga en el dorso de su muñeca derecha. Pero fotografías posteriores revelan que la informe masa ya no está. Fue extirpada por el médico personal de Elvis, quien la metió en un tubo de laboratorio lleno de formol y la conservó allí durante tres décadas hasta que Mabe la compró por una cantidad nunca dicha. La verruga ocupa ahora un lugar de honor en el museo de Mabe, donde continúa siendo una de sus atracciones más populares. Incluso vende camisetas con el eslogan «El Rey se ha ido, pero la verruga sigue viviendo». La verruga todavía está en su recipiente original, pero el tubo se encuentra en un lecho de seda roja dentro de una antigua caja de puros. «Es tan grande como una alubia, pero tiene pus de verdad», dice Mabe, que parece disfrutar contándome los detalles morbosos. Pero ¿se podría desextinguir a Elvis a partir de la verruga?

El ADN se puede recuperar perfectamente de un tejido preservado en formol, pero las verrugas no son el mejor material para empezar. Dejemos a un lado por un momento el factor «aarggh» y el trauma psicológico de haber sido creado a partir de una antiestética masa; también hay otros problemas.

Las verrugas aparecen cuando una célula de la piel queda infectada por el virus del papiloma humano (VPH). Dentro de la célula, el ADN vírico se apropia del ADN anfitrión, haciendo copias de sí mismo que pueden entonces invadir e infectar las células vecinas. Las células infectadas se dividen más rápidamente que las células no infectadas, logrando así que la verruga crezca. A veces, este crecimiento anormal queda fuera de control, y una verruga en principio benigna puede convertirse en cancerosa. Esta fue la razón por la que a Elvis le extirparon la suya.

Si alguien quisiera extraer ADN de una célula infectada por el VPH, se encontraría con una mezcla de material vírico y humano. El genoma humano, de 3.000 millones de pares de bases, empequeñece al genoma del VPH, que solo tiene unos escasos 8.000. Pero el tamaño, como sin lugar a dudas le dijo Napoleón a Josefina, no lo es todo. Es lo que ese pequeño genoma es capaz de hacer lo que podría causar problemas. Si el ADN de Elvis mezclado con el del virus fuera insertado en un óvulo vacío y usado para clonar, entonces cada célula en el embrión en desarrollo correría el riesgo de tener, tanto ADN de Elvis como ADN del virus. Dada la reputación del VPH de provocar el crecimiento anormal de las células y causar cáncer, esto podría acarrear consecuencias imprevisibles y potencialmente peligrosas. El embrión humano en gestación es un milagro de actividad génica armoniosamente afinada. Arrojar una carga extra de ADN «extraño» en la mezcla sería como arrojar una llave inglesa en el motor de un coche. Si hay suerte, no pasa nada. Pero, si no hay suerte, el motor se muere. Las verrugas no son una fuente válida de ADN para clonar.

Así, pues, parece que el peinado icónico de Elvis, o parte de él, sería el mejor sitio para comenzar la hazaña de resucitar al Rey. Después de más de la mitad de un siglo, sería de esperar que el genoma de Presley se hubiera dividido en millones de fragmentos más cortos, pero esto no tiene por qué ser un problema. En 2014 los científicos que trabajaron en el documental del Canal 4 *ADN muerto superfamoso* cogieron una muestra del pelo de Elvis Presley y lograron extraer ADN. No intentaron descodificar el genoma entero; lo que hicieron fue leer la secuencia de los pequeños fragmentos que habían extraído (de lo que hablaremos más adelante). Pero si ellos o cualquiera secuenciaran suficientes fragmentos las veces suficientes, al final se podría descodificar el genoma completo y reunirse de nuevo en un ordenador. Almacenado digitalmente, sería la grabación más larga de Elvis.

Pero no estaría completo. En 2004 algunos investigadores anunciaron que habían terminado de secuenciar el genoma humano. Fue, en palabras del presidente Bill Clinton, «el mapa más asombroso creado por la humanidad». Fue uno de los grandes hallazgos científicos del momento, y la gente lo comparaba con la invención de la rueda o la división del átomo. La culminación de más de una década de trabajo realizado por miles de científicos de todo el planeta prometía una comprensión sin igual del desarrollo humano y las enfermedades, y allanaba el camino para la elaboración de nuevas terapias. Pero no estaba completo. Cuando comenzaron a descifrar el genoma humano, los científicos decidieron concentrarse solo en las regiones más activas y más densas, la eucromatina, porque, se dijeron, eran las que más posibilidades tenían de contener las partes más importantes del genoma. El resto del genoma, una pequeña fracción coloreada del total del ADN conocida como heterocromatina, se consideró menos importante. Además, era endiabladamente difícil de descifrar, así que los científicos decidieron dejarla a un lado. El resultado: cuando la secuencia del genoma humano fue por fin «terminada» y publicada en la revista *Nature*, la heterocromatina no se encontraba, y la secuencia que tenían para la eucromatina estaba llena de agujeros, unos 340. Según una de las compañías participantes en el proyecto, el Instituto Nacional de Investigación del Genoma Humano, este estaba tan completo como podía estarlo «con las limitaciones de la tecnología actual». Es como decir que mis vacaciones familiares en Francia fueron un éxito hasta que llegamos a Dover y perdimos el ferry, ya que la tecnología requerida para llevarnos al otro lado del canal simplemente no estaba allí en aquel momento.

Desde entonces, la secuenciación del ADN ha mejorado. Su coste ha disminuido y la tecnología en sí está más disponible. Pero incluso los genomas más secuenciados con detalle están aún incompletos. Aunque los investigadores han logrado avances en la secuenciación de la heterocromatina (de difícil lectura), incluso los genomas mejor secuenciados todavía están solo completos al 95 por 100. El problema es que algunas partes del genoma están llenas de pequeños trocitos de información repetitivos e intermitentes. Hay que imaginarse que uno compra mil ejemplares de *El espejismo de Dios*, de Richard Dawkins, se meten todos en una trituradora de papel y se intenta montarlos de nuevo. La palabra *Dios* estará repetida muchas veces, pero será difícil averiguar dónde iba cada uno de los *Dios*. Del mismo modo, en el genoma humano es difícil volver a unir estos complicados trocitos de información en el orden correcto.

Además, hay errores. Después de todo, solo somos humanos. La secuencia oficial del genoma humano tenía una tasa total de error de menos de un error por cada 100.000 pares de bases. Eso significa que, aunque 2.999.970.000 letras del código sean correctas, 30.000 o más estarán mal. Es por esta razón por la que a los genetistas les gusta comprobar y volver a comprobar sus datos de secuenciación. Lo llaman *cobertura*. Si un genoma tiene una cobertura de 30x —lo mejor que se puede alcanzar—, significa que la mayoría de las partes del genoma han sido comprobadas al menos 30 veces. Pero otras partes del genoma habrán sido verificadas un menor número de veces, y algunas otras regiones no habrán sido ni tan siquiera leídas. Un genoma humano absolutamente completo, según parece, es una mera ilusión.

Si estuviéramos tratando de clonar a un humano genérico, entonces estas inconsistencias y omisiones apenas contarían; la mayoría de los cambios en una letra del genoma no tienen consecuencias, y los espacios huecos podrían ser completados con secuencias extraídas de otro lado. Pero, como estamos intentando clonar a un ser humano en concreto, todo ello se convierte en un potencial problema. El plan, hay que recordar, es secuenciar el genoma de Presley y conservar las partes de ese genoma que eran únicamente de Elvis para ponerlas en una célula humana normal. Pero si las secuencias que hacían único a Elvis habitan en partes del genoma que, o bien no pueden ser leídas, o bien han sido leídas incorrectamente, corremos el riesgo de perdérnoslas todas.

EAU D'ELVIS

Que Elvis era único en su especie está fuera de dudas, pero su ADN es tranquilizadoramente mundano. Algunos científicos secuenciaron trocitos de genomas de celebridades, incluyendo secuencias de ADN de Charles Darwin, Isaac Newton y Elvis Presley, y descubrieron que estaban hechas de las mismas cuatro letras químicas —A, C, G y T— que forman todos nuestros genomas. No son más grandes, ni están tachonados de estrellas, ni están decorados con billetes de dólar. Pero todos ellos son únicos.

En 2012 los científicos anunciaron que habían secuenciado y comparado los genomas de 1.092 personas de todas partes del mundo. No eran celebridades, tan solo gente común, y el objetivo del estudio, llamado «Proyecto 1.000 genomas», era comprender qué hace diferentes los genomas de las personas. Lo que descubrieron es que, si comparamos el genoma de cualquier persona con el de otra a quien no la una parentesco alguno, existen alrededor de tres millones de diferencias o «variantes».

Eso significa que hay alrededor de tres millones de diferencias genéticas entre el lector y yo, entre Elvis y yo, y entre Elvis Presley y cualquier otra persona del planeta sin parentesco con él. Nuestras secuencias genéticas difieren aproximadamente en una de cada mil letras. La mayoría de las diferencias son pequeñas. Una A puede ser sustituida por una T. Quizá una G se ha quedado fuera en alguna parte. A lo mejor hay una C de más escondiéndose por ahí. Si el genoma humano fuera un libro, entonces el libro de cada uno estaría formado por los mismos capítulos, párrafos, frases y palabras, organizados en un orden muy similar. Pero a mi libro le podría faltar un apóstrofo en la página 521,[7] mientras que, en la siguiente página, el libro de otro podría utilizar la palabra *pantis* en vez de *partes*. De vez en cuando, sin embargo, hay cambios más importantes que brotan de la nada. Pueden estar duplicados párrafos enteros, y las palabras repetidas. Una persona con síndrome de Down, por ejemplo, tiene una copia entera de más del cromosoma 21, mientras que una persona con la enfermedad de Huntington, un problema neurodegenerativo brutal e incurable, tiene muchas copias de más de la secuencia «CAG» escondidas dentro de un gen en concreto.

Las diferencias tienen lugar porque cuando las células normales se dividen para crear nuevas células, para construir partes del cuerpo, para ayudar a que se curen las heridas... no siempre lo hacen de manera perfecta. En un mundo ideal, cuando una célula se divide en dos, el genoma se duplica y comparte de forma idéntica. Cada célula «hija» recibe una copia exacta del genoma parental original. Pero el mecanismo de copia no es perfecto, y se cuelan errores o mutaciones. Cuando las mutaciones suceden en una célula del esperma o del óvulo, esa mutación se hereda en la siguiente generación. El resultado, el genoma, contiene alrededor de 60 «nuevas» mutaciones que uno hereda de sus padres, y muchas

[7] ¡Imperdonable!

otras, más viejas, que vienen del árbol genealógico[8] de cada uno. Además, nuestro genoma está constantemente sufriendo los ataques que padece el ADN: radiación dañina, contaminantes, productos químicos y similares; y aunque estos daños se pueden solucionar, seguimos acumulando cambios en nuestro código genético cada día que vivimos.

Con 7.000 millones de personas en el planeta y subiendo, las variantes genéticas individuales que se tienen no son exclusivas de cada individuo. Yo puedo presentar una C en lugar de una T hacia el final del cromosoma 2, pero igual le puede pasar a otro. Sin embargo, nadie más tendrá las otras 2.999.999 variantes genéticas que me hacen ser yo. «Casi ninguna de tus variantes es exclusivamente tuya», dice el genetista Gilean McVean, de la Universidad de Oxford, uno de los líderes del «Proyecto 1.000 genomas». «Lo que te hace único es la combinación de variantes que portas.» Escondido en algún lugar entre los tres millones de variantes genéticas, acechando en el genoma de Elvis Presley, está la esencia genética de Elvis, el conjunto de manchas de nucleótidos idiosincráticos que le ayudaron a ser la persona que fue.

En los últimos años, los genetistas han comenzado a relacionar combinaciones de estas variantes con toda clase de diversas características, tales como la altura, la obesidad y la habilidad matemática. Se piensa ahora que la acción combinada de muchas, muchas variantes dispersas a lo largo de nuestro genoma influye en todo, desde la manera en la que crecemos hasta la manera en la que nos comportamos o las enfermedades que desarrollamos. «Es como un efecto genético de fondo —dice McVean—. Podría, de forma muy sutil, influir en todo, desde la forma de nuestra nariz hasta si

[8] Esto es culpa, claramente, de los hombres de la familia. Los hombres fabrican un montón de esperma, mientras que las mujeres fabrican, comparativamente, muchísimos menos óvulos. Así, pues, las células que se dividen para producir esperma lo hacen con mucha más frecuencia que las células que se dividen para fabricar óvulos. Los hombres cometen más errores. Está científicamente probado.

nos gustan o no los pepinillos.» Son estas minúsculas diferencias, estas rarezas y características individuales, las que en parte nos hacen ser lo que somos. Mi colección personal de variantes genéticas podría ayudar a explicar por qué mi nariz parece una masa informe de arcilla pálida, y por qué, aunque me gusta el pepinillo, los encurtidos me dan asco. Pese a que, a nivel individual, la inmensa mayoría de las variantes genéticas de Elvis habrán tenido poco o ningún efecto, se ponen todas juntas y ahí está: la esencia genética de Elvis. «La constelación de factores que crean a Elvis son el resultado de muchas, muchas influencias pequeñas a lo largo del genoma», dice McVean.

Eso significa que si queremos crear una réplica de Elvis no podemos escatimar en detalles. Si hay tres millones de diferencias genéticas entre el genoma de Presley y el de un mero mortal, entonces para desextinguir al Rey vamos a tener que coger todas y cada una de ellas y ponerlas en una célula humana. Es un trabajo demasiado grande para los amantes del mundo de la transformación genética, los usuarios del CRISPR, así que los genetistas tendrán que buscar ayuda en el hermano mayor del CRISPR, MAGE,[9] que puede editar simultáneamente a gran escala cambios múltiples en un genoma (véase el capítulo 2). El genoma «presleyficado» sería entonces inyectado en un óvulo cuyo núcleo hubiera sido previamente extraído, y esa célula sería obligada a comenzar a dividirse en una placa.[10] Unos días más tarde, un embrión de aspecto saludable sería trasladado al útero de una madre receptora, a quien se le aconsejaría hacer acopio de cajas de DVD y poner los pies en alto. Si todo fuera bien, nueve meses más tarde nacería un niño sano: llamémosle GElvis[11] (abreviatura de Elvis

[9] *Microarray Gene Expression. [N. de la T.]*

[10] «Presleyficación» es, tristemente, una palabra poco usada, de una jerga inventada. Se refiere al acto o proceso de modificación de un genoma humano para que se transforme en el mismo que tenía Elvis Presley.

[11] *Genetically Engineered Elvis. [N. de la T.]*

manipulado genéticamente en inglés).[12] Pero ¿cuánto se parecería a Elvis? ¿Hasta qué punto influiría en su desarrollo su ADN manipulado artesanalmente?

VER DOBLE

Sabemos que Elvis nació junto a un gemelo, y si bien desconocemos si su hermano era idéntico o no a Presley, hay dos cosas ciertas. La primera, que los gemelos de cualquier clase son increíblemente especiales. Yo lo debería saber: tengo gemelos. Y la segunda, que a través del estudio científico de gemelos podemos obtener avances no solo en la manera en la que GElvis pudo haberse desarrollado, sino en cómo terminamos todos siendo de la forma que somos.

Con ADN idéntico, o tan idéntico como se puede, GElvis sería efectivamente el gemelo idéntico de Elvis. Y, como te dirá cualquiera que haya visto *El resplandor*, los gemelos idénticos pueden ser espeluznantemente similares. No solo son físicamente iguales, sino que a veces comparten también los mismos gestos, hábitos e intereses. Asumimos que estas similitudes no solamente se deben a que comparten los mismos genes, sino a que se han criado en el mismo ambiente. Tienen los mismos padres, viven en el mismo hogar y van al mismo colegio. Para horror de mis propios gemelos, también comparten la misma habitación y, muy a menudo, los mismos calcetines desparejados.

Pero, a veces, gemelos idénticos que crecen separadamente pueden terminar siendo muy parecidos. En 1979 el psicólogo estadounidense Thomas J. Bouchard conoció a los gemelos Jim. Adoptados por distintas familias cuando solo tenían cuatro meses, los gemelos crecieron ignorando cada uno la existencia del

[12] Para asegurarnos de que todos estamos leyendo la misma página, pronunciemos la G de GElvis como se haría en francés, suavemente, como una LL larga.

otro. Bouchard los reunió cuando tenían 39 años para descubrir que los hermanos no solamente tenían un aspecto muy similar, sino que también compartían una larga lista de similitudes insospechadas. Ambos se mordían las uñas, cruzaban las piernas de la misma manera y se colgaban las llaves del cinturón. Ambos estaban casados con mujeres que se llamaban Betty y divorciados de mujeres que se llamaban Linda, y habían sido dueños de un perro que se llamaba Toy. Uno llamó a su hijo mayor James Alan Lewis, y el otro James Allen Springer. Ambos bebían cerveza Miller Lite, fumaban cigarrillos Salem y pasaban sus vacaciones en la misma playa de Florida. Y, para colmo, ambos conducían el mismo modelo de coche Chevy, y del mismo color.

En definitiva, como parte del ya clásico Estudio Minnesota de Gemelos Criados por Separado, Bouchard estudió qué les había deparado la suerte a más de cien gemelos o trillizos que habían crecido por separado. Ante todo, el estudio reveló que un gemelo idéntico criado separadamente de su hermano tenía las mismas posibilidades de ser similar a este en términos de personalidad, intereses y actitudes que uno que hubiera sido criado con su gemelo. Las similitudes de los Jim, sugería el estudio, se debían a sus genes. En resumidas cuentas, el entorno no parecía influir en ninguna diferencia. Siguiendo este ejemplo, no importaría si Elvis y GElvis nacían con 40 años de diferencia, uno en harapos en una chabola de Tupelo, el otro entre lujos en un hospital de alta tecnología: sus distintos ambientes y educación de poco valdrían. Quizá GElvis también se casara con Priscilla y tuviera su propia Lisa Marie. Podría vivir en un apartamento grande y ostentoso, e incluso estar preparado para volar más de 1.500 kilómetros en busca de un sándwich.[13]

[13] El 1 de febrero de 1976, Elvis voló ida y vuelta desde Graceland hasta Denver en su jet privado solo para comprar un sándwich «Fool's Gold» de 8.000 calorías, hecho de una barra de pan hueca y rellena de un bote de mantequilla de cacahuete, un bote de mermelada y medio kilo de beicon.

Pero, claro, es más complicado que todo eso. Si el entorno no importara, entonces factores como la crianza, la educación y la dieta no significarían nada…, lo cual sería ridículo y les quitaría a los adolescentes el derecho divino de culpar a sus padres de *todo.* Cuando la gente miró a los hermanos Jim más de cerca, se dieron cuenta de que, de hecho, eran más distintos de lo que se había asumido en un principio. Uno era más hablador, el otro, escritor. Uno llevaba un peinado estilo Beatles, el otro, a lo Robert de Niro. Probablemente, para alarma de la segunda y actual esposa de Jim, su hermano se había casado una tercera vez. Pero los hermanos Jim eran una primicia tal que los medios restaron importancia a las diferencias y se centraron en sus increíbles similitudes. En el lugar en el que ambos vivían había un montón de chicos que bebían Miller Lite, fumaban Salem y conducían Chevys. Los hábitos de los gemelos Jim no eran escalofriantemente parecidos: la mayoría de ellos eran rutina simple y mundana.

Entonces ¿cuán diferentes son los gemelos idénticos? Sabemos que los gemelos idénticos se convierten en adultos muy distintos. Pueden parecer iguales, pero tienen sus propias personalidades únicas y características físicas distintas que se van acentuando con la edad. Tienen gustos y hábitos distintos, y desarrollan habitualmente enfermedades distintas. Como el resto de nosotros, son producto de los genes y del ambiente en el que crecen, pero lo que aún está por ver es la importancia relativa de estos factores. ¿Hasta qué punto están nuestras características particulares, como por ejemplo el gusto por las hamburguesas o el talento musical, influidas por nuestros genes y en qué medida están influidas por las circunstancias? Es un enigma que los científicos han estado tratando de resolver desde que el primo de Darwin, Francis Galton, empezara a investigarlo hace más de un siglo. Lo llaman el debate «innato o adquirido», y los gemelos son el núcleo de la investigación. En los últimos 50 años, más de 14 millones de pares de gemelos han contribuido a miles de estudios que intentan desenredar los roles correspondientes al ADN y a la educación en cualquier cosa, desde la personalidad hasta las hemorroides, desde la posesión de armas hasta la gota.

La lógica es esta. Los gemelos idénticos, formados cuando un solo óvulo se divide en dos, comparten prácticamente todos sus genes. Los gemelos no idénticos (mellizos), creados cuando espermatozoides distintos fertilizan dos óvulos diferentes, comparten más o menos la mitad. Los gemelos tienden a crecer juntos, así que comparten el mismo entorno. Por lo tanto, si una característica en la que estamos interesados, por ejemplo la manera de curvar los labios, es similar en ambos tipos de gemelos, entonces la genética no estará jugando un papel muy importante. El entorno es más importante. Pero si los gemelos idénticos son más parecidos que los mellizos en, por ejemplo, la forma en la que mueven las caderas, entonces habrá de ser por sus genes. En definitiva, más de 2.700 estudios de gemelos han evaluado más de 17.000 características diferentes y los resultados son extraordinarios.

Indican que, para casi cualquier rasgo que uno decida observar, los resultados de los test en gemelos idénticos son más similares que los de mellizos. Todo, parece ser, tiene un componente genético. No es ninguna sorpresa que determinadas enfermedades o rasgos físicos vengan de familia, pero los estudios de gemelos también revelan que nuestro ADN influye en nuestra inteligencia, obesidad y adicciones. Y van aún más lejos. Aunque parezca raro, estas investigaciones nos descubren que la genética tiene un rol importante en ciertos acontecimientos vitales y elecciones de estilo de vida. El ADN tiene una gran influencia en el fracaso o triunfo en los estudios, si uno se casa o se divorcia, o si uno acaba siendo millonario o termina en la más absoluta miseria. Incluso es importante en relación no ya solo con la habilidad musical, sino con cuántas horas decides practicar.

Pero el mero hecho de que todo tenga un componente genético no significa que los genes controlen nuestro destino. Los estudios de gemelos también revelan que, incluso cuando todo está influido por nuestro ADN, nada está cien por cien determinado por él. El entorno siempre tiene algo que decir, en cualquier característica en la que decidamos fijarnos. El «se nace o se hace» funciona de alguna manera como un «tira y afloja». Algunas características están más influidas por la genética, otras por el entorno.

Mediante el estudio de gemelos, los investigadores pueden estimar la influencia relativa de los genes *versus* el entorno. Lo llaman «heredabilidad»: la proporción de variaciones observadas en un rasgo particular que puede ser atribuida a la genética más que a los factores ambientales. La altura y el color de los ojos, por ejemplo, están fuertemente influidos por la genética, al igual que la inteligencia y la obesidad, mientras que las migrañas, las adicciones, los acontecimientos de la vida y mi propio talón de Aquiles, la resaca, están más condicionados por factores no genéticos, como, por ejemplo, a cuántos chupitos de tequila te invite tu «mejor amiga».

Sabemos que Elvis se divorció de Priscilla, padeció sobrepeso, sufrió de migrañas y tomó demasiadas pastillas. Pero gracias a estos estudios de gemelos no podríamos conjeturar que GElvis acabaría haciendo lo mismo, sino que tendría mayor o menor tendencia a compartir determinadas características. De las estimaciones basadas en la heredabilidad, podemos concluir que Elvis y GElvis (y, de hecho, todos los gemelos idénticos) serían probablemente similares en cuanto a apariencia y talla del mono blanco de lentejuelas, y menos parecidos en cuanto a dolores de cabeza, hábitos de consumo de fármacos y estado civil. Pero esto no significa ni que GElvis se *tenga* que volver obeso ni que *no* se llegue a divorciar. La obesidad, por ejemplo, puede ser uno de los rasgos más influidos fuertemente por la genética, pero eso no significa que el ambiente, o más en concreto el número de hamburguesas presente en él, no juegue también un papel importante.

Los genetistas sospechan que esta intensa influencia genética está causada por la interacción de muchos genes que, por sí solos, tienen poco efecto. Pese a lo que se haya podido leer en los medios, no hay un «gen para» las enfermedades cardiovasculares o la felicidad, al igual que no hay un «gen para» tener tupé o ser sexy. Con excepciones ocasionales, no hay «genes para» nada en concreto.[14] Lo que sí hay, sin embargo, son nuestros tres millones de variantes, únicos: los pequeños trocitos del código genético que nos hacen distintos unos de otros, que influyen sutilmente en si tendremos un rasgo característico o una enfermedad. Cuando los científicos estudiaron pequeñas muestras del ADN de Presley para el documental *ADN muerto superfamoso*, descubrieron que portaba un número considerable de variantes conectadas con enfermedades. Las variantes de Presley estaban relacionadas con la obesidad, las migrañas y el glaucoma, problemas que sabemos que sufrió. Pero no era, como afirmaba el programa, la prueba concluyente que explicaba la mala salud de Presley. Los datos recogidos en el «Proyecto 1000 genomas» sugieren que todos tenemos alrededor de 5.000 variantes relacionadas con la enfermedad, acechando en algún lugar de nuestro genoma. Yo las tengo. Todos las tenemos. Pero no todos desarrollamos las enfermedades a las que estamos conectados. Aparte de las excepciones a la regla, nuestros genes y variaciones genéticas no nos predestinan a una mala salud, o a nada en general. Solo amplían ligeramente las posibilidades de que terminemos de una forma u otra. Estamos bajo el influjo de nuestros genes, pero no dominados irremisiblemente por ellos. La genética, podemos concluir, no es el destino. Ni siquiera Destiny's Child.[15]

Ahora sabemos que los factores del «se nace o se hace» no actúan independientemente. Es probable, por ejemplo, que los niños con dotes musicales tengan padres igualmente dotados para

[14] Hay varios miles de enfermedades de un único gen, llamadas así porque están causadas por defectos en un solo gen. Así, hay un «gen para» la enfermedad de Huntington y la fibrosis quística. Pero la gran mayoría de las enfermedades y características humanas son complejas, y están causadas por combinaciones poco conocidas de genes múltiples y otros factores.

[15] El grupo musical de Beyoncé, que significa «Hijo del Destino». *[N. de la T.]*

la música, que seguramente le darán a su prole tanto genes como educación que ayuden a hacer florecer ese talento musical. Pero hay más que eso. Nuestro ADN, parece ser, puede ayudar a formar cualidades como la aptitud musical, la apreciación y la motivación, que a su vez pueden ayudar a formar el deseo de practicar y dar conciertos. Esto, a su vez, puede lograr los elogios de un progenitor, un profesor o una multitud dando alaridos, lo que a su vez provocará el deseo de seguir practicando y dando conciertos... Y así sucesivamente. Los factores del «se nace o se hace» no funcionan solos. Se modifican el uno al otro. Las circunstancias no son solamente algo que nos sucede. Debido a nuestros genes, tenemos más posibilidades de buscar, evitar, florecer o tener problemas en determinadas situaciones. «Escogemos ambientes que están relacionados con nuestras inclinaciones genéticas», dice el genetista Robert Plomin, del King's College de Londres. «La gente crea sus propias experiencias, en parte, debido a razones genéticas.» Así, pues, no fue su ADN el que predeterminó aquel punto de inflexión en su vida cuando en 1953 Elvis entró en Sun Records para grabar su primer disco, ni aquellas largas tardes cantando en el porche con su familia. En lugar de eso, los genes y el entorno de Elvis habían estado bailando bossa nova durante toda su vida.

Con ADN idéntico, cualquier variante relacionada con la habilidad musical que Elvis tuviera también estaría en el genoma de GElvis. Mediante su inmersión en la música, sus padres podrían ayudar a GElvis a aprovechar esta fortaleza genética innata, pero no sería garantía del estrellato. Gracias a los estudios de gemelos, debemos concluir que el ADN no dicta nuestros talentos, sino que debemos incentivar a nuestros hijos a probar distintas cosas, descubrir lo que más les gusta y aquello en lo que son buenos, y ayudarles en el camino. Con una influencia genética favorable, es más probable que triunfen. Descubrir los encantos de cada uno es aprender a jugar con los puntos fuertes genéticos, no golpear en hierro frío.

IGUALES PERO DISTINTOS

GElvis, armado con un íntimo conocimiento de su propio genoma y de las variantes que hay en él, podría decidirse a utilizar esta inusual información para su propio beneficio. Sabiendo que es portador de variantes genéticas ligadas a la enfermedad y que tuvo un hermano con problemas de salud, podría decidir hacer las cosas de forma distinta. Podría hacer ejercicio regularmente y escoger algo con poca grasa con lo que untar las tostadas, en vez de mantequilla de cacahuete. Podría abandonar las hamburguesas y tener un médico que vigilara su colesterol. Una cosa está clara: el mundo en el que GElvis crecería sería muy distinto al del Misisipi de los años 30. Y eso nos llevaría a otra sutil capa de diferencias biológicas que, a su vez, podrían influir en su manera de ser.

Se llama epigenética y, de verdad, es una gran palabra para soltar en una conversación de bar si lo que se está buscando es impresionar a los amigos. Los cambios epigenéticos son aquellos que afectan a la manera en la que los genes trabajan, sin alterar nunca la secuencia del ADN en sí misma. De este modo, gemelos idénticos con ADN idéntico no son iguales epigenéticamente hablando. Pueden tener los mismos genes, pero la manera en la que esos genes se ponen en marcha o se desconectan es diferente.

El cambio epigenético más estudiado habitualmente es la metilación, donde un pequeño grupo de átomos llamado grupo metilo se une a cualquiera de los 20 millones de lugares posibles dentro del genoma y desconecta los genes. Se pueden usar «chips» baratos y disponibles para revelar dónde han aterrizado estos grupos metilos, y en los últimos años ha habido un aumento del número de estudios que comparan los patrones de metilación de gemelos idénticos. Son de especial interés aquellos pares de gemelos en los que un hermano tiene una dolencia, como esquizofrenia o cáncer, por ejemplo, mientras que el otro no, de donde se suele descubrir que ambos gemelos tienen patrones distintos de metilación. Es aún prematuro asumir que estos cambios provoquen esquizofrenia o cáncer o cualquier otra dolencia a la que se hayan vinculado. Por supuesto, es más complicado que eso. Para la mayoría de estos desórdenes aún no sabemos si los patrones de metilación son la causa o la consecuencia de la enfermedad. Pero lo que sí sabemos es que el medioambiente es un gran conductor de variabilidad epigenética.

Los pesticidas, los contaminantes, el alcohol, el tabaco y la dieta influyen en nuestro perfil epigenético, que, a su vez, modifica la actividad génica, a veces con consecuencias perdurables. Las experiencias de las mujeres embarazadas pueden modelar los epigenomas de su prole aún no nacida. En una raza de ratones muy bien estudiada, los agutíes amarillos, sutiles cambios en la dieta de la madre determinan si su camada será delgada con pelo marrón o gorda con pelo amarillo. Y en otro estudio animal, ya clásico, los investigadores descubrieron que los cachorros de madres poco cuidadosas y negligentes terminaban con una mayor metilación en torno a los genes relacionados con el estrés, lo que volvía a los cachorros asustadizos, nerviosos, agitados y ansiosos.

La gente que fuma tiene perfiles de metilación distintos a los de los no fumadores, y aunque al abandonar el hábito sus perfiles vuelven a la «casi» normalidad, algunos cambios pueden perdurar durante décadas. Se cree que estos patrones de metilación tan difíciles de cambiar podrían explicar por qué los exfumadores mantienen un elevado riesgo de cáncer y problemas respiratorios, incluso años después de haber apagado el último cigarrillo. Las experiencias de la madre embarazada pueden influir en el epigenoma.

Las experiencias de la vida configuran nuestros patrones de metilación, lo que a su vez influye en la actividad de nuestros genes, que a su vez tiene el potencial de moldear nuestro comportamiento, nuestras elecciones de nuestro modo de vida y nuestra salud. Algunos estudios han sugerido que los gemelos idénticos comienzan su vida con patrones epigenéticos muy similares, que tienden a diferenciarse conforme pasan los años y los hermanos viven vidas cada vez más separadas. Pero lo que resulta asombroso es lo increíblemente distintos que pueden ser los epigenomas de gemelos idénticos al nacer. Jeff Craig y Richard Saffery, del Instituto de Investigación Infantil Murdoch, en Melbourne, han estudiado pares de gemelos idénticos nacidos prematuramente y han descubierto que sus perfiles epigenéticos ya eran distintos a las 32 semanas de desarrollo, dos meses antes de que nazca la mayoría de los bebés «normales». Esto sucede porque, aunque los hermanos aún no nacidos comparten el mismo entorno, el útero de su madre, las experiencias que viven en él son distintas. Un gemelo puede que esté aplastando al otro, o más cerca del corazón de la madre. Un gemelo puede tener un cordón umbilical un poco más estrecho o más largo que el otro, lo que modificaría la corriente de nutrientes de la madre al niño. Aunque las diferencias parezcan insignificantes, Craig cree que tienen el poder de causar cambios significativos. Si se habla con los padres de gemelos idénticos, muchas veces nos dicen que las personalidades de sus hijos eran diferentes desde el primer día. Muy a menudo, los gemelos idénticos nacen con pesos distintos. A veces nacen con tipos de pelo distintos, o con distinto color de ojos, o un gemelo puede estar muy sano mientras que el otro tiene alguna clase de problema médico. Las experiencias tempranas de la vida, ligadas al cambio epigenético, podrían ser responsables de algunos de estos cambios. Y los efectos podrían ser de larga duración también. Craig sospecha que, en ocasiones, el momento en el que estamos en el útero de nuestra madre puede ser el origen biológico de enfermedades que desarrollaremos décadas después.

Transferido, no como gemelo, sino como hijo único al útero de una madre receptora, los primeros nueve meses de la vida de GElvis serían inevitablemente distintos a los de su donante de ADN. En vez de competir por los recursos y el espacio como un gemelo normal, GElvis tendría su hogar embrionario solo para él. Y mientras que la madre de Elvis vivía en la pobreza en los años 30, la madre receptora de GElvis disfrutaría de un estilo de vida más contemporáneo, con abundante comida y las maravillas del cuidado médico, lo cual conllevaría variaciones en el epigenoma del bebé aún no nacido. Después del nacimiento, puesto que GElvis crecería en este mundo nuestro del siglo XXI, su dieta, familia, amigos y experiencias serían muy distintos a los de su famoso clon. Esto acarrearía cambios aún más extensos en su epigenoma y, aunque las repercusiones exactas son imposibles de predecir, es seguro predecir que conspirarían para hacer a Elvis y a GElvis menos parecidos, en lugar de más semejantes. Pero, más que eso, Craig y sus colegas han encontrado diferencias epigenéticas en células tomadas de gemelos concebidos naturalmente y gemelos creados mediante fecundación *in vitro*. Sus resultados sugieren que el mero hecho de crear a un niño de forma artificial en un laboratorio puede ser suficiente para disparar los cambios epigenéticos. GElvis, como producto de la clonación y la edición genética, no sería concebido bajo un edredón, sino en una placa de Petri. Lejos de ser idénticos, Elvis y GElvis serían epigenéticamente distintos desde el momento inicial de su creación.

UN NÚMERO INFINITO DE «ELVISES»

Así, pues, todos nosotros —Elvis y GElvis incluidos— somos un producto de lo innato y lo adquirido, con la epigenética cubriendo el hueco que hay entre ambos, pero aún no es suficiente para explicar por qué nos volvemos como somos. Hay otro factor en juego.

En 2013 Gerd Kempermann, del Centro Alemán para Enfermedades Neurodegenerativas de Dresde, y su equipo tomaron 40 ratones genéticamente iguales y los criaron en el mismo ambiente. Si lo innato y lo adquirido es todo lo que tenemos, razonó, entonces cada uno de los ratones debería terminar siendo el mismo. Pero las cosas no salieron como esperaba.

El equipo alojó a sus ratones en una magnífica residencia para ratones de cinco pisos, equipada con macetas de flores, tubos de plástico y juguetes, y grabaron todos sus movimientos durante algo más de tres meses. Lo que descubrieron fue que, aunque los patrones de movimiento eran muy semejantes al comienzo del experimento, al finalizar eran muy diferentes. Algunos animales eran valientes y exploraban muchísimo, mientras que otros no tenían tal espíritu viajero. «Los animales desarrollaron personalidades muy distintas», dice Kempermann. Crías genéticamente iguales se convirtieron en adultos muy distintos.

Kempermann piensa que las diferencias son una consecuencia de la manera en que cada animal interactuó con el medio. Un ratón un poco más activo, por ejemplo, podría explorar más que uno menos curioso. Podría encontrarse con más compañeros de jaula, escalar por una maceta, hacer caer un tubo. Esto podría activar su espíritu aventurero, hacerlo mejor escalador y más propenso y capaz de buscar nuevas experiencias. Todos los ratones vivieron en el mismo medio, pero lo percibieron de maneras muy distintas. «Con el tiempo, el nutrido medio perdió su igualdad», dice Kempermann.

Sucede lo mismo entre niños que crecen en la misma familia. «Si preguntas a los padres si tratan a sus hijos de formas distintas, dicen que no. Pero si se les hace la misma pregunta a sus hijos, jurarías que están creciendo en familias distintas», dice Robert Plomin. «El "¡No es justo!" es la norma.» Ambientes supuestamente compartidos, tales como la casa y el colegio, y acontecimientos vitales comunes, como nacimientos y pérdidas, son experimentados de formas distintas no solo por gemelos, sino por todos los miembros de la familia. Es este ambiente no compartido, único para cada individuo, lo que debe de haber provocado que los ratones de Gerd Kempermann terminaran siendo muy distintos, y también lo que nos ayuda a formarnos a cada uno de nosotros.

Además, nuestras vidas están llenas de incertidumbre y casualidades. Bill Clinton, como ya es sabido, se sintió inspirado para meterse en política al estrechar la mano de John F. Kennedy. Y yo, no tan sabido, tuve la inspiración de ponerme a escribir hace muchos años, cuando me lesioné la rodilla mientras bailaba el «So Macho» de Sinitta en una discoteca de Glasgow, y durante meses no pude salir de juerga con mis amigas. La serendipia, impredecible por propia naturaleza, juega un papel importante en la manera en la que se escriben las historias de nuestras vidas. ¿Quién sabe qué habría pasado si las cuerdas vocales de Presley hubieran pillado una infección en la infancia? ¿Y si el hermano gemelo de Elvis hubiera vivido? Quizá los niños habrían estado demasiado ocupados peleando o cambiando los cromos de los chicles para interesarse un poco por la música. El hecho es que, incluso si se fabricara un número infinito de «GElvises», se diera marcha atrás en el tiempo y se criaran en un duplicado de la América de los años 30 de Presley, aun así, todos saldrían distintos.

EL ROCK DE LA CÁRCEL

Aunque es técnicamente posible descodificar el genoma de Elvis Presley a partir de su tupé, «presleyficar» una célula humana y crear un bebé con ella, ese niño nunca «será» Elvis. En este punto, dependiendo de dónde trabajen, los científicos implicados podrían haber incumplido varias leyes, por no hablar de tabús sociales y éticos. Según la ley del Reino Unido de 2004 sobre Tejidos Humanos, es ilegal analizar, sin consentimiento, el ADN de alguien que haya muerto menos de cien años antes. Este punto de corte, algo arbitrario, hizo que los científicos de la británica Universidad de Leicester, que están trabajando en la descodificación del genoma de un rey distinto —Ricardo III—, estuvieran varios cientos de años a salvo, mientras que alguien que esté intentando secuenciar el genoma de Elvis en suelo británico podría encontrarse a sí mismo bailando el «rock de la cárcel».

La clonación reproductiva humana está prohibida en muchos sitios (véase el capítulo 2), y en 2002, después de una profunda revisión del problema, el presidente del Consejo de Bioética escribió al entonces presidente de los Estados Unidos, George W. Bush, para advertirle de que «la clonación para producir niños no es solamente arriesgada, sino también moralmente inaceptable, y no se debería intentar». Tiene un aire a eugenesia, relega la creación de la vida humana a un proceso de manufacturación y conduce a un mundo extraño y desasosegador en el que un padre podría llegar a ser el «hermano gemelo» de su propio «hijo».

Y para colmo, el diminuto embrión humano clonado habría sido genéticamente modificado. Cada célula en el cuerpo en desarrollo derivaría del óvulo original «presleyficado», lo que significa que cuando el clon creciese y pensase en tener sus propios mini-Presleys, los tres millones de cambios generados en el laboratorio estarían también presentes en su esperma. Estos cambios se heredarían también en las siguientes generaciones.

No sería la primera vez que los científicos editan cambios genéticos hereditarios en embriones humanos. En abril de 2015, investigadores chinos anunciaron que habían usado el CRISPR para reparar un gen defectuoso y causante de enfermedades en un embrión humano. La investigación preliminar, realizada deliberadamente en embriones humanos no viables (porque los científicos nunca planearon dejar que los embriones se convirtieran en bebés), era un paso hacia la corrección de un único gen mutante que causa la beta-talasemia, un problema en la sangre potencialmente mortal. Pese a sus buenas intenciones, los investigadores protagonizaron un acalorado debate. Un mes antes, algunos investigadores habían escrito en la revista *Nature* para pedir una moratoria mundial en la modificación genética de embriones humanos, mencionando «serias preocupaciones» relacionadas con la ética y con los riesgos que parecían estar justificadas. Cuando los investigadores chinos llevaron a cabo sus experimentos, la edición genética no fue tan bien como habían esperado. A veces el CRISPR fallaba al cortar el ADN, otras veces lo cortaba en el lugar erróneo, creando nuevos problemas potenciales. La técnica solo funcionaba adecuadamente en una fracción de los embriones probados, y, cuando lo hacía, el embrión terminaba siendo una mezcla de células editadas y no editadas, y no el embrión de diseño modificado genéticamente en su totalidad. Como demuestra la tecnología actual, la modificación genética, según parece, no está exenta de riesgos.

De modo que creamos a GElvis a pesar del grave peligro social y moral para nosotros y para él, ¿y para qué? Para crear a alguien que se parezca un poco a Elvis, pero que, inevitablemente, será una persona distinta con una historia vital distinta. Las células pueden ser clonadas, las personas no. Desde el mismo momento de la creación, cada nueva vida es única, y se hace más única conforme pasa el tiempo. Y eso es lo maravilloso de cada uno de nosotros.

Verdaderamente, Elvis no tenía igual. El genetista Neil Hall, de la Universidad de Liverpool, ha calculado cuántos hijos más habrían tenido que tener Gladys y Vernon antes de producir otro que fuera genéticamente idéntico a Elvis. Su cálculo tiene en cuenta el reparto aleatorio de los dos juegos de 23 cromosomas que se produce cuando las células se dividen para crear esperma u óvulos, así como el intercambio de material genético dentro de los cromosomas que acompaña al proceso. Hall estima que Gladys y Vernon tendrían que producir otros 41.000.000.000.00
0.000.000.000.000.000.000.000.000.000.000.000.000.000.000
.000.000.000.000.000.000.000.000.000.000.000.000.000.000.
000.000.000.000.000.000.000.000.000.000 niños antes de que Gladys pudiera hacer aparecer un clon natural de Elvis. Eso es 41 seguido de 126 ceros. «Este número es ridículamente inmenso y muy probablemente una infraestimación impresionante», dice Hall. Tampoco tiene en cuenta el hecho de que, después del tercer niño, las parejas casadas raramente vuelven a tener sexo de nuevo, o que Gladys y Vernon están, obviamente, muertos. Para poner la cifra en contexto, el número de átomos en el universo observable se cree que es alrededor de 4 con 79 ceros detrás. «El número de Presley», como lo llamaremos de aquí en adelante, es 47 ceros más

grande que ese. Es atónitamente grande, y un testimonio de la singularidad de Elvis.

Hay, sin embargo, otro medio de devolver a nuestro mundo la tan necesitada «Elvisidad». Me explico. Cuando Elvis murió, en 1977, se estima que había alrededor de 170 imitadores de Elvis. En el año 2000, ese número había aumentado a 85.000. Si se trazan los números en una gráfica, se tiene en cuenta el crecimiento estimado de la población y se llevan a cabo algunas estadísticas ambiguas, lo que encontramos es que, en 2043, 1 de cada 4 humanos será un imitador de Elvis. Si se está leyendo este libro en un autobús, el lector, por favor, debe mirar a las dos personas sentadas a su lado. Ahora hay que imaginárselas con un tupé brillante y de tres dedos de alto. Ahora hay que dejar de mirarlas. Creo que se han dado cuenta. Todavía mejor: extendamos la línea en el gráfico hasta su conclusión lógica y lo que se ve es que, para 2050, todo hombre, mujer o niño de la tierra *será* un imitador de Elvis. Podemos «desextinguir» a una persona con el mismo código genético de Elvis, pero no *será* Elvis. No podemos recrear a Elvis. No deberíamos recrear a Elvis. Su música está todavía con nosotros y un día no muy lejano todos estaremos cantándola. Señoras y señores, pónganse su mono, abróchense la capa y péinense el pelo con un tupé estilo Elvis. Tienen poco más de una década para aprenderse la letra de «Suspicious Minds». Pero, esta vez sí, Elvis está criando malvas.

7
UNA NAVIDAD TRISTE

Puede que Elvis se haya ido, pero, puesto que las investigaciones progresan, la perspectiva de resucitar con éxito especies ya extintas todavía está muy viva. Algún día, ese «casi» renacuajo de la rana de incubación gástrica se convertirá, seguramente, en una rana. Y si no son el mamut lanudo o la paloma pasajera los que vuelven, será cualquier otro animal extinguido. Con el nacimiento del clon de Celia, la pequeña bucarda que vivió tan solo siete minutos, desextinguimos la vida un corto período de tiempo, pero, conforme la ciencia progrese, caerán las barreras. Acumular el conocimiento fundamental y la experiencia técnica necesarios para hacer a la oveja Dolly les costó a los investigadores décadas, pero, tan solo 20 años más tarde, la clonación se ha convertido en un hecho cotidiano. En la Sooam Biotech de Seúl, los científicos producen 500 animales clonados al día, incluyendo perros, cerdos y ganado. Se producen animales clonados como mascotas, como herramientas para la investigación médica y para su uso en la industria ganadera. Imaginar que se superarán los obstáculos que hicieron tan corta la vida de la pequeña bucarda no requiere un gran esfuerzo. No se trata de «si» la desextinción sucederá, sino de «cuándo».

Por tanto, es importante pensar en los problemas que este logro, que desafía todos los dogmas, suscitará. La desextinción no va sobre crear animales solitarios de zoo, va sobre producir poblaciones animales sostenibles que prosperarán y se desarrollarán en la naturaleza. Con eso en mente, sería prudente considerar cómo serán estos animales. ¿Podrían ser peligrosos? ¿Ayudarán o estropearán el hábitat en el que se suelten? ¿Cómo serán protegidos y controlados? ¿Y cómo escoger a los mejores candidatos?

NUNCA ES LO MISMO

Empecemos por aclarar una cosa. Un animal desextinguido nunca será igual que el original. Estos animales serán creaciones del siglo XXI, no los productos delicadamente tallados por millones de años de evolución. Al igual que todos los imitadores de Elvis del mundo, serán aproximaciones, no réplicas. Habrá diferencias fundamentales en su biología, debido a los métodos usados para crearlos. Y al nacer en un mundo que nunca está quieto, su entorno habrá cambiado. Un producto de la naturaleza, del medio y de la interacción entre los dos: todo ello conspirará para hacer del animal desextinguido un ser inevitablemente diferente a su extinto compañero.

En Sudáfrica, los científicos están usando la reconstrucción del taxón para desextinguir a la cuaga. La cuaga tenía la mitad delantera cubierta de rayas y la mitad trasera completamente lisa. Así que están escogiendo a las cebras que más se parecen a las cuagas y dejándolas que se críen. El objetivo, después de sucesivas generaciones de individuos, es crear animales con partes de atrás más lisas, pero ¿serán cuagas? Bien, hemos estado seleccionando perros para crianza durante cientos de años, y, aunque los cockapoos,[1] los collies y los chihuahuas parecen cosas muy distintas, todos siguen siendo perros. De forma similar, una cuaga del siglo XXI será una nueva raza de cebra, pero no una nueva especie.

Cuando George Church haya terminado de editar genes de mamut en sus células de elefantes y las haya usado para crear un animal, nos encontraremos con una bestia que podrá parecer un mamut, pero cuyo genoma será todavía, abrumadoramente, el de un elefante. Será un «corto y cierro» genético, una mezcla bien intencionada de ADN de dos especies distintas. De forma similar, el genoma de la paloma pasajera de Ben Novak será, predominantemente, una paloma de collar con tan solo un «toque» genético del ave que tanto ama él. Ni siquiera el clon del bucardo, cuyo genoma era puro en un 99,9995 por 100, era cien por cien bucardo.

Dejando a un lado el ADN, otros aspectos biológicos también serán diferentes. El entorno, recordemos, deja marcas físicas en el ADN en forma de minúsculos grupos químicos que se adhieren a los genes y alteran su actividad, los llamados «cambios epigenéticos». Creado artificialmente, criado en el siglo XXI, el epigenoma de un animal desextinguido será distinto del original. Y hay otro *-oma* que tenemos que considerar. Todos los animales complejos tienen al menos las mismas partes de bacterias que de sus propias células. Esta colección de microbios, conocida como el *microbioma*, también será distinta. Pero hablaremos de ello más tarde.

[1] El cockapoo, el más que discutible mejor tipo de perro del planeta, es un cruce entre un cocker spaniel y un podenco. Su nombre, sin embargo, subraya la alarmante tendencia al lenguaje mixto, lo que ha supuesto el nacimiento de palabras como *calcletas* («la inaceptable combinación de calcetines y chanclas), *movigólatra* («alguien que usa su móvil a grito pelado en la tranquilidad del vagón de un tren») y *pregungipollas* («alguien que hace demasiadas preguntas idiotas»).

Si una criatura desextinguida sale sana, y parece y actúa como la auténtica, podríamos discutir que las pequeñas diferencias no importan tanto. Sin embargo, son importantes en la medida en que van a influir en todo, desde el mero hecho de la supervivencia del animal hasta en cómo será tratado cuando sea soltado en libertad.

LÁGRIMAS DE UN CLON

Se cree que las diferencias genéticas y epigenéticas son gran parte de la razón por la que tantos embriones clonados no pueden desarrollarse con normalidad. Los científicos europeos tuvieron que crear cientos de clones de bucardo solo para conseguir uno vivo al nacer, y que murió a los pocos minutos (véase el capítulo 3). Y la historia ha tenido un desenlace parecido cada vez que los científicos han tratado de clonar especies en peligro de extinción, como el banteng *(Bos javanicus)* o el gaur *(Bos gaurus)*. Todos estos proyectos implicaban el mismo procedimiento —clonación entre especies—, donde el ADN de una especie extinta o en peligro de extinción se reprograma con el óvulo de una especie viva relacionada estrechamente con la primera. El embrión resultante tiene el ADN nuclear de la especie clonada, pero el ADN mitocondrial del óvulo donante, y los investigadores sospechan que es esta discordancia fundamental lo que causa que tantos clones fallen en su desarrollo.

El biólogo molecular Rhiannon Lloyd, de la Universidad de Portsmouth, sospecha que el problema puede radicar en una minúscula estructura encontrada en la cara interna de la mitocondria. Conocido como el sistema de fosforilación oxidativa mitocondrial, se trata de un compuesto de proteínas que trabajan juntas interactuando unas con otras, como una máquina molecular, para generar energía para la célula. «Es increíblemente complicado», dice Lloyd. Pero las partes que componen la proteína están codificadas por genes del núcleo y del ADN mitocondrial.

Así, pues, si el ADN mitocondrial y el del núcleo proceden de distintas especies, las proteínas bien podrían no mezclarse adecuadamente, y la máquina no funcionaría. «Incluso las perturbaciones pequeñas pueden acarrear problemas», dice. Sin energía, las células no pueden sobrevivir. Y si las células se quedan sin vapor, entonces un embrión en desarrollo fracasará.

Pero hay otra dificultad. Una grande. Y es que nadie comprende de verdad cómo funciona la clonación. Cuando comienza la vida, las células presentes en un embrión se transforman en cualquiera de los distintos tipos de células que hay en el cuerpo adulto, pero conforme el embrión se desarrolla y se forman las células especializadas, esta habilidad se va perdiendo. Las distintas clases de células —células del cerebro, del corazón, de la piel y similares— son aún todas genéticamente idénticas, pero se han conectado y desconectado distintos genes. Sus epigenomas son diferentes.

En consecuencia, cuando los clonadores transfieren un núcleo a un óvulo, están transfiriendo no solo el ADN, sino también las instrucciones epigenéticas que lo controlan. Algo dentro del óvulo, y nadie está seguro exactamente de qué, tiene que silenciar estas instrucciones, quitar las señales que dicen «sé una célula del cerebro» y en lugar de eso darle la libertad de convertirse en la célula que quiera. Es como restaurar a los ajustes de fábrica un teléfono móvil. A veces esta posibilidad se logra y el clon se desarrolla con normalidad. Pero en otras ocasiones el ADN no está completamente reprogramado y esa, creen los investigadores, es una de las razones por las que tantos animales clonados no pueden sobrevivir.

SE SIENTE EN LAS TRIPAS

Cuando los científicos estudiaron a un bebé mamut llamado Lyuba, que fue descubierto en el permafrost de Siberia en 2007, encontraron trozos de excrementos en su estómago. Sabemos que los cachorros de elefante se comen los excrementos de sus madres porque les ayuda a formar las bacterias estomacales que necesitan para digerir su comida. Parece que los mamuts hacían lo mismo. Esto habría contribuido a una mezcla única de bacterias en el animal: su microbioma.

Cuando aparecemos en el mundo, nuestros microbios no son muchos, pero conforme pasamos a través del canal del parto y comenzamos a tomar leche materna, nuestra mezcla característica de bacterias comienza a establecerse. Esto se ajusta más allá de lo que comamos, dónde vivamos o qué hagamos. Trillones de bacterias viven en nuestro cuerpo y fuera de él, su importancia es tal que ha llevado a algunos a sostener que nuestra comunidad colectiva de microbios debería ser reconocida como un órgano en sí mismo. Algunos estudios han revelado que el microbioma juega un papel muy importante tanto en la salud como en la enfermedad. Ha habido cambios del microbioma humano implicados en muchas complicaciones, como la diarrea, la diabetes y la depresión. Así que, cuando se trata de desextinguir a un animal, quizá deberíamos pensar en desextinguir también su única y singular mezcla de microbios.

Esto será más o menos difícil dependiendo de lo que haya quedado de la criatura extinta. Cuando los científicos examinaron lo que quedaba del «mamut sangriento», la bestia deformada con sangre líquida y tejido fresco y congelado descubierta en Siberia en 2012, descubrieron que todavía tenía heces en el recto. El microbiólogo Bas Wintermans, del Centro Médico Universitario VU, en Ámsterdam, tuvo el envidiable trabajo de recuperarlas y tratar de determinar cuál era su contenido microbiótico. Halló que las heces contenían una mezcla de bacterias intestinales normales del siglo XXI y microbios aún no identificados, posiblemente de la era glacial. Eso brinda la posibilidad de ser capaces de inocular en un mamut desextinguido las bacterias estomacales que portaban sus ancestros. «Cuando llegue el momento de que un mamut se desextinga, diseñaremos una microbiota adecuada para él —dice Wintermans—, aunque creo que nos va a llevar un tiempo.»

Los microbios, por supuesto, son de todo tipo. Mientras que una mezcla sana de bacterias estomacales es buena para nosotros, las bacterias causantes de enfermedades y los virus son menos bienvenidos. Existe cierto miedo a que, a la hora de desextinguir a un animal, podamos accidentalmente también desextinguir algunos de los patógenos minúsculos que en algún momento lo infectaron, lo que sería un riesgo para la salud pública. Se trata de una preocupación lógica. En 2014 científicos europeos revivieron un virus que había permanecido latente en el permafrost siberiano al descongelarlo y darle algo que infectar. Por casualidad, el virus, llamado *Pithovirus sibericum*, resultó infectar solo a amebas, pero ello planteó la posibilidad de que otros virus, potencialmente más infecciosos, pudieran estar acechando en los páramos congelados del norte. Al año siguiente encontraron otro virus diferente en la misma muestra de permafrost. Conforme el mundo se calienta y el Ártico se derrite, lo más probable es que encontremos un número cada vez mayor de estos patógenos, pero no es necesariamente causa de alarma. Al igual que el ADN de los animales de la era glacial se ha desintegrado a lo largo de los años que ha permanecido congelado, el material genético de cualquier virus o bacteria que en algún momento les arruinara la vida, también. Es de esperar que los microbios de la era glacial estén tan muertos como los animales que solían infectar. Podría darse el caso de que los virus recientemente descubiertos en Siberia fueran inusualmente resilientes, o que hubiera alguna peculiaridad en la manera de estar congelados que ayudara a su material genético a sobrevivir. En ambos casos, es posible diferenciar la secuencia genética de los virus y separarlos del ADN de otras especies. Cuando los científicos den el primer paso en la desextinción, descodificando el genoma de algún animal, también serán capaces de filtrar cualquier virus sospechoso, luego volver a filtrarlo cuando tengan el primer embrión, y hacerlo de nuevo cuando ya tengan al animal. Al igual que deben ser tomadas precauciones muy estrictas para salvaguardar la salud y el bienestar de los animales, igualmente estrictas deben ser las precauciones que se tomen para asegurarnos de que el animal no es portador de ninguna enfermedad. Los animales desextinguidos empezarían sus días en un estado de cautividad en cuarentena, de tal forma que su salud y cualquier problema potencial pudieran ser controlados. Solo serían puestos en libertad cuando las agencias reguladoras correspondientes lo consideraran seguro, y si las agencias reguladoras son conocidas por algo, es por tomarse burocráticamente su tiempo.

¿QUÉ HAY EN UN NOMBRE?

Supongamos, sin embargo, que los científicos lo logran. Consiguen desextinguir una especie y dejarla libre. El siguiente problema con el que nos encontramos es cómo clasificarlo. Si los animales que creemos mediante la desextinción son inevitablemente diferentes a los originales, entonces ¿cómo deberíamos llamarlos? ¿Cómo deberían ser categorizados? Podría, a simple vista, no parecer más que un ejercicio de semántica, pero las etiquetas que demos a estos animales tendrán profundas repercusiones en su bienestar futuro.

Cómo clasificar animales desextinguidos es ciertamente una pregunta de difícil solución para la Unión Internacional de la Conservación de la Naturaleza (UICN), para los compiladores de la Lista Roja y para la organización que actualmente se encarga de las pautas y directrices para dicha clasificación. Las especies en la Lista Roja se encuentran agrupadas en distintas categorías según el grado de esperanza que se tenga en su supervivencia, empezando por «pequeña preocupación» y «vulnerable» hasta «en peligro de extinción» y «extinta». Para poder ampararse en la ley de protección de especies en peligro, un animal debe estar primero en la lista de «en peligro», pero aquí está la trampa... Los criterios de la Lista Roja solo se aplican a los animales que viven en libertad. Los primeros animales desextinguidos, creados y criados en cautividad, no serían inicialmente salvajes, así que pueden verse excluidos de la Lista Roja. Es una situación muy paradójica. La existencia de este nuevo tipo de animales, inicialmente en cautividad hasta que se creen más de la misma clase, sugeriría cierta precariedad. Ya que será solo cuando el animal sea liberado en la naturaleza cuando podrá aspirar al estatus de la Lista Roja y al amparo de la ley que protege las especies en peligro de extinción.

Sin embargo, podría cumplir los requisitos de cara a algo más. Si el animal ha sido creado mediante clonación y/o ha sido editado su genoma, sería clasificado muy probablemente como «organismo genéticamente modificado» (OGM), pero la legislación relacionada varía considerablemente en el planeta y tiende a centrarse más en comida, medicinas y pesticidas genéticamente modificados que en animales genéticamente modificados. Esto convierte las cosas en un poco impredecibles. Imaginemos que los científicos traen de vuelta al mamut lanudo y deciden liberarlo. En Europa, se tendrían que construir robustos asentamientos contra todo peligro antes de que el animal fuera liberado. En Inglaterra, los investigadores tendrían que solicitar una licencia del Natural England, el grupo consultivo gubernamental que se encarga de la protección de la naturaleza del país. En el caso de ser concedida, probablemente tuviera restricciones. Por ejemplo, si el animal vagara fuera del territorio acordado, podría haber instrucciones para destruirlo. Alguien debería advertírselo a los mamuts.

Quizá deberían solicitar una *green card*,[2] puesto que en Estados Unidos la legislación para los OGM es mucho más permisiva. No hay una ley relevante que agrupe a todos los estados. En su lugar, hay trocitos de leyes, generalmente emitidas para otros propósitos, que pueden variar a lo largo del país. Por ejemplo, tres condados californianos tienen regulaciones que prohíben los OGM en su jurisdicción, pero en la mayoría del país no hay nada

[2] La tarjeta de residencia que concede el gobierno de Estados Unidos y que se conoce sobre todo por su nombre en inglés. *[N. de la T.]*

que impida que alguien cree y libere un rebaño de mamuts lanudos en su propio jardín. «Es fácilmente imaginable que puedas liberar a un animal desextinguido en tu propiedad y hacer que crezca en número en la naturaleza. Y, en Estados Unidos al menos, no estás obligado por ninguna ley nacional del Gobierno», dice el experto en ley biológica Andrew Torrance, de la Universidad de Kansas.

En otro giro inesperado, los creadores de un animal desextinguido pueden encontrarse en una posición en la que ni tan siquiera posean la criatura en la que han invertido tanto tiempo y dinero. En el Reino Unido, y en algunas partes de los Estados Unidos, se puede aplicar la «ley de captura». Si un mamut lanudo estuviera paseando en mi jardín y yo le pusiera una correa alrededor del cuello, podría ser oficialmente mío..., lo que les encantaría a mis hijos, pero quizá añadiría tensión a las relaciones con los vecinos. Y las cosas podrían ser extrañas también para los animales que fueran desextinguidos en cautividad. Cuando China exporta sus pandas a los zoos de otros países, los destinatarios firman un contrato por el que acuerdan que China sigue poseyendo al animal. Si una situación similar llegara a suceder con la desextinción, el Parque del Pleistoceno podría muy bien encontrarse un día «alquilando» mamuts lanudos de Estados Unidos o de Corea del Sur o de Japón, en vez de poseerlos.

Y en cuanto a cómo llamar a los animales desextinguidos, todavía está por ver. Todas las criaturas vivas que conocemos tienen un nombre común y un nombre científico. Una sugerencia aportada por la UICN es que demos al animal desextinguido el nombre científico de la especie receptora, seguido por el nombre del animal original y después alguna indicación del método usado para producirlo. Siguiendo la nomenclatura anterior, el mamut creado por George Church se llamaría en *Elephas maximus Mammuthus primigenius CRISPR-Cas9 Transferencia nuclear somática interespecífica* y la paloma pasajera de Novak sería *Patagioenas fasciata Ectopistes migratorius CRISPR-Cas9 Transferencia de las células germinales primordiales.* Menudo trabalenguas. Los nombres comunes, en comparación, son más sencillos para la lengua y pueden variar entre la gente y los idiomas. Aquí es donde empieza la diversión. Yo propongo que al elefante peludo y amante de la nieve de Church se le llame «lanudofante», y que la amiga plumífera de Novak sea «La paloma pasajera II: El *Ectopistes* contraataca».

EL MOMENTO DE UNA DECISIÓN

Así, pues, si se pudiese desextinguir a un animal, ¿qué o quién elegiría cada lector? Recapitulemos las opciones hasta ahora estudiadas. Los dinosaurios y los dodos quedan fuera porque no hay ADN disponible. El proyecto del tilacino ha finalizado por falta de interés (¡una pena!). El proyecto del bucardo se ha estancado por falta de fondos. Los mamuts lanudos están ahí, pero su creación implicará necesariamente procedimientos invasivos y experimentación en el elefante asiático, su pariente vivo más cercano, aunque en peligro de extinción. Los neandertales (y Elvis Presley) están fuera de la cuestión porque su desextinción estaría mal éticamente, supondría un riesgo para la salud pública y en último término no tiene sentido. Con el conflicto actual sobre el hongo quítrido, no hay actualmente ningún lugar al que pudiese ir la rana de incubación gástrica. Y hay razones para sospechar que, con tal de sobrevivir, la paloma pasajera tendría que vivir en bandadas tan grandes que se convertiría en una molestia pública.

Cuando la gente trata de decidir qué especies vivas hoy por hoy deberíamos conservar, normalmente se inclina por los animales icónicos, hermosos y carismáticos. Piensan en pandas, tigres y gorilas. Hacen una gran fotografía, pero no son necesariamente las que más merecen nuestra atención. Por cada especie célebre, hay millones de aspirantes sin derechos que nunca alcanzarán las portadas de los periódicos. ¿Quién se preocupa de la rana de agua del Titicaca *(Telmatobius culeus)*, un anfibio sudamericano cuyos pliegues mal puestos le han valido el apodo de «rana escrotal»? ¿Quién entre nosotros ha oído hablar de la piña pepino de mar *(Thelenota ananas)*, del pez sierra de diente pequeño y nariz de motosierra *(Pristis zijsron)* o del tamarino bicolor *(Saguinus bicolor)*, cuya cara recuerda a Yoda? Todos ellos están en una situación desesperada, ya que, por alguna razón, no han logrado estar en la página web de inicio del World Wildlife Fund,[3] o formar parte de la conciencia colectiva.

Lo mismo sucede con la desextinción. Los científicos que están lidiando con la tecnología tienden a centrar sus esfuerzos en especies que son memorables, llamativas e icónicas. Estas podrían ser las físicamente grandes, como el mamut, o aquellas con las que tenemos una conexión emocional más profunda, como la paloma pasajera. El bucardo, extinguido tan recientemente, es parte de la herencia cultural española, mientras que la rana de incubación gástrica, actualmente el foco de un proyecto de desextinción en Australia, es tan inusual que llama la atención. Todas estas razones son válidas a la hora de escoger esta o aquella especie, pero, si queremos elegir seriamente a un candidato para la desextinción, hay otros factores a tomar en cuenta.

Necesitamos ser prácticos. Nuestras elecciones están limitadas por lo que es técnicamente posible. Primero, necesitamos una fuente completa de ADN, pero como las moléculas se degradan con el tiempo, eso restringe la lista de posibles candidatos desde aquellos que vivieron en los últimos 3,5 miles de millones de años (cuando comenzó la primera forma de vida), a los que estuvieron vivos solo en el último millón de años. Lo siguiente que necesitamos es un pariente cercano y no extinto que pueda actuar como genoma de referencia. Su secuencia genética puede ser usada para ayudar a ordenar los fragmentos del antiguo ADN y tapar posibles agujeros. Así, aunque el ADN de la moa *(Dinornis giganteus)*, un pájaro gigantesco que no podía volar y que se extinguió hace

[3] Fondo Mundial para la Naturaleza, más conocido por sus siglas en inglés, WWF. *[N. de la T.]*

600 años, haya sido recuperado, su pariente vivo más cercano, un pájaro mucho más pequeño llamado tinamú, es simplemente demasiado distinto como para proporcionar un patrón genético útil.

Más avanzado el proceso, cuando el antiguo genoma haya sido reorganizado y revivido en una célula, el pariente vivo necesitará aparecer de nuevo. Si se trata de un marsupial, debe llevar el embrión en su bolsa; si es un mamífero, debe dejarlo crecer en su útero, y si es un ave, debe poner un huevo. Y aquí hay de nuevo restricciones. El pariente más cercano vivo de la vaca marina de Steller, por ejemplo, es otro mamífero marino llamado dugongo. Pero un cachorro de vaca marina de Steller tendría la misma longitud (entre dos y tres metros) que un dugongo adulto. Sería como pedirle a un perro salchicha que diese a luz un gran danés.

En algunos casos, la madre receptora tendría que alimentar al animal desextinguido no solo durante su desarrollo embrionario, sino también después del nacimiento. Por tanto, necesitamos valorar si la madre receptora sería una buena madre. Además de ser capaz de alimentar al animal, debería enseñarle algunas habilidades prácticas. Pero ¿sería un elefante capaz de enseñarle a un mamut lanudo cómo recolectar hierba bajo la nieve o dónde están los caminos migratorios ancestrales? En algunos casos, los seres humanos necesitarían intervenir.

Consideremos el cóndor de California *(Gymnogyps californianus).* Este buitre gigantesco, calvo y picudo es un carroñero, pero hace 30 años estuvo a punto de extinguirse debido al plomo venenoso de las balas que albergaba la carroña que comía. En 1987 los conservacionistas decidieron agrupar a todos los buitres que quedaban y establecieron una colonia en cautividad para su crianza. Para maximizar el número de crías producido, los conservacionistas quitaban y criaban a mano la cría del primer huevo puesto por una pareja, lo que obligaba a la hembra a poner un segundo huevo, que los padres criaban por sí mismos. Fue un trabajo enormemente intenso pero exitoso, y gracias a él hay hoy más de 200 cóndores planeando sobre las corrientes de aire térmicas de California,

Arizona y Méjico. Pero todavía necesitan nuestra ayuda. Aunque fue introducida una prohibición parcial respecto a las municiones de plomo, los cóndores todavía sufren envenenamientos por este metal, así que son capturados de vez en cuando y, en caso necesario, son tratados con un medicamento que limpia el plomo de la corriente sanguínea. Alrededor del 10 por 100 de la población, en algún momento, suele estar en el veterinario. Y otro problema surge por sus impresionantes tres metros de envergadura con las alas abiertas. Los conservacionistas se dieron cuenta con horror de que los polluelos criados en cautividad se electrocutaban cuando volaban accidentalmente por los cables de la luz. De manera que ahora a los pájaros se les proporciona terapia de aversión a los cables. Se ponen postes artificiales en aviarios grandes para enseñar a los pájaros a evitar los cables mediante pequeñas descargas eléctricas que no son mortales, pero sí recordadas.

Cuando los animales son devueltos a la naturaleza después de un período de ausencia, no podemos suponer que sencillamente los dejamos marchar y que todo irá bien. Necesitamos reflexionar en profundidad acerca de los problemas que pueden encontrar y el nivel de ayuda que van a necesitar. La desextinción será un largo proceso. No se acabará con el nacimiento de un bucardo o la incubación de una paloma pasajera. Continuará con la fase de crianza en cautividad, la puesta en libertad y más allá. El proceso de desextinción no solo consiste en «hacer» al animal que se había extinguido, sino en asegurarle un lugar y darle el mejor comienzo para que algún día pueda valerse por sí mismo.

TODOS DESEXTINGUIDOS, PERO NINGÚN SITIO DONDE VIVIR

Para algunos animales, la falta de lugares apropiados en los que vivir hace que su desextinción sea un completo fracaso. El delfín del río Yangtsé, por ejemplo, bebía de las aguas dulces de este río y de su vecino, el Qiantang, en China, donde contaba la leyenda que el nadador danzarín de ballet era la reencarnación de una princesa ahogada. Pero entonces China comenzó a hacer lo que mejor hace: fabricar cosas. El río Yangtsé se convirtió en uno de los más ocupados y contaminados, y los delfines acababan chocándose con barcos, enredándose en redes de pescadores y ahogándose. En 2006, cuando un recuento científico no pudo hallarlos, fueron dados por extintos. La degradación de su hábitat natural implica que no tiene sentido traerlos de vuelta. Las orillas del Yangtsé están llenas de ciudades en expansión y se estima que 12 miles de millones de metros cúbicos de basura no tratada es arrojada a sus aguas turbias cada año. Este río está demasiado sucio para una princesa.

Si tuviéramos que elegir a un animal al que desextinguir, mejor que fuera alguno que contara con un lugar al que ir. Para empezar, sería conveniente saber exactamente qué llevó a esa especie a la extinción. De esa manera, podríamos estar seguros de qué amenazas han desaparecido ya o pueden ser mitigadas. Si profundizamos más atentamente en la historia del delfín del río Yangtsé, veremos que las causas de su extinción se vuelven tan turbias y enrevesadas como el río en el que nadaba. Este estaba sucio, contaminado y lleno de barcos y redes, pero, corriente arriba, la Presa de las Tres Gargantas, entonces recién construida, también impedía que los peces que comía el delfín migraran a sus zonas de desove. Es un cuadro complicado con muchos factores confusos. «No sabemos cuál o cuáles de estos factores fueron la causa de la extinción del delfín del río Yangtsé», dice Samuel Turvey, de la Sociedad Zoológica de Londres, quien estudió a la criatura. Mientras tanto, el Yangtsé sigue cada vez más ajetreado, contaminado y faenado. «Todo el sistema es una locura», se lamenta.

EL MARAVILLOSO MUNDO DE LA NAVIDAD

La rata de la isla de Navidad *(Rattus macleari)* es un prometedor candidato a la desextinción. Me fue sugerido por el investigador de ADN antiguo Tom Gilbert, de la Universidad de Copenhague, quien ha estado involucrado en la secuenciación de su ADN, lo cual le convierte en un interesante caso de estudio. Este roedor grande y marrón fue una vez endémico de la isla de la que toma su nombre, un minúsculo punto de biodiversidad en el océano Índico, 390 km al sur de Java. Pero en 1899 el *SS Hindustan* levó anclas y algunas ratas negras, escondidas en la bodega, abandonaron el barco y se dispersaron por todas partes al llegar a tierra firme. Al poco tiempo, las ratas nativas de la isla de Navidad fueron vistas tambaleándose como si estuvieran borrachas y cuatro años después habían desaparecido todas. Pero no se habían ido a «rehabilitación». Se les echó la culpa a las ratas negras, portadoras de los microorganismos que llevaban la enfermedad, llamados tripanosomas, que acechaban en sus pulgas, pero nadie estuvo en condiciones de probarlo hasta que Gilbert y compañía echaron un vistazo al ADN de la criatura. Extrajeron ADN de especímenes de museo y descubrieron que las ratas de la isla de Navidad que habían vivido antes de la invasión de las ratas negras no portaban tripanosomas, mientras que los animales que habían muerto después del contacto con las ratas negras estaban infectados en su mayoría.

Entonces, tenemos aquí un animal de cuya extinción conocemos la causa: una especie invasora introducida inconscientemente por seres humanos. Su ADN está disponible en los especímenes de museo que existen, y tiene un pariente cercano vivo en forma de humilde rata de laboratorio, cuya biología y genoma están bien estudiados. Las ratas se han usado mucho como animales experimentales desde principios del siglo XIX porque son pequeñas, dóciles y se reproducen rápido. También estuvieron entre los primeros mamíferos en ser clonados, lo que nos brinda un amplio campo de conocimiento concreto de esta especie que ayudará a cualquiera que intente traer de vuelta a la rata de la isla de Navidad. Aquí tenemos a una criatura cuya desextinción es técnicamente posible y cuya desaparición causamos nosotros sin darnos cuenta. Por ello, quizá tengamos la obligación moral de resucitarla. Es uno de esos animales que nunca serán los protagonistas de un póster, así que se trataría de abanderar esas especies olvidadas y perdedoras. Y el hecho de que las ratas no ganaran nunca el primer puesto en un concurso de popularidad podría incluso ir a favor de los investigadores. La clonación y la desextinción son procesos muy costosos, pero ¿a quién le importa si otro embrión de rata estira la pata? La rata de la isla de Navidad podría ser usada como una prueba inicial para ver el proceso de desextinción desde su puesta en marcha hasta su punto final, que sería la supervivencia de una especie desextinguida en la naturaleza. Cuando un número suficiente de ejemplares fueran criados en cautividad, las ratas de la isla de Navidad podrían ser reincorporadas a su lugar de origen, donde más o menos un tercio de la isla, de 80 km^2, está protegido como parque nacional. Rodeada de agua, su campo de acción estaría restringido de forma natural. No podrían nadar hasta Java y hacer estragos en su fauna. Y si las ratas se convirtieran en una peste en su propio territorio, siempre podríamos sacrificarlas. Ya hemos eliminado el problema de las ratas en numerosas islas. Puede no ser fácil, pero sí posible.

Suena como la elección perfecta. Pero aquí viene el problema. Los ecosistemas no se quedan quietos. Son sistemas dinámicos en constante estado de flujo. Por encima, el bosque tropical de la isla de Navidad puede parecer el mismo que hace 150 años, pero no lo es. Otras especies han aparecido y desaparecido.

Aunque la isla es aún el hogar de una plétora de fauna autóctona, única y fascinante —la asombrosa migración anual del cangrejo rojo *(Gecarcoidea natalis)* de la isla de Navidad es un ejemplo—, ha sido vapuleada por especies invasoras en muchas ocasiones. Cada cinco o diez años, se instalan supercolonias de hormigas locas amarillas *(Anoplolepis gracilipes)*, no autóctonas y llamadas así por sus movimientos erráticos. Si se dejan sin control, se arremolinan en torno a los cangrejos rojos autóctonos y les rocían los ojos y la boca con ácido fórmico. En los últimos años, han matado a un cuarto de la población de cangrejos de la isla, un hecho que no ha pasado inadvertido para el resto del ecosistema. Por sus propios métodos, el cangrejo rojo excava madrigueras, moviendo así la tierra y fertilizándola con sus excrementos. Comen hojas caídas, semillas y fruta. Pero, conforme disminuye su número, van creciendo más plántulas. Las malas hierbas van extendiéndose en los bosques y, mientras la flora va cambiando, van cambiando los tipos de animales que prosperan o desaparecen en ella. Sencillamente, la flora y la fauna de la isla de Navidad han cambiado.

A pesar de ser la candidata perfecta en tantos aspectos, no está claro cómo la rata de la isla de Navidad se adaptaría a este escenario. Las ratas negras infestadas de tripanosomas están todavía ahí, al igual que un montón de especies no autóctonas potencialmente peligrosas. La rata de la isla de Navidad podría encontrarse tambaleándose por todas partes, devastada por la enfermedad, con ácido fórmico en la cara. Se podría extinguir otra vez.

Quizá podría ser ubicada en otra isla, un principio de conservación bien asentado llamado *translocación*. Las islas son puntos de biodiversidad rodeados de agua. Acumulan una quinta parte de todas las especies del planeta, incluyendo algunas que son totalmente únicas. Los roedores invasivos, sin embargo, se encuentran en 150.000 islas, donde constituyen algunas de las especies más diseminadas y dañinas de todas las especies foráneas. Si las ratas son conocidas por algo es por asustar a las mujeres, y por tener recursos y ser resistentes. Son carroñeras, oportunistas y portadoras de enfermedades que se contagian fácilmente a otras especies. Como consecuencia de todo ello, los roedores invasores han sido responsables de al menos la mitad de todas las extinciones conocidas en los últimos 500 años. La rata desextinguida de la isla de Navidad puede que no solo «sobreviva», sino que lo haga tan bien que se convierta ella misma en una especie invasiva.

Si la desextinción sirve para complementar la conservación y aumentar la biodiversidad, entonces deberíamos plantearnos cuidadosamente las repercusiones de nuestras acciones. No sirve de nada molestarse en desextinguir una especie si después tenemos que arrepentirnos de lo que hemos hecho y destruirla. Si nuestra larga y amarga batalla contra las especies invasoras nos ha enseñado algo ha sido que una sola especie puede tener un impacto enorme en su medioambiente. Todos los seres vivos son parte de un ecosistema, una comunidad biológica de organismos que interactúan con el medio en el que viven. Cambiemos un solo componente de ese ecosistema y será como jugar al Jenga con un bebé que gatea. Si tenemos suerte, la torre se tambaleará un poco y se quedará de pie, pero, si no, todo el sistema puede venirse abajo. Los seres vivos son importantes no solo por sí mismos, sino también por los roles que juegan en los ecosistemas. Algunos son carroñeros, otros herbívoros, otros carnívoros. Hay polinizadores, dispersores, purificadores de agua y controladores de plagas. También hay constructores de presas, arquitectos de madrigueras y destructores. La lista podría seguir. Todos los seres vivos hacen trabajos «ecológicamente» relevantes para ayudar a mantener el ecosistema en el que viven. Si vamos a escoger un animal para desextinguir, mejor que elijamos uno cuya ecología esté bien entendida. Extinta después de una década de asentamiento humano en la isla, los científicos nunca tuvieron la oportunidad de estudiar bien a la rata de la isla de Navidad. Sabemos que era carroñera y sospechamos que ayudaba a mantener la población del cangrejo rojo bajo control. Pero no sabemos con certeza, y ya no podemos saberlo, si los roles que desempeñó fueron el resultado de un brote de especie invasiva como los que actualmente asolan la isla. La que comenzó corriendo en primera línea ha pasado a ser, después de una detallada inspección, no participante.

LA LLAMADA DEL LOBO

En las últimas décadas, los conservacionistas han ampliado su foco: ya no solo quieren preservar las especies, sino los ecosistemas. Cuando una especie desaparece, nos damos cuenta de que deja algo más que un hueco físico. Deja un puesto de trabajo libre. Desempeños vitales en el ecosistema se pierden, con consecuencias que son advertidas en todas partes. Si un animal o planta se reduce, la cadena de alimentación desaparece y entonces las especies que dependen de ella para su supervivencia comienzan a estar en apuros. De forma similar, si un animal en la cima de la cadena alimenticia desaparece, hay efectos que van bajando hasta el final de dicha cadena. Se lo llama «cascada trófica», y con el tiempo estos cambios pueden reelaborar los paisajes.

Hace 90 años, el lobo *(Canis lupus)* se extinguió, no de forma global sino de forma local. Su trabajo como depredador importante lo hacía bastante impopular entre la gente, y en 1907 el Servicio de Fauna y Pesca de Estados Unidos decretó un programa de control de plagas extensivo que logró la exterminación del animal en el Parque Nacional de Yellowstone. Pero su desaparición no pasó desapercibida. En los años siguientes, el ecosistema cambió de forma radical. Sin lobos con los que competir, los coyotes aumentaron, lo que llevó a una disminución de su comida favorita: el antílope berrendo. Sin lobos que los cazaran, la población de alces se disparó y las especies de las que se alimentaban —árboles de hoja caduca, como el álamo común, el álamo americano o el sauce— casi desaparecieron. Esto redujo el número de lugares en los que las aves podían vivir y la madera para que los castores pudieran hacer sus presas. Así que su número descendió. Con menor número de presas de castores, el manto freático también descendió, haciendo aún más difícil el crecimiento de los árboles. Y con menor número de raíces para estabilizarlas, las orillas de los ríos se erosionaron mucho más. Yellowstone cambió. Muchísimo.

El lobo demostró ser una especie clave, un animal con una influencia medioambiental desproporcionadamente grande en relación con su abundancia. Como la piedra angular en un puente, cuando la especie fue destruida, toda la estructura se desmoronó. En 1995 después de un largo y controvertido debate, los lobos volvieron. Catorce de ellos, capturados en el oeste de Alberta, Canadá, en las Montañas Rocosas, fueron llevados a Yellowstone, donde se los liberó. Lo que sucedió a continuación superó las expectativas. Los lobos no solamente influyeron en el número de alces del parque, sino que cambiaron su comportamiento. Los alces aprendieron a permanecer alejados de los valles y de los barrancos, en los que los lobos podían atraparlos, y con el tiempo estas áreas se regeneraron. Las plantas leñosas regresaron. Los árboles florecieron. Sus raíces estabilizaron las orillas de los ríos logrando menos erosión y que sus aguas se ciñeran a los cauces. Hubo más trinos. Los castores volvieron, construyeron presas y crearon charcas que proveían del hábitat adecuado a los peces, anfibios y reptiles. Los lobos mataron a los coyotes y, gracias a ello, el número de pequeños mamíferos pudo incrementarse, lo que atrajo a halcones, comadrejas y zorros.

Los lobos, esos chicos malos de los cuentos de hadas, al final eran buenos.

Por supuesto, no eran *tan* buenos. Después de todo, eran lobos. De vez en cuando, se metían en los terrenos vecinos y se comían a las ovejas perdidas, lo que los hizo impopulares entre los granjeros y por supuesto también entre las ovejas. Pero si se trataba de disparar la biodiversidad, eran un éxito como para ponerse a aullar. La historia de los lobos demuestra cómo a veces la introducción de una sola especie puede tener un impacto grande y muy positivo. Es un ingeniero de los ecosistemas. Su presencia ayuda a construir, esculpir y mantener estos ecosistemas, creando oportunidades y nichos físicos donde otras especies pueden sobrevivir.

La paloma pasajera también era una ingeniera de ecosistemas. Cuando las enormes bandadas descansaban, diezmaban el bosque. Las ramas se rompían y los árboles se desmoronaban. El follaje del bosque cerrado se convertía en tierra baldía abierta llena de guano. Pero esta aparente devastación creaba vida. Los excrementos fertilizaban el suelo, y la luz del sol era capaz de alcanzar nuevos pastos, flores y matorrales que podían crecer. Todo esto les daba un hábitat mayor y más recursos a los insectos, reptiles, aves y mamíferos. Los árboles que quedaban hacían germinar nuevos brotes. El paisaje se volvía productivo, diverso y bioabundante, hasta que el follaje cerrado volvía a crecer y el ciclo comenzaba de nuevo. Las palomas pasajeras llevaban a cabo este continuo reciclaje y rejuvenecimiento de los bosques del este norteamericano. En su ausencia, la regeneración se ha detenido por completo. Los bosques están paralizados y las poblaciones de animales autóctonos están en declive. Si se trae de vuelta a la paloma pasajera, se argumenta, los ciclos naturales que incentivan la regeneración de los bosques también podrían volver.

Así, pues, quizá, en lugar de pensar acerca de qué especies deberíamos desextinguir, deberíamos valorar qué trabajos han quedado vacantes. ¿Qué agujeros ecológicos necesitan ser cubiertos? ¿Qué papeles han sido abandonados? No deberíamos desextinguir un animal tan solo porque podamos, o porque lo echemos de menos, o porque nos sintamos moralmente responsables. Es necesario un propósito de mayor profundidad. La desextinción, empleada de forma juiciosa, ofrece una manera de cubrir las vacantes, de reparar los ecosistemas dañados para que las interacciones biológicas y los servicios perdidos puedan recuperarse. Se trata de un enriquecimiento biológico, de devolver comunidades de animales a la naturaleza para que puedan vivir e interactuar unos con otros, e influir positivamente en su entorno.

Aquí merece la pena añadir un pensamiento final. Cuando los castores volvieron al río Otter en Devon, Reino Unido, después de su extinción local hace 400 años, como en el caso del lobo de Yellowstone, tuvieron un efecto muy positivo en la biodiversidad local. Pero los castores no son tan solo ingenieros de ecosistemas, también son ingenieros civiles. Las 13 presas que construyeron en un tramo en concreto del río han convertido un riachuelo que solía contener unos cientos de litros de agua en un recurso natural que puede llegar a contener 65.000 litros. Así que ahora, cuando hay un chaparrón inesperado, el agua no va torrente abajo por el riachuelo, inundando los alrededores del paisaje. Se almacena en los estanques que hay detrás de las presas y gotea lentamente por la escalera natural que los castores han creado. En un país en el que el actual Gobierno está gastando miles de millones en el control de las inundaciones, los castores *podrían* ser parte de la solución. El debate se centra en si los castores deberían quedarse o abandonar el río Otter, pero merece la pena, al menos, explorar la idea. Mientras tanto, llegan los visitantes a la espera de ver un atisbo de estos encantadores animales salvajes. Los restaurantes y hoteles locales se están beneficiando. Devon hace un té con crema particularmente bueno, después de todo. Hay potencial para el ecoturismo. La recuperación juiciosa de nuestro mundo natural con animales, sea desextinguiéndolos o de otra manera, podría conllevar beneficios económicos y prácticos.

Si tuviera que escribir un anuncio en un periódico para ayudar a encontrar al perfecto candidato para la desextinción, sería el siguiente:

SE BUSCA: ANIMAL EXTINTO CON GUSTO POR LA VIDA

Llamamiento a todos los animales de exposición de museo disecados, conservados en formol y/o alcohol, desgastados y comidos por las polillas.

¿Estás harto de que niños de dedos pringosos se te queden mirando pasmados todo el día? ¿Tu cuerpo se cae a pedacitos, pero tu ADN sigue en plena forma? ¿A veces deseas no estar muerto? ¿Fuimos *nosotros* los que te matamos? Si tu respuesta es sí a alguna de estas preguntas, sigue leyendo.

Que vuelva el rey va a la caza de animales con parientes vivos y un hábitat adecuado para traer animales de vuelta de la muerte. Después de la desextinción, serás recompensado con una estancia corta y todos los gastos pagados en un lugar de cautividad de nuestra elección. Posteriormente serás devuelto a la naturaleza, donde trabajarás para el beneficio del ecosistema y ayudarás a convertir el mundo en un lugar más hermoso y biodiverso.

Se prefieren especies clave. Se considerarán animales de la era glacial. Los dinosaurios no necesitan hacer la solicitud, ni ninguna otra especie que se coma a los humanos.

AVISO LEGAL: La versión desextinguida de ti mismo no será idéntica a tu versión preextinta. La expresión genética puede fluctuar arriba o abajo. Siempre hay que leer la letra pequeña.

8

NO PUEDO EVITAR CREER

El 2 de julio de 1982, el camionero norteamericano Lawrence Richard Walters ató 45 globos meteorológicos llenos de helio a una silla de exterior que había sujetado con cuerdas al suelo y se sentó en ella. Su plan era cortar las cuerdas y volar suavemente por encima de su jardín trasero en California a una altura de unos nueve metros durante un par de horas. Se tomaría una cerveza, un sándwich y disfrutaría de la vista. Luego, cuando ya hubiese tenido bastante, usaría su escopeta de perdigones para reventar los globos y volver al suelo. ¿Acaso existía la más mínima posibilidad de que algo saliese mal?

Pero, cuando sus amigos cortaron las cuerdas que anclaban el absurdo invento, la silla no se elevó despacio en absoluto. Salió disparada al cielo como un cohete, alcanzando rápidamente una altura de 4.500 metros, y se desvió hacia el corredor de aproximación principal del aeropuerto de Long Beach. Desesperado, Walters empezó a disparar a los globos, pero se le cayó la escopeta por la borda accidentalmente. Al final, tuvo que esperar a que la silla descendiera por sus propios medios, pero, al hacerlo, las cuerdas que colgaban de ella se enredaron con los cables de la luz eléctrica, causando un apagón de 20 minutos en toda la zona de Long Beach.

Walters, o «Larry Silla de Jardín», como empezó a conocérsele, pudo descender hasta el suelo, donde le esperaban agentes del departamento de policía de Los Ángeles, que le detuvieron en cuando tocó tierra. Mientras le ponían las esposas y se lo llevaban, un par de reporteros que estaban allí le preguntaron por qué lo había hecho, a lo cual él respondió como quien no quiere la cosa: «Un hombre, sencillamente, no puede quedarse sentado».

Dejando al lado la estupidez voladora de su historia, la aventura de Larry Silla de Jardín deja entrever una dicotomía interesante: limitarse a quedarse sentado sin hacer nada no es necesariamente una acción beneficiosa o saludable; sin embargo, por el contrario, hacer algo solo porque puedes tampoco es necesariamente una idea estupenda.

En *Parque Jurásico*, el matemático Ian Malcolm señala que los científicos que habían creado los dinosaurios estaban tan ocupados en pensar si eran capaces o no de devolverles la vida a animales extintos que no se habían parado a valorar si deberían hacerlo o no. Estas son unas palabras sorprendentemente proféticas para un hombre que está tan embutido en ropa de cuero que apenas sería capaz de respirar, mucho menos de pronunciar este tipo de perlas de tan alta sabiduría ética. Pero hay que admitir que tenía razón. Simplemente porque tengamos la tecnología necesaria para alterar genomas, crear vida en una placa y que una especie dé a luz a otra, no significa necesariamente que sea una buena idea. Estamos a punto de devolverles la vida a especies extintas del pasado, pero ¿es algo que debamos hacer?

UN BANCO DE ESPERMA DE LO MÁS RARO

Cuando al experto en ranas Mike Mahony le llamaron para preguntarle si quería unirse al Proyecto Lazarus, ni se lo pensó. No solo porque quería desextinguir a la rana de incubación gástrica, sino porque se dio cuenta de que habría efectos secundarios muy beneficiosos. En aquel momento, en su Australia natal se estaban extinguiendo todo tipo de ranas por el hongo quítrido (véase el capítulo 5). Las especies estaban desapareciendo hasta de los hábitats más protegidos y limpios. Un verano, fue a visitar un arroyo cualquiera y estaba lleno de ranas. Al año siguiente, volvió y nada le saltó encima. El arroyo estaba completamente desierto. «Estábamos viendo cómo literalmente las ranas se extinguían y no había nada que pudiésemos hacer», dice.

Desesperado, Mahony había avistado una salida alternativa: había estado atrapando especies de rana en peligro en estado salvaje, y luego había recogido y congelado su esperma. La idea era que algún día las muestras se pudieran descongelar y usar en fecundación *in vitro* para ayudar a crear ranas nuevas. El banco de esperma de Mahony era un seguro de vida contra la extinción futura de ranas. El único inconveniente era que el esperma de rana solo es la mitad del plan. También se necesitan huevos de rana, pero esos son demasiados grandes como para congelarlos. Se rompen. De forma que el plan de Mahony tendría que pasar necesariamente por juntar el esperma descongelado de una especie con los huevos recién puestos de otra especie viva distinta.

«Ahí fue donde se puso interesante», dice. Porque el Proyecto Lazarus también implica fusionar células de diferentes especies de ranas, aunque por clonación. Los dos proyectos tenían paralelismos obvios. Mahony se dio cuenta de que el conocimiento obtenido del Proyecto Lazarus podía ayudarle a conservar especies que estaban todavía aferrándose a la vida. Gracias a sus esfuerzos por devolverle la vida a la rana de incubación gástrica, los investigadores están adquiriendo un conocimiento vital sobre la biología reproductiva de las ranas. Han aprendido cómo estimular la ovulación y cómo manejar y manipular físicamente los huevos que ponen. Han aprendido sobre las condiciones de cultivo de los tejidos, y cómo darles a los embriones recién creados la mejor oportunidad de supervivencia. Todas estas son técnicas transferibles: desde desextinguir la rana de incubación gástrica a conservar las especies vivas de rana. «El Proyecto Lazarus nos ha facilitado el desarrollo de tecnologías que ayudan a prevenir la extinción», dice Mahony. La desextinción no solo consiste en devolver la vida a los muertos, también en ayudar a los vivos.

La desextinción tiene el potencial de ayudar a la conservación de dos maneras: en sus estados iniciales —que es donde estamos ahora— contribuye indirectamente. Está generando un conocimiento útil para los que intentan salvar especies en peligro. Esto es lo que Mahony ha descubierto. En sus etapas posteriores —cuando los animales desextinguidos sean puestos en libertad— tendrá un efecto directo. Las especies desextinguidas contribuirán a una mayor biodiversidad, y si un animal se muestra como una especie clave, entonces los efectos serán incluso más profundos. «La conservación —dice la Wikipedia— es una ética del uso de los recursos, así como su asignación y protección. Su objetivo principal es mantener la salud del mundo natural, sus explotaciones pesqueras, hábitats y diversidad biológica.» La desextinción podría ser uno de esos recursos.

Los conservacionistas, tal y como podría sugerir el mote, tienen tendencia a ser muy conservadores. A muchos de ellos no les gusta la idea de la desextinción. Dicen que desviará la atención y los fondos de los intentos por conservar las especies vivas. Si podemos resucitar especies extintas, a lo mejor será más fácil que dejemos que las que ya existen se libren a su muerte. El estímulo para prevenir la extinción se podría ver devaluado, y «sentarse» a esperar la desaparición de una especie se podría consentir tácitamente. ¿Qué importancia tendría que desapareciesen el gorila de montaña *(Gorilla beringei beringei)* o la tortuga laúd *(Dermochelys coriacea)* si podemos devolverles la vida después, en cuanto nos apetezca?

Estas son preocupaciones lógicas, pero por ahora son solo eso: preocupaciones. El campo de la desextinción está literal y metafóricamente en su fase embrionaria. No sabemos cómo, o si, la desextinción cambiará los sentimientos que tenemos hacia el mundo natural, pero sí podría funcionar como una fuerza positiva. Imaginemos que los científicos consiguen hacer un mamut y lo muestran al mundo por primera vez. Sería un momento a la altura de la llegada del hombre a la Luna: sería seguido por miles de millones de personas y recordado durante muchas generaciones. Más que despreocuparnos por la vida salvaje, la desextinción podría hacer que nos preocupemos por ella todavía *más*. Podría promover que la gente se hiciese científica, conservacionista y protectora de los entornos salvajes. Puede que tengamos fósiles de mamuts lanudos y pinturas rupestres; puede que tengamos también sus esqueletos congelados en el Ártico, pero no habría nada comparable a ver uno vivito y coleando. Lo mismo se aplica a cualquier especie extinta a la que se le devuelva la vida. Por ejemplo, la paloma pasajera. Puede que tengamos imágenes preciosas y coloridas en las guías de campo americanas, pero estos «pájaros de libro» serían insignificantes frente al batir estruendoso de miles de millones de alas, mientras oscurecen el cielo y ocultan la luz del día.

Nadie dice que dejemos de proteger nuestro entorno natural o las criaturas que viven en él. Este no es un caso de «todo o nada». La desextinción es algo que se puede desarrollar y después usar junto con otros métodos de conservación, no remplazarlos. Ni tampoco la desextinción tiene por qué desviar los fondos destinados a la conservación. Los grandes pesos pesados de la conservación, como WWF, no ponen a día de hoy ni un céntimo en las investigaciones sobre desextinción. En el momento de escribir este libro, el trabajo sobre el bucardo se ha detenido por falta de dinero, y el proyecto de la paloma pasajera está en la cuerda floja por culpa de unos fondos que no se sabe muy bien de dónde vendrán.

En la Sooam Foundation, en Corea del Sur, los intentos por desextinguir al mamut lanudo solo son posibles gracias a los otros proyectos de la organización que dan más dinero, como la clonación de perros, mientras que, en Estados Unidos, los intentos de George Church de «mamutizar» el genoma del elefante se llevan a cabo solamente porque la tecnología de edición genética que usa tiene otro propósito mucho más financiable: ayudar a encontrar la cura de las enfermedades humanas. La desextinción no pone patas arriba la conservación, ni le está robando a la fuerza el dinero necesario para financiarla: lo que está intentando es hacer que se encuentren los dos polos de investigación.

He entrevistado a muchos conservacionistas mientras escribía este libro, y la impresión que me da es que están nerviosos por las soluciones de la alta tecnología. «Los grupos de conservación de la vida salvaje y las ONG no quieren que la respuesta se encuentre en un tubo de ensayo —dice Mike Mahoney— porque no quieren que su mensaje principal se vea afectado.» Pero la tecnología ya tiene una influencia positiva en la conservación. Ya existe un amplio abanico de técnicas. En un extremo de ese abanico, métodos como las vacunas y los análisis genéticos ya están muy aceptados y cada vez se usan más. Los zorros isleños diminutos de Santa Catalina *(Urocyon littoralis)* se salvaron del virus canino del moquillo que estaba diezmando su especie después de que fueran capturados sistemáticamente y se les inoculara una vacuna desarrollada *ex profeso*. En Nepal, un sencillo análisis de ADN de las heces de los tigres ofrece un modo no invasivo de saber no solo la identidad y el género de un animal en concreto, sino cómo de diversa genéticamente —y potencialmente resistente— es la población de tigres. Los investigadores pueden usar ahora esta información para tomar decisiones prácticas sobre la conservación, como, por ejemplo, si mover o no animales entre distintas poblaciones. En Estados Unidos han ido un paso más allá. Los científicos han secuenciado allí los genomas completos de 36 cóndores de California, y ahora usan este mapa genético más detallado para orientar sus programas de crianza en cautividad (véase el capítulo 7). Es la primera especie para la que se ha hecho esto. En el pasado, algunos cóndores nacieron con una variante letal de enanismo determinada genéticamente, pero el registro genómico permite que ahora se puedan identificar los portadores de la enfermedad y que se los excluya de la crianza.

Métodos como estos no requieren mucha ciencia, pero en el otro lado del abanico se está explorando una variedad de técnicas más invasivas que incluyen la reproducción asistida. En el mundo de las aves, por ejemplo, se está desarrollando la terapia de células germinales primordiales (véase el capítulo 4). El esperma del macho de la avutarda hubara *(Chlamydotis undulata)*, que está amenazada, se ha germinado dentro de un pollo y después se ha usado para generar polluelos vivos de hubaras, aumentando la esperanza de que la técnica se pueda usar para aumentar también el número de otras especies en peligro.

Hay otras áreas del reino animal donde también se está explorando la clonación. Por ejemplo, en 2015 Mohamed Nasr-Esfahani y su equipo, del Instituto Royan de Irán, clonaron con éxito una oveja en peligro de extinción conocida como el muflón de Isfahán *(Ovis orientalis isphahanica)*, que se halla exclusivamente en un área muy pequeña del centro este de Irán. El ADN de la célula del muflón se introdujo en un óvulo de oveja normal al que se le había quitado su propio núcleo, y el embrión resultante se transfirió a continuación al útero de una oveja receptora. El resultado fue un corderito feliz y sano al que llamaron Maral (que significa «hermoso»), que, en el momento en el que hablé con sus creadores, seguía creciendo muchos meses después de su nacimiento.

Esta segunda tanda de técnicas es más intrusiva, cara y experimental que la primera, todo lo cual ha generado división de opiniones. Como se ha podido observar, son exactamente los mismos métodos que se están usando para la desextinción. La intención es revivir a la paloma pasajera usando la tecnología de células germinales primordiales, y se pretende resucitar al mamut lanudo y a la rana de incubación gástrica por medio de la clonación interespecie.

Aunque no se distinga al principio, en mi opinión creo que la línea que hay entre la conservación y la desextinción es borrosa. No son independientes. Se solapan en el punto final del rango de la conservación, en el que se pueden usar los mismos métodos de alta tecnología para aumentar los números de las especies, tanto vivas como muertas. José Folch y su equipo crioconservaron células de Celia, el último bucardo del mundo, justo diez meses antes de que se le cayera un árbol encima y la matara. Supongamos por un momento que hubiesen empezado sus experimentos de clonación antes y que el éxito hubiese sido más rápido. Si el primer clon hubiese nacido antes, en vez de después de que muriese Celia, se lo habría denominado probablemente un acto de conservación: un ejemplo más de la creación de un animal en peligro de extinción a través de la clonación interespecie. Pero el resultado final —una cría de bucardo clonada— no habría sido diferente en absoluto. Sin embargo, también se podría haber considerado fácilmente como un acto de desextinción. Desde un punto de vista funcional, no importa que Celia siguiese viva: el bucardo se extinguió en el momento en el que ya no era capaz de seguir creando su propia descendencia. La desextinción, la «conservación extrema»... Que cada cual lo llame como quiera, pero todo gira alrededor de aumentar la biodiversidad, y la historia nos demuestra cómo a veces es necesario tomar medidas radicales. Como la historia del hurón de patas negras.

AUDREY HEPBURN CON BIGOTES

Mustélido delicado y fotogénico propio de Norteamérica, el hurón de patas negras es como Audrey Hepburn con forma animal. Tiene unas manchitas alrededor de los ojos como si llevase maquillaje efecto *smokey*, una naricita de botón perfecta y, tal y como sugiere su nombre, parece que hubiese estado trotando en un charco de tinta. No está extinto, pero hubo un tiempo en que se creía que sí. No exento de controversia, el pequeño carnívoro se ha visto envuelto en una historia de conservación que dura décadas. Es el ejemplo perfecto de cómo las soluciones más innovadoras pueden cambiar en ocasiones el destino de una especie.

En los años 50, se creyó que la especie ya no existía. Parecía como si hubiese desaparecido de su hábitat natural, las Grandes Llanuras de América del Norte. Pero entonces, en 1981, cerca de Meeteetse, Wyoming, un perro llamado Shep hizo un descubrimiento inesperado. Les llevó a sus dueños, John y Lucille Hogg, un bonito regalo en forma de hurón de patas negras muerto. Después de mucho divagar, el descubrimiento llevó al Servicio de Pesca y Vida Salvaje, la organización a cargo de supervisar la vida salvaje norteamericana, a tomar una decisión sin precedentes. Decidieron salir y capturar cada ejemplar que pudiesen encontrar de hurón de patas negras para ponerlos en cautividad, donde estarían seguros y podrían engendrar descendencia. «Fue una decisión histórica —dice la conservacionista Samantha Wisely, de la Universidad de Florida— nadie había hecho eso jamás.»[1] Fue una acción que no sentó nada bien a los conservacionistas tradicionales, que creían firmemente que los animales salvajes tenían que estar en libertad, fuera cual fuese su situación. Aun así, se capturaron 11 machos y 7 hembras, que empezaron sus nuevas vidas en cautividad.

Los científicos sabían que tendrían que manejar el programa de cría con cuidado, para sacar el máximo partido a esta diversidad genética limitada. Los miembros de una misma especie pueden compartir la mayor parte de su ADN, pero hay sutiles diferencias en sus genomas —variación genética— que son las que dotan a las poblaciones de la habilidad para soportar bien los cambios o no. Cuando una población disminuye o baja de un li-

[1] Hicieron lo mismo un poquito después con los cóndores de California.

mitado número de miembros, la variación genética se reduce: los descendientes son más endogámicos, haciendo que el futuro de cualquier especie sea incierto. En un mundo que se está calentando de manera global, en el que los hábitats cambian y las enfermedades van y vienen, las especies necesitan esta audacia genética para seguir existiendo. Así que adoptaron una estrategia de «matrimonios concertados», y orquestaron con sumo cuidado encuentros entre individuos seleccionados planeados para mantener la descendencia tan viva genéticamente como fuese posible. Pero, a pesar de todos sus esfuerzos, un gran número de animales acabaron estando poco representados en el acervo genético. Por motivos desconocidos, algunos machos sencillamente no estaban interesados. De manera que una dama que se ganaría el apodo nada envidiable de «la reina del esperma», la gran veterinaria hoy fallecida JoGayle Howard, del Instituto Smithsonian de Biología de la Conservación, decidió intentarlo con inseminación artificial. Fue otra actuación valiente, porque la técnica usada para colocar el esperma cerca de los úteros de las hembras era nueva, e implicaba el uso de cirugía por laparoscopia. Gracias al trabajo duro de Howard, el riesgo disminuyó y desde entonces han nacido más de 140 crías de hurones de patas negras por medio de la inseminación artificial. En el marco de un programa de cría natural gestionado con sumo cuidado, han nacido más de 9.000 hurones en cautividad en los últimos 30 años, de los cuales más o menos la mitad han sido ya puestos en libertad.

Pero la especie no está fuera de peligro todavía. Aún hay dos problemas principales que hay que superar. El primero, que no todos los miembros originales del grupo fueron capaces de reproducirse (ni siquiera artificialmente). Esto significa que el total de la población de hurones de patas negras que vive hoy en día desciende solo de 7 de los 18 miembros originales. «Todos son primos segundos del otro», dice Wisely, que ha estudiado su genética. Y el segundo, que la enfermedad que causó por primera vez su desaparición, la peste selvática, todavía está ahí fuera. Si la gestión en cautividad y la inseminación artificial ya se vieron como opciones valientes, lo que se propone a continuación es si cabe más audaz todavía.

Cuando Ryan Phelan y Stewart Brand fundaron Revive and Restore en 2012, estaban frustrados por cómo se hacían las cosas en el mundo de la conservación. «Siempre he sido un ferviente defensor de la vida salvaje», me cuenta Phelan al teléfono en una soleada tarde de mayo. «El problema es que la conservación tiene un kit limitado de herramientas en su caja. Durante mucho tiempo, todo giraba en torno a proteger el territorio y las especies que habitaban en él. No ha habido nada referente al uso de las últimas tecnologías en genética. Yo quería traer la genómica a la conservación.» Por tanto, Revive and Restore no solo trabaja con la desextinción. Ayuda a aumentar la biodiversidad aplicando métodos a especies extintas *y* a especies en peligro de extinción. Gracias a Revive and Restore, Phelan y Brand están creando la ciencia que se necesita para que eso suceda, y están dedicados a promover las ayudas públicas. Fueron ellos quienes organizaron el evento TEDx sobre desextinción en 2013. Ahora, con docenas de científicos junto a ellos, participan en cinco proyectos de desextinción (incluyendo «El renacimiento del mamut lanudo de Church» y «El retorno de la gran paloma pasajera») y seis destinados a prevenir la futura extinción de especies en peligro. El hurón de patas negras está entre ellas.

En colaboración con la organización San Diego Zoo Global y la empresa de secuenciación Cofactor Genomics, Revive and Restore ha secuenciado los genomas de cuatro hurones de patas negras. Dos de las muestras procedían de animales vivos, pero las otras dos de tejidos de hurones crioconservados que fueron capturados con los miembros originales y que murieron sin dejar descendientes vivos. Los resultados preliminares sugieren que los animales vivos pueden de verdad estar sufriendo los efectos de la endogamia, y que los dos animales muertos contienen variantes genéticas únicas que no se encuentran en la población viva. Si las células de estos animales se usaran para hacer hurones clonados, se recuperarían estas variantes perdidas para el acervo genético, aumentando de manera eficaz el tamaño de la población original de siete a nueve. Sería suficiente para marcar la diferencia.

Es una propuesta que hará que algunas personas empiecen a ponerse nerviosas. Los críticos de la clonación para la «conservación» señalan que el procedimiento entraña más fallos que éxito, y que no es posible producir animales en una cantidad ni remotamente necesaria para mitigar la actual crisis de la biodiversidad. Sin embargo, se clonaron hurones normales por primera vez en 2006 y se usan de manera habitual en investigación médica. Comprendemos muy bien su biología reproductiva, así que las posibilidades de éxito son altas.

En lo que concierne a la conservación y la desextinción, la clonación no solo consiste en producir en masa enormes cantidades de animales genéticamente idénticos. No tendría sentido. Acabarían estando más cerrados al exterior que el relleno de un sándwich. Es más sutil que todo eso. Vivimos en una época en la que la secuenciación del genoma se ha vuelto accesible y barata. Las células crioconservadas y los especímenes de los museos son bibliotecas de variación genética que se pueden leer como un libro. Un estudio reciente de ADN de tigres vivos y de especímenes de museo descubrió una gran cantidad de variantes genéticas que estaban presentes en los especímenes históricos, pero ausentes en la agotada población viva. Si los investigadores pueden catalogar esta variación a partir de los ejemplares de los museos y otras fuentes, no hay nada, en teoría, que los detenga a la hora de editarla en los animales que creen. No necesitamos crear una manada de hurones genéticamente idéntica cuando en teoría con una pareja más de individuos dotados de una genética distinta bastaría. Estos podrían reinyectar una dosis muy necesitada de variación en el acervo genético del hurón de patas negras, pero no tiene sentido hacerlo si los animales van a ser de nuevo recolocados en el hábitat salvaje y van a morir de peste selvática.

Así, pues, junto con la San Diego Zoo Global, Revive and Restore ha presentado dos propuestas al Servicio de Pesca y Vida Salvaje norteamericano. La primera recomienda fomentar el acervo genético del hurón de patas negras por medio de la clonación, y la segunda sugiere que se altere el genoma del animal para hacerlo resistente a la peste. «Si estos dos planteamientos funcionaran —escribe Stewart Brand en el informe anual de 2015 de Revive and Restore—, harían historia en el ámbito de la conservación. Ninguno de ellos se ha intentado poner en práctica antes, y lo que se pudiese aprender de los hurones de patas negras se podría aplicar a innumerables especies que necesitan un rescate genético.»

RESCATE GENÉTICO

Estas estrategias pioneras parecen la extensión lógica de la práctica de conservación existente. Durante años, los animales se han trasladado deliberadamente de un lugar a otro para que pudiesen engendrar e introducir nuevos genes en las poblaciones existentes. Es una manera original y poco avanzada tecnológicamente de darle algo de vida al genoma de una población. En 1986 la población mundial del nínox de la isla de Norfolk *(Ninox novaeseelandiae undulata)*, un búho marrón rojizo que prosperó una vez en un par de islas cerca de Nueva Caledonia, en el océano Pacífico, se había visto mermada hasta una única hembra. Pero los conservacionistas importaron dos nínox maorís machos *(Ninox novaeseelandiae)* y surgió el amor. Se incubaron los huevos y el resto, según dicen, es historia. De manera parecida, a la pantera de Florida *(Puma concolor coryi)*, que en su momento estaba prácticamente extinta y en situación endogámica seria, se la rescató después de que ocho felinos de una subespecie emparentada, la pantera de Texas *(Puma concolor stanleyana)*, se introdujeran entre ellas y los animales se cruzasen.

«Llevamos haciendo esto mucho tiempo —dice el biólogo de la conservación Gary Roemer, de la Universidad Estatal de Nuevo

México—, pero después empezamos a preguntarnos si, en vez de mover a los animales, no movíamos mejor sus genes.» Roemer y sus colegas desarrollaron la idea en un ensayo escrito para la revista *Nature* llamado «Retocar genes para la conservación». Llamaron al proceso «adaptación facilitada», porque usarían técnicas genéticas para ayudar a los animales a adaptarse al cambio. Revive and Restore, que llevaba dándole vueltas a la idea de manera independiente más o menos el mismo tiempo, lo denomina «rescate genético». Ambos grupos piensan en cómo los genomas de distintas especies podrían alterarse precisa y deliberadamente para mejorar sus opciones de supervivencia. Justo en el momento en el que nos adentramos en la era de la «medicina de precisión», en la que los tratamientos se hacen a medida de cada paciente basándose en su constitución genética individual, podríamos ir así hacia una era de la «conservación de precisión»..., si es eso lo que decidimos hacer.

En el reino vegetal, también se practican estos cambios genéticos. A día de hoy, el 12 por 100 de la tierra cultivable del planeta está plantada con cultivos modificados genéticamente (MG) y el mercado de semillas modificadas genéticamente está tasado en 15.000 millones de dólares. En el campo de la conservación, al castaño americano *(Castanea dentata)* se le ha modificado su genoma para hacerlo más resistente a un hongo que está extinguiendo la especie. William Powell y Charles Maynard, de la Universidad Estatal de Nueva York, cortaron y pegaron un gen resistente al hongo del trigo en el genoma del gigante americano, creando una planta resistente a las plagas que puede pasar su resistencia a futuras generaciones a través de sus semillas. El árbol ha demostrado su valía en sitios bajo análisis, de modo que el siguiente paso es obtener la aprobación «reguladora» y «dejar» que el árbol crezca en libertad. Por lo tanto, si esto se puede hacer con las plantas, ¿por qué no con los animales?

¿Qué pasaría si la tecnología de edición genética pudiese ayudar a salvar al demonio de Tasmania *(Sarcophilus harrisii)*, un animal con mala fama por su representación en los dibujos animados, que actualmente está desapareciendo de su tierra natal por un cáncer contagioso que se transmite cada vez que los animales se muerden entre ellos? A lo mejor se podría retocar el ADN de los murciélagos para hacerlos más resistentes al síndrome de la nariz blanca, una enfermedad micótica mortal que infecta a los mamíferos cuando hibernan y que ha matado ya a más de cinco millones de murciélagos en Norteamérica. En Hawái, las aves autóctonas están siendo vapuleadas por una especie de malaria aviar que se transmite por una única especie de mosquito, el *Culex quinquefasciatus*. Junto con la pérdida del hábitat, está convirtiendo las islas en un punto activo de extinción. Se ha intentado sin éxito librar a las islas de esta plaga mediante insecticidas, de manera que igual ha llegado el momento de empezar a plantearse otras opciones. Las vacunas son un tema complicado, porque el parásito es un genio a la hora de esconderse del sistema inmune del huésped, y a día de hoy no hay ninguna manera efectiva de administrar vacunas a las aves en libertad. Puede que la respuesta esté en un ensayo llevado a cabo por la empresa de biotecnología británica Oxitec. Está buscando cómo erradicar a los mosquitos que transmiten la fiebre humana del dengue con un método que incluye alterar los genes de los machos y luego soltarlos en un número gigantesco en la naturaleza. La idea es que se apareen con hembras normales y que su descendencia herede un gen diseñado para prevenir que esas crías se transformen en adultos. Si se puede hacer algo similar con el mosquito que causa la malaria aviar, a lo mejor puede ser una salvación para las aves de Hawái, excepcionales y únicas, o al menos ayudar a ralentizar la propagación de la enfermedad.

De un modo parecido, las especies desextinguidas se podrían diseñar con una advertencia genética. Por ejemplo: a todas las ranas no las mata el hongo quítrido. Algunas consiguen superar la infección. Los investigadores han estudiado el ADN de estos animales y han descubierto que tienen variantes en un grupo de genes relacionado con la respuesta inmune. Si estos presuntos «genes resistentes» se cortaran y pegaran en el genoma de una rana de incubación gástrica durante el proceso de desextinción, cuando el «casi renacuajo» se convierta en rana podría tener una oportunidad de luchar una vez sea devuelta a la naturaleza.

¿Y si vamos más allá todavía? El clima del planeta está cambiando. El mundo se está calentando. Hace unos años, unos investigadores alemanes identificaron unas versiones de genes que ayudan a la trucha arcoíris de piscifactoría *(Oncorhynchus mykiss)* a sobrevivir en aguas más cálidas. Estas variantes genéticas se podrían insertar en los genomas de los huevos o embriones de peces en aquellas poblaciones que están amenazadas por el aumento de las temperaturas del agua. Podría ayudarlos a sobrevivir. Si George Church está alterando el genoma del elefante para crear un animal que se adapte mejor al frío, ¿qué nos detiene para alterar otros genomas que los hagan flexibles a los cambios de temperatura?

La tecnología genómica tiene el potencial de influir profundamente en el futuro de la vida salvaje del planeta. Desde un punto de vista técnico, no es la tecnología en sí misma la que es difícil. Son las características complejas, como ser resistente a determinadas enfermedades o ser capaz de sobrevivir al cambio climático, las que son controladas por muchos genes distintos que interactúan entre ellos. «Intentar identificar los genes que son responsables de cada cosa será un gran obstáculo», dice Roemer. Esto llevará su tiempo.

¿JUGAR A SER DIOS?

Otro elemento importantísimo será conseguir que el público asuma la idea. Las soluciones genéticas propuestas son nuevas y extrañas. La desextinción está sin demostrar y es desconocida. No todos están a favor. Los científicos involucrados en estas nuevas técnicas han sido tachados de «querer jugar a ser Dios», y los frutos de su trabajo, «antinatura». El ético medioambiental Ben Minteer, de la Universidad Estatal de Arizona, cree que la desextinción en concreto representa una negación a aceptar nuestros límites morales y tecnológicos en relación con el mundo natural. «Padecemos el impulso de jugar y manipular la naturaleza constantemente», dice. «Puede ser hasta patológico. He pensado mucho sobre el tema, y cruza una línea. Me preocupa el sentido de inevitabilidad de todo esto.»

Es importante abordar estas preocupaciones. Antes de 1978, la fecundación *in vitro* ocupaba el mismo sitio. Era nueva y extraña. Muchas personas creyeron que era antinatural y que crearía monstruos. A Patrick Steptoe y Robert Edwards, los investigadores británicos pioneros de esta técnica, se les acusó de «estar jugando a ser Dios». Pero luego nació Louise Brown, el primer bebé probeta, y las opiniones negativas empezaron a suavizarse. Hoy en día, Louise Brown tiene un hijo propio, y en todo el mundo han nacido más de cinco millones de bebés probetas. La fecundación *in vitro* ya no se ve como algo «extravagante» o «antinatural». Es un tratamiento de reproducción muy aceptado que ha traído con él una inmensurable alegría a millones de parejas que no podían tener hijos.

De manera parecida, antes de mediados de los años 90, la clonación de mamíferos era una incógnita. Ian Wilmut y compañía, el equipo que estaba detrás de Dolly, también fue acusado de «jugar a ser Dios», y a algunos les preocupó que fuera el pistoletazo de salida hacia la clonación reproductiva humana. Luego nació Dolly, y las opiniones negativas empezaron a cambiar. La industria agrícola poco a poco fue adoptando la técnica, mientras que la clonación humana reproductiva se convirtió en algo totalmente prohibido.

A veces, los métodos que al principio se ven como nuevos, artificiales y desconcertantes, acaban por ser aceptados cuando se convierten en algo familiar y se demuestran seguros y útiles. Para aquellos que dicen que estas técnicas son antinaturales, Ben Novak, el científico principal de «El retorno de la gran paloma pasajera», puntualiza que todas las técnicas desarrolladas por los seres humanos para la reproducción asistida y la edición del genoma son el resultado de sucesos equivalentes que tienen lugar de manera natural. Se sabe que la partenogénesis, una forma de clonación, ocurre en algunas especies de tiburones y serpientes, por no hablar de los pavos y los dragones de Komodo. El almacenamiento de esperma, en virtud del cual las hembras retrasan la fecundación guardando el esperma en sus tractos reproductivos después del sexo, es relativamente común entre los peces, los reptiles, las aves y los anfibios. Para algunas especies de murciélagos significa que una pareja puede copular en otoño, pero posponer el nacimiento de sus crías hasta la primavera. Es el equivalente natural de la inseminación artificial, y no muy distinto a aquellas parejas humanas que deciden tener esperma almacenado para usarlo más adelante. La herramienta de edición genética de precisión del momento, el CRISPR-Cas9, no fue inventada por los genetistas, sino que se adaptó de un sistema inmune bacteriano primitivo. Y no somos los primeros en mover genes entre especies. La hibridación, en la que una especie procrea con otra, ocurre con frecuencia en el reino animal. «Aunque sin duda hayamos diseñado nuestra propia innovación para las tecnologías del genoma y la reproducción, no tenemos nada de divinos», dice Novak.

Los científicos no hacen estas propuestas por su propio capricho: las proponen porque hay problemas en la vida salvaje que no se están solucionando con los métodos que ya tenemos. Por el camino, la investigación que se está llevando a cabo genera un conocimiento que puede ser de gran utilidad para todos nosotros. Se trata de comprender cómo empieza la vida y cómo se desarrollan los embriones, cómo de una única célula puede resultar un animal totalmente formado. Entendiendo los procesos que guían el desarrollo embrionario, intentamos obtener algún tipo de influencia sobre ellos. Así, cuando las cosas vayan mal, podremos ofrecer nuestro apoyo. La investigación sobre los primeros estadios de la vida nos ayuda a promover el desarrollo de nuevos tratamientos y terapias de utilidad para los seres humanos. Por ejemplo, el equipo iraní que está detrás del muflón clonado está usando sus experiencias en la clonación de distintos mamíferos para crear cabras clonadas que tengan medicamentos como la insulina en la leche que produzcan. Y el hombre que descubrió cómo hacer que un ave produjera las células sexuales de otro —Robert Etches, ahora en la empresa Crystal Biosciences de California— está modificando la técnica para generar pollos que produzcan en sus huevos anticuerpos terapéuticamente útiles.

Por supuesto, solo porque podamos hacer algo no significa que debamos hacerlo automáticamente; Larry Silla de Jardín nos enseñó esa lección. Su máquina voladora de helio casera fue, a posteriori, una idea terrible. Pero la explicación razonada, bastante inopinada, de sus hazañas aéreas ilustra una verdad innata: «Un hombre, sencillamente, no puede [o no debe] quedarse sentado». Esta afirmación puede ser peligrosa.

Cada año, se gastan unos 8.000 millones de dólares en conservar la biodiversidad, y, a pesar de nuestras mejores intenciones, el número de especies en peligro de extinción sigue creciendo. Tenemos que aceptar que, a veces, los métodos de conservación tradicionales no bastan. El espíritu pionero que reunió a los hurones de patas negras del mundo y los ayudó a procrear en cautividad debe ser recibido con aplausos. Casi sin duda alguna se puede decir que salvó la especie de la extinción, pero fue una solución a corto plazo. Necesitamos nuevas herramientas. La desextinción y el rescate genético podrían ser parte de la solución, pero, si no desarrollamos la ciencia necesaria para que eso suceda, nunca estaremos al cien por cien seguros de su valía. Claramente hay una línea que se tiene que dibujar entre lo que es aceptable y lo que no lo es. Es vital que los científicos se comprometan con el resto del mundo y que respeten y respondan a las preocupaciones que pueda tener la gente. Su trabajo necesita ser transparente, y llevado a cabo con los estándares éticos más altos y escrupulosos. El público debe permanecer informado y tener la oportunidad de influir sobre las cosas. Entre tanto, los animales modificados genéticamente —desextinguidos o de cualquier otra manera— no van a invadir nuestro entorno natural en breve. Hay un largo y riguroso proceso de aprobación ética por el que hay que pasar primero, por no mencionar un montón de ciencia de base que necesita realizarse. Pero seguramente vale la pena considerar al menos su posible papel en nuestro mundo, que cambia tan rápidamente.

Nadie quiere que la respuesta a la crisis de la biodiversidad mundial se encuentre en un laboratorio esterilizado. Queremos que la respuesta esté en el mundo natural; en una selva fértil, una planicie africana abrasadora, un bosque de hojas caducas o el estanque de un jardín. Queremos que la vida salvaje se reproduzca de manera natural, del mismo modo en el que lo ha hecho durante millones de años, de la misma manera en que evolucionó. Pero en algunos casos necesita nuestra ayuda. Creo que deberíamos mantener abierto este frente, y no descartar cualquier tecnología potencialmente útil simplemente porque sea desconocida o «artificial». Si seguimos haciendo lo que siempre hemos hecho, vamos a perder muchas más especies que si nos bajamos de nuestras sillas de jardín y empezamos a explorar otras opciones.

9
AHORA LO VES...

En lo que a vuelos se refiere, debe de ser el más memorable de los que he tenido. Facturé en Heathrow, le dije adiós a mi maleta y sentí un gran alivio cuando la auxiliar de vuelo se dio cuenta de mi inmensa panza de embarazada y me pasó con cariño a primera clase. Con tobillos tan hinchados como los míos, había pocas posibilidades, después de todo, de que cupieran en un espacio de clase turista. En aquel momento, yo estaba trabajando de periodista para la revista *Nature*, e iba a Berlín para asistir a la conferencia de la Sociedad Europea de Reproducción y Embriología Humana de 2004. Mi cometido era averiguar qué estaba pasando en el mundo sobre reproducción asistida, células madre y cosas por el estilo, y luego escribir una reseña en el apartado de noticas de la página web de la revista. Pero a 39.000 pies de altura, me empecé a fijar con atención en la persona que iba sentada a mi lado. Me había parecido un tipo bastante normal cuando me deslicé por delante de él para sentarme —mediana edad, bien vestido, bien afeitado y aseado—, pero ahora estaba sentado en silencio mirando fijamente hacia adelante, abrazando un robusto maletín plateado contra su pecho.

—¿Quiere que le coloque eso en el compartimento portaequipajes? —preguntó una auxiliar de vuelo al pasar.

—No, gracias —respondió el caballero, apretando su maletín—. Me gusta tenerlo conmigo.

¿Qué podía, me pregunté, ser tan valioso como para que no pudiese apartarse de ello? ¿Qué tipo de carga, escondida dentro de su equipaje de mano, podía ser tan importante o frágil como para acunarla al igual que una madre acuna a un recién nacido? ¿Era alguna reliquia familiar de valor incalculable, un delicado jarrón antiguo o algo más siniestro... como una pistola o puede que una bomba?

El tintineo del carrito de las bebidas me sacó de mis pensamientos. Pedí un chupito de vodka, y luego, dándome cuenta de que mi vecino había detectado mi más que evidente estado de buena esperanza, empecé a hablar sin parar. No tenía ninguna intención de beberme el alcohol, le dije. Solo lo había aceptado porque era gratis y, en los aviones, todo lo que es gratis se acepta. Por eso tengo una alacena en mi salón que contiene 87 bolsas para el mareo. Empezamos a conversar. Con un suave acento irlandés me explicó que era médico e investigador y que iba a la misma conferencia que yo, en la que esperaba atraer la atención hacia su trabajo.

—¿Y qué trabajo es ese? —pregunté como quien no quiere la cosa.

Sonrió y miró su maletín.

—Se lo puedo enseñar, si quiere —me respondió sin el más mínimo indicio de maldad.

A continuación, puso el maletín sobre su regazo y abrió los cierres con cuidado. Según iba levantando la tapa, pude ver que el interior estaba forrado con una capa gruesa de espuma negra, y que, en el medio, en un hueco a medida, estaba lo que solo puedo describir como un «objeto».

El «objeto» tenía aproximadamente el mismo tamaño y grosor que una botella familiar de refresco. Era plateado y liso, fabricado con algún tipo de metal brillante y resplandeciente. Redondeado en un extremo, en el otro tenía cables que colgaban de él. Lo agarró con cuidado y empezó a dar vueltas con los dedos al gigantesco objeto. Luego se inclinó hacia adelante y lo colocó en mis manos.

—¿Tiene alguna idea de lo que es esto? —preguntó.

Me gustaría poder decir que, en aquel momento, contesté con la respuesta correcta o con una ingeniosa y memorable. A posteriori, puedo decir que el «objeto» parecía una obra de arte moderno o una bala enorme. Podría haber sido el plantador de un arbolito gigante, o un cigarro de metal enorme para un robot de metal descomunal. Pero no soy muy buena en el mismo momento. Me limité a mirar en silencio y luego dije:

—Mmm... Ni idea.

Lo que dijo a continuación debe de ser una de las frases más extraordinarias que alguien jamás ha pronunciado en toda la historia de la vida en la Tierra.

UN TROZO DE PASTEL

Aproximadamente al mismo tiempo, a unos 350 km de distancia, una joven hembra de rinoceronte llamada Fatu estaba celebrando su cuarto cumpleaños. En el zoo Dvur Kralove de la República Checa, la cumpleañera estaba devorando su tarta especial hecha a base de sandía, manzanas, zanahorias y hierba. Prácticamente adulta, con un peso equivalente al de un coche tamaño familiar, sus peludas orejas con un diminuto flequillo bailoteaban arriba y abajo según se iba zampando su regalo de cumpleaños. Al lado de ella, su madre, Najin, y su tía, Nabire, se aseguraban desinteresadamente de que no quedara un solo bocado por comer. Y entonces, cuando finalmente se terminó la tarta, los rinocerontes volvieron a hacer lo que mejor se les da a los rinocerontes: relajarse en el barro.

Era una época de optimismo agridulce. En libertad, la especie de Fatu había sido prácticamente exterminada, mientras que en cautividad quedaban menos de una docena. Había muchas esperanzas puestas en que, en un par de años, cuando Fatu llegara a su madurez sexual, procrearía con uno de los machos restantes y ayudaría a aumentar el número de una de las especies más amenazadas de la Tierra: el rinoceronte blanco del norte *(Ceratotherium simum cottoni)*. Poco sabía la cumpleañera de la pesada carga de esperanza que se le había puesto sobre sus anchos y corpulentos hombros.

El rinoceronte blanco del norte es una bestia magnífica. Tan imponente como un tanque ruso, su piel rugosa y gruesa le cuelga en pliegues por su cuerpo enorme y poderoso. No es, como sugiere el nombre, blanco, sino más bien de un tono precioso y sutil de gris. Es el tipo de color al que los fabricantes de pintura llamarían «bigotes de musaraña» o «gris obelisco», y luego te cobrarían un ojo de la cara y parte del otro por una latita diminuta y aguada. Se cree que la palabra *blanco* es un error de traducción de la palabra afrikáans *weit*, que significa «ancho», y se refiere a la forma cuadrada del morro del animal. Los ojos oscuros centellean a cada lado de su larga cara arrugada, y tiene dos cuernos curvados al final de su hocico.

Cuando fue descubierto por primera vez en 1907, el rinoceronte blanco del norte era común en zonas del este y del centro de África. Vagaba por las sabanas del Chad, Sudán, Uganda, la República Centroafricana y lo que hoy es la República Democrática del Congo (RDC), donde usaba su morro con esa forma tan única para cortar el césped. Pero entonces la gente se fijó en sus impresionantes cuernos y empezaron a cazarlo por puro «deporte». Se estableció un negocio de caza furtiva a niveles comerciales. Poco a poco, pero sin parar, se exterminaron la mayoría de los animales de su rango. Pero lo peor aún estaba por llegar. En los años 50 y 60 estallaron las guerras civiles de Sudán y de la RDC, a las que siguieron décadas de un enorme vacío legal en todos los aspectos. En un mundo que estaba del revés por culpa de la violencia, fue imposible poner a salvo a los animales. A los rinocerontes se los acribillaba por su carne y por sus cuernos, que se cambiaban por dinero en efectivo o armas. Primero desaparecieron de la República Centroafricana y después de Sudán. En 2003, el año anterior al cuarto cumpleaños de Fatu, se calculó que solo quedaban 15 rinocerontes blancos del norte en su último bastión, el Parque Nacional Garamba, en la RDC. Se ideó un plan para transportar algunos animales al entorno seguro de Kenia, pero los medios locales tacharon el acto como «un robo del tesoro nacional» y los políticos frenaron el traslado. Unos años después, todos los rinocerontes blancos del norte en libertad estaban muertos.

Hoy en día, todas las especies de rinocerontes están en peligro. Hay cinco distintas. Asia tiene el de un solo cuerno,[1] el de Java y el de Sumatra, mientras que en África están el rinoceronte negro y el rinoceronte blanco, que se pueden subdividir aún más en las variedades del norte y del sur. Tres de las cinco especies diferentes están en este momento en peligro crítico de extinción, y se ha perdido un alarmante 95 por 100 de toda la población mundial de rinocerontes solo en los últimos 40 años.

El zoo de Dvur Kralove empezó a importar y criar distintos tipos de rinocerontes en los años 70, cuando estaba claro que su futuro era incierto, y desde entonces se ha involucrado a fondo en la conservación del rinoceronte. En 1975 importaron seis blancos del norte de Sudán. «La gente se dio cuenta de que, si los rinocerontes se quedaban donde estaban, era solo cuestión de tiempo que los mataran los cazadores furtivos», dice Jan Stejskal, director de comunicación y proyectos internacionales de Dvur Kralove. Así que el padre de Fatu, su abuelo y cuatro hembras hicieron el viaje de 4.000 km desde las abrasadoras orillas del Nilo hasta la

[1] Que tiene el maravilloso nombre científico de *Rhinoceros unicornis.*

templada República Checa. Se importaron dos animales más de otro sitio, y solo un poco más tarde se pudieron oír los pasitos de las patitas no tan pequeñas de una cría de rinoceronte. En las siguientes dos décadas, nacieron cuatro crías de rinoceronte blanco del norte sanas, incluyendo a la madre de Fatu, Najin, y a la misma Fatu.

Pero, por lo que parece, a algunas especies de rinoceronte les cuesta más engendrar en cautividad que a otras. Por ejemplo, el zoo ha dado ya más de 40 crías de rinoceronte negro, pero, después de Fatu, las crías de rinoceronte blanco del norte dejaron de nacer. Nadie saber por qué. Los cuidadores lo han intentado todo: terapias hormonales, cambios de dieta, distinta iluminación... Hasta les construyeron un nuevo recinto. Se introdujeron rinocerontes blancos del sur dentro del recinto de los del norte con la esperanza de que las dos variedades pudiesen al menos tener relaciones, pero no hubo manera. Si los blancos del norte no eran capaces de reproducirse de manera natural, entonces, a lo mejor, tal y como pensaban los expertos de Dvur Kralove, se tendría que hacer algo más.

EL «OBJETO»

De vuelta al avión, giré el pesado «objeto» en mis manos. Era plateado, brillante y liso, y me vi a mí misma pasándole la mano por encima, preguntándome qué demonios era aquello.

—Vale —dije—, sácame de dudas. Dime lo que es.

Pero nada me había preparado para lo que el hombre que había junto a mí me dijo. Fue una combinación de palabras que nunca esperé oír juntas: una frase, estoy segurísima, que no volveré a escuchar en mi vida.

—Bueno —dijo él sin dejar ver el mínimo atisbo de la bomba que estaba a punto de soltarme—, les meto esto por el recto a los rinocerontes para provocar que eyaculen.

¿Alguna vez ha tenido el lector uno de esos momentos en los que el tiempo se detiene? ¿En el que literalmente uno se queda sin palabras?

En este momento de la historia, solo puedo decir que sucedió una de las tres cosas siguientes. ¿Cuál de las tres opciones? Yo simplemente:

1. Grité «¡¿QUÉ?! ¿Me está diciendo que esta cosa ha estado en el culo de un rinoceronte?» tan alto que los pasajeros de las filas adyacentes pidieron que se les cambiara de sitio.
2. Tiré dicho «objeto» al suelo, por el que rodó ruidosamente por toda la primera clase hasta el final de la segunda, arrollando por el camino a una ancianita que iba al lavabo.
3. Dije «Qué interesante», y luego le devolví amablemente el objeto para a continuación limpiarme las manos a escondidas con el vodka gratis que no podía beberme.

Respuesta: soy inglesa. Por supuesto, fue la opción número 3. Resultó que mi vecino de asiento era el doctor Stephen Seager, del Hospital Nacional de Rehabilitación de Washington, D. C., un hombre que se ha pasado una gran parte de su carrera metiéndoles sondas por el recto no solo a rinocerontes, sino también a otros animales.

Los hombres que han tenido algún traumatismo en la médula espinal, u otras enfermedades, a veces tienen problemas para lograr una erección o eyacular. Esto puede privarles de la capacidad de tener hijos, pero la electroeyaculación, para llamarlo por su nombre de verdad, les puede ayudar. Una sonda de las dimensiones adecuadas se introduce en el recto y se usa una descarga eléctrica para estimular los nervios alrededor de la glándula prostática, provocando la eyaculación. El esperma se puede usar a continuación para la inseminación artificial o la fecundación *in vitro*, o se puede congelar y usarlo en fechas posteriores. Cuando por fin localicé a Seager, 12 años después de nuestro primer encuentro, solo se acordaba levemente del incidente. Después de todo, como me dijo amablemente, vuela muchísimo y a menudo viaja con su electroeyaculador, pero estaba deseando hablar conmigo sobre uno de sus logros más importantes.

El cáncer adolescente es algo terrible. «Hace seis años —me cuenta—, el 95 por 100 de los chicos en este grupo de edad diagnosticados con cáncer habrían muerto. Ahora el 95 por 100 sobreviven, pero la quimio y la radioterapia les pueden dejar estériles de por vida.» Por ello, Seager ha adaptado la técnica de electroeyaculación para que se pueda usar en chicos de esta edad. Recoge muestras de semen de los adolescentes cuando les operan del cáncer y, al hacerlo, les ofrece la posibilidad de tener una familia más adelante en sus vidas. Desde que empezó a usar la electroeyaculación hace 15 años, han nacido más de 100.000 bebés gracias a esta tecnología. Pero no se queda ahí.

Las versiones modificadas de estas sondas se usan de manera habitual hoy en día en la cría de animales. ¿El pavo que se come por Acción de Gracias o el día de Navidad? Lo más probable es que haya sido concebido por electroeyaculación e inseminación artificial. En el mundo de la conservación, la técnica se ha usado para producir descendencia de varias especies amenazadas, incluyendo el caballo de Przewalski *(Equus ferus przewalskii)*, la grulla cuelliblanca *(Grus vipio)* y el pingüino de Magallanes *(Spheniscus magellanicus)*. Pero hay dos especies en las que el procedimiento ha tenido un efecto especialmente profundo. La mayoría de los pandas gigantes *(Ailuropoda melanoleuca)* nacidos en cautividad son fruto de la electroeyaculación y de la inseminación artificial, y se puede afirmar que la reciente salvación del hurón de patas negras de la extinción se debe en gran parte a la misma técnica (véase el capítulo 8). A día de hoy, Seager ha recogido muestras de leopardos, tigres y osos polares, pero cuando yo le conocí en 2004, él iba no solo a la conferencia, sino al zoo de Berlín, para analizar cómo la reproducción asistida podía ser de utilidad en los programas de cría en cautividad.

Me preocupaba que se perdiese el maletín si lo facturaba como equipaje en bodega.

Por supuesto, hoy en día, con toda la seguridad añadida que hay, tengo que facturar mi equipo en bodega. Si intentara llevarlo como equipaje de mano, probablemente me detendrían allí mismo. Y si luego les contara para qué era el equipo, me mirarían y me arrestarían todavía más rápido.

En los años siguientes, Seager se diversificó y se comprometió más con el lado humano de las cosas, mientras que los científicos de Berlín se han reafirmado como los líderes mundiales en el campo de la reproducción asistida de grandes mamíferos. El veterinario Thomas Hildebrandt y su equipo del Instituto Leibniz de Investigación para Zoológicos y Vida Salvaje (IZW, por sus siglas en inglés) han pasado la mayoría de las dos últimas décadas desarrollando, afinando y probando el equipo y los procedimientos que se necesitan para ayudar a varios animales, incluyendo los rinocerontes y los elefantes, a reproducirse de forma artificial. Investigador resuelto y apasionado defensor de la vida salvaje, aborda su trabajo con una mente científica, modificando una lista infinita de variables para aumentar las posibilidades de que tengan descendencia los animales que están bajo su cuidado. Allí donde ha sido posible ha patentado sus inventos, y pasa los días volando por todo el mundo, visitando zoos y reservas naturales, intentando cambiar el destino de algunas de las especies más amenazadas del mundo. Así, pues, cuando los rinocerontes blancos del norte de Dvur Kralove dejaron de tener bebés, fue a Hildebrandt a quien llamaron.

MUCHO TIEMPO EN LLEGAR

Estaba intrigada por descubrir cómo se hacía para usar el «objeto» con el que me topé en mi fatídico vuelo de British Airways, cómo se usaba de verdad. ¿Cómo afronta uno exactamente la tarea de recoger muestras de semen de un rinoceronte de dos toneladas? De manera que yo también llamé a Hildebrandt.

Thomas Hildebrandt es un hombre ocupado pero muy generoso. Habla con un acento alemán fuerte y se muestra sincero, amable y práctico. Me explica que la sonda que él usa ahora es bastante distinta a la que yo había visto en el avión. «Es un concepto nuevo», dice. Al principio, la sonda no era muy de fiar y a veces le hacía daño al animal, así que Hildebrandt y su equipo la modificaron. La versión nueva, basada en su experiencia acumulada y en el conocimiento de libro de la anatomía interna de los animales, usa un voltaje más bajo y tiene una forma ligeramente distinta. Es mucho mejor en todo, y además más efectiva. No le hace ningún daño al animal y funciona siempre.

Sin embargo, antes de usarla, el equipo debe anestesiar al animal y realizar una exploración por ultrasonido de sus órganos internos. Es un procedimiento en el que han sido pioneros, y lo han realizado en más de mil rinocerontes, así que saben perfectamente lo que están haciendo. Con ropa quirúrgica y guantes hasta las axilas, Hildebrandt dirige con cuidado una laparoscopia larga y flexible por el recto del animal, luego usa la sonda de ultrasonido de la punta para mirar alrededor. La imagen en blanco y negro se ve por la pantalla de un portátil cercano y, gracias a un programa con software modificado, revela altísimos niveles de detalle anatómico. «Conocemos todas las estructuras normales y anormales que se pueden hallar en las cinco especies de rinoceronte —dice— y podemos revisarlas.» El proceso entero dura menos de diez minutos y, solo si se aprecia que el rinoceronte está en buenas condiciones y sano, el equipo pasa al siguiente paso.

Después de sacar cualquier resto de orina y heces de la vejiga y del recto del rinoceronte, es cuando le toca el turno al electroeyaculador. La robusta sonda cilíndrica ha sido diseñada sin asa a propósito. Eso significa que Hildebrandt tiene que hundir tanto la sonda como la totalidad de su brazo allí donde no brilla el sol, pero así se asegura de que el instrumento acaba en el lugar apropiado, cerca del extremo superior de la uretra, al lado de la próstata. Entonces afirma con la cabeza a un colega que le da a un interruptor y se envían una serie de descargas de electricidad cortas al aparato. «Cada descarga no tiene más de 15 voltios —me cuenta— apenas lo sentirías en la nariz.» Es una imagen que me hace arrugar la nariz. Con su brazo y el «objeto» todavía enterrados en las profundidades del rinoceronte, Hildebrandt no puede sentir directamente las descargas, pero puede apreciar las contracciones musculares que provocan. El animal empieza a eyacular, pero la intervención intrusiva no ha terminado todavía.

En libertad, los machos necesitan mucha estimulación para que la cosa funcione. El pene de un rinoceronte macho está flanqueado por un par de solapas que parecen alas, que se despliegan dentro de la hembra y ayudan a mantener a la pareja bien unida durante el acto sexual, que puede durar hasta dos horas antes de que el macho eyacule hasta seis veces. La estimulación eléctrica acerca al animal a ese punto..., pero no lo suficiente. Esto significa que, para terminar la tarea, uno de los miembros del equipo de Hildebrandt debe tomarse la justicia por su mano... literalmente. Se llama a uno de los investigadores para que «asista» al animal, masajeando el pene vigorosa y deliberadamente para que cuando el animal eyacule, el fluido recién liberado se pueda meter en un tubo de recogida. Cada dosis de eyaculación es como una taza de expreso llena de semen, pero contiene millones de espermatozoides; millones de oportunidades de que se pueda crear una nueva vida. Desde que empieza hasta que acaba, la terrible experiencia no dura más de una hora en su totalidad, y cuando acaba, se despierta al rinoceronte de la anestesia y se le deja todo el día «libre» para que se reponga.

Es un procedimiento que Hildebrandt realiza unas 40 veces al año en animales distintos, incluyendo elefantes, tigres y pandas. En el cambio de milenio, poco después de que naciese Fatu, visitó Dvur Kralove y recogió y congeló muestras de semen de dos machos del zoo. Luego, en 2006 y en 2007, volvió y usó el esperma para inseminar a Fatu y también a su madre, Najin.

Por aquella época, hubo una racha de buenas noticias. Nació el primer rinoceronte en ser concebido por recolección de semen e inseminación artificial, pero no en la República Checa, sino en Hungría, en el zoo de Budapest. Un mes más tarde nació otro rinoceronte, esta vez procedente de esperma que había sido recogido y luego congelado tres años antes de usarse. Ahí estaba la prueba de que los procedimientos de inseminación artificial, perfeccionados por Hildebrandt y su equipo, funcionaban de verdad. Y aunque ambos recién nacidos eran rinocerontes blancos del sur en vez de del norte, su llegada elevó la esperanza de que la técnica funcionaría también con otros rinocerontes.

De vuelta a la República Checa, los científicos esperaron pacientemente para ver si Fatu o Najin se quedaban embarazadas, pero según iba pasando el tiempo quedó claro que las inseminaciones habían fallado. La desalentadora verdad es que, en la mayoría de especies con las que se ha trabajado hasta ahora, la recolección de semen y la inseminación artificial fallan más a menudo de lo que funcionan. «Hay una lista impresionante de mamíferos para los que la inseminación artificial ha funcionado en algún momento —dice el biólogo reproductivo William Holt, de la Sociedad Zoológica de Londres—, pero el número de especies para las que esto es a día de hoy un método rutinario es extremadamente pequeño.» A veces en los rinocerontes la técnica empieza a funcionar —el esperma inseminado fecunda un óvulo y crea un embrión, que a continuación empieza a dividirse—. Pero entonces, por razones que se desconocen, la mitosis se detiene y el embrión es reabsorbido por la madre. Lo que se sabe con certeza es que cuanto más tiempo pasa una hembra de rinoceronte sin dar a luz, más difícil le resulta quedarse embarazada. Es un callejón sin salida completamente frustrante. Sin embarazos constantes, a las hembras de rinoceronte blanco del norte les salen quistes en el útero, lo que complica todavía más que puedan concebir. Eso convierte el hecho de que Hildebrandt haya conseguido crear un total de siete crías de rinoceronte gracias a la inseminación artificial en toda una proeza. «Es un logro increíble —dice el hombre del avión, Stephen Seager—. No es fácil obtener semen de un rinoceronte, no es fácil inseminar a un rinoceronte y no es fácil que se consigan embarazos de rinocerontes.» Pero, por desgracia, ninguno de estos rinocerontes es blanco del norte.

ÚLTIMA OPORTUNIDAD PARA SOBREVIVIR

Cuando quedó patente que ni Najin ni Fatu se habían quedado embarazadas, sus cuidadores de Dvur Kralove se enfrentaron a una decisión difícil. Los rinocerontes se podían quedar en el zoo y el equipo del IZW seguir intentándolo, o podían enviar a sus queridísimos rinocerontes a algún otro lugar con la esperanza de que allí sí florecieran sus jugos reproductivos. «No fue una elección fácil —dice Stejskal—. Pero tuvimos que hacer lo que era mejor para ellos.»

Finalmente, el zoo optó por enviar sus últimos cuatro rinocerontes blancos del norte fértiles a África. Dos hembras, Fatu y Najin, y dos machos, Sudan (el abuelo de Fatu) y Suni, que estaría dentro del proyecto «Última oportunidad para sobrevivir». En un mundo ideal, los animales habrían regresado a Sudán o al Chad, o a alguno de los países en los que solían vivir. Pero el mundo no tiene nada de ideal. Desde luego, no es seguro para los rinocerontes. En África, la mayor amenaza para los rinocerontes no es la pérdida de su hábitat natural, sino bandas criminales organizadas que operan entre las fronteras de los países. Los soldados de estas organizaciones usan equipamiento de alta tecnología para localizar a los rinocerontes en las grandes y abiertas praderas, luego les disparan dardos tranquilizantes, les arrancan los cuernos a machetazos y los dejan desangrarse hasta morir. La demanda viene desde Asia y Oriente Medio, donde el cuerno de rinoceronte se talla para hacer dagas ornamentales o se muele para elaborar medicamentos. Se utiliza para tratar todo tipo de dolencias, desde la gota al cáncer, desde mordeduras de serpiente a posesiones demoníacas, pero lo irónico de todo es que, por supuesto, no cura nada de eso. El cuerno del rinoceronte está hecho de queratina, la misma sustancia que forma el pelo y las uñas, y tiene un valor medicinal nulo. Con un precio al por menor de unas 41.000 libras esterlinas (casi 45.000 euros) por kilo en el mercado negro, es más valioso que el oro, los diamantes o la cocaína, convirtiéndolo en el remedio de curandero más caro del mundo.

Como no quedaba ningún reducto seguro en la antigua zona de población del animal, se decidió que los rinocerontes de Dvur Kralove fueran a una reserva de vida salvaje de máxima seguridad de Kenia. El parque de conservación de Ol Pejeta tiene 90.000 acres de sabana rica y ondulada. A tres horas en coche desde Nairobi, está situado al abrigo de las estribaciones de los montes Aberdare y del monte Kenia. Es el hogar de los «Cinco Grandes» de África: los rinocerontes, los elefantes, los leones, los leopardos y los búfalos, lo que lo convierte en un atractivo tanto para los turistas como para los furtivos. De ahí que su inmenso perímetro electrificado esté patrullado las 24 horas del día por guardias armados.

Parecía la mejor opción. Y así, poco después, una fría y nevada mañana de la Navidad de 2009, los cuatro fueron introducidos en jaulas y transportados con supervisión policial hasta el aeropuerto de Praga-Ruzyne, donde embarcaron en un avión jumbo rumbo a Nairobi. Veintiséis horas después de que empezara su viaje, se liberó a los animales bajo el sol abrasador, ninguno de ellos en apariencia cansado, y dieron sus primeros pasos en suelo africano.

Al ser tan preciados y valiosos —los últimos cuatro animales fértiles de su especie—, a los animales se les dio una protección extra. Su redil, o «boma», estaba en el centro del parque, rodeado por una valla electrificada adicional, dotada con torres de vigilancia y patrullada por perros. Se les limaron los cuernos y se les puso un radiotransmisor, lo que los convertía en una presa menos preciada para los furtivos y más fácil de rastrear. Y se les asignó un guardaespaldas propio para que los protegiera las 24 horas del día. Para Sudan, el único animal de los cuatro que había nacido en libertad, fue el regreso al continente que le había visto nacer. Para el resto, fue el comienzo de un capítulo completamente nuevo de sus vidas.

La esperanza estaba puesta en el entorno natural, en que este hiciera florecer el amor, y efectivamente, unos años más tarde parecía que el romance surgía. Se observó a Suni aparearse con Najin, pero a medida que pasaba el tiempo se fue viendo claramente que Najin no se había quedado embarazada. Así que a los cuidadores se les ocurrió otra estrategia. Organizaron una «cita a ciegas» entre las hembras del rinoceronte blanco del norte y un macho de rinoceronte blanco del sur. Fue una idea lógica. En los años 70 había nacido una cría híbrida, mitad blanca del sur, mitad blanca del norte, en el zoo de Dvur Kralove. Si Fatu o su madre se quedaban embarazadas de un macho blanco del sur, entonces cualquier progenie resultante también sería un híbrido. Puede que genéticamente no fuese cien por cien blanco del norte, pero al menos el ADN de los rinocerontes blancos del norte se conservaría, aunque de un modo ligeramente reducido. Sin embargo, el descontento continuó. No llegó ningún bebé rinoceronte. Para empeorar aún más las cosas, a Suni lo encontraron muerto en su recinto, en octubre de 2014, aparentemente por causas naturales. Tenía 34 años.

A finales del mismo año, Hildebrandt y su equipo visitaron Ol Pejeta para examinar a los tres animales restantes, pero lo que pasó a continuación fue un golpe aún más devastador si cabe. Resultó que Sudan, tal y como descubrieron, estaba demasiado mayor y débil como para ser padre. Sus testículos se habían degenerado con la edad. Najin, su hija, tenía problemas en los cuartos traseros y no podría soportar el peso de un embarazo. Fatu, su nieta, tenía problemas en el útero. Y para rematar, los análisis genéticos habían demostrado previamente que tanto Sudan como Najin portaban una anormalidad genética que podía interferir potencialmente en su capacidad reproductiva. «Nuestra evaluación era que ninguna de las hembras se podría volver a quedar embarazada de nuevo», dice el veterinario Robert Hermes, que trabaja con Hildebrandt y examinó a los animales. «Creemos que la patología que encontramos no se puede tratar.»

RINOCERONTE MUERTO VIVIENTE

El rinoceronte blanco del norte no está extinto... todavía. Pero solo es cuestión de tiempo. A día de hoy, los únicos rinocerontes blancos del norte que quedan vivos *en cualquier parte del mundo* son estos tres animales, Fatu, Najin y Sudan, que todavía viven en Ol Pejeta. No hay manera posible de que los animales puedan procrear sin que les cause problemas. Están demasiado viejos, o demasiado enfermos o demasiado emparentados entre sí. Los conservacionistas hablan sobre especies que han entrado en un «torbellino de extinción», una espiral descendiente que se dirige a una extinción de la que no se pueden recuperar de manera natural. Ahí es donde se encuentra el rinoceronte blanco del norte ahora mismo. Está «extinto funcionalmente». Aunque queden algunos rezagados, a todos los efectos la especie ya se ha extinguido. Fatu, Najin y Sudan son fantasmas. Son los muertos vivientes, la encarnación en carne y hueso de cómo la avaricia y despreocupación humanas están echando a las especies de la faz de la Tierra.

La reserva de Ol Pejeta, los cuidadores de los rinocerontes blancos del norte y Hildebrandt y su equipo se enfrentan ahora a una tarea abrumadora. ¿Cómo salvan a una subespecie de la que solo quedan tres miembros estériles? ¿Y cómo hacen callar a los críticos que les dicen que no hay manera alguna?

Los rinocerontes son importantes no solo porque sean bonitos y grandes, icónicos y fascinantes, sino porque ayudan a crear y esculpir el paisaje en el que viven. Al igual que la paloma pasajera y el mamut lanudo antes que ellos, los rinocerontes son ingenieros de ecosistemas. Los rinocerontes blancos moldean y limpian las llanuras de la sabana africana. Sus morros con forma de caja son perfectos para cortar al ras la hierba de la que se alimentan, dando lugar a la creación de «áreas de césped para el pastoreo» de las que dependen otras especies, como el impala o el ñu. Es sobre todo importante en las áreas de gran pluviosidad, en las que la hierba crece más alta y se necesita que se siegue más. El pastoreo de los rinocerontes ayuda a crear una sabana desigual que tiene tanto zonas de hierbas altas no aptas para el pasto como zonas de césped corto y mordisqueado. Esto es importante si hay un incendio. Cada pocos años, el fuego arrasa la sabana, pero, donde hay rinocerontes, las áreas de césped para el pastoreo actúan de cortafuegos naturales. El resultado es que los incendios son menores, más difusos y regresan con menor frecuencia. Los rinocerontes cambian el comportamiento del fuego.

Los estudios de la última era glacial nos muestran lo que sucede cuando desaparecen los grandes animales de pastoreo. Cuando los megaherbívoros desaparecieron de Australia, el bosque tropical mixto se transformó en arbustos de maleza. Cuando dejaron Norteamérica, la exuberante estepa del mamut fue sustituida por tundra cubierta de musgo. Hubo efectos cascada que fueron consumiendo todo el ecosistema de arriba abajo. Si perdemos a los megaherbívoros que tenemos hoy en día, corremos el riesgo de crear un paisaje vacío y estéril.

Pero todavía hay más que eso. Hacia finales de la última era glacial, el mundo empezó a calentarse. No fue como un termostato que hace que la temperatura suba de manera gradual: fue más como si alguien encendiese y apagase un hornillo de gas repetidamente. Las temperaturas fluctuaban. Las capas de hielo se empezaron a derretir. Pero durante al menos un tiempo, la vida vegetal y animal siguió siendo más o menos la misma. El ecosistema solo cambió de verdad cuando se extinguió la megafauna. La paleoecóloga Jacquelyn Gill, de la Universidad de Maine, ha estudiado este convulso período con gran atención, y cree que los megaherbívoros actuaron de parachoques frente a los efectos del cambio climático. «Los estudios modernos y paleontológicos sugieren que cuando existen grandes herbívoros autóctonos a niveles sostenibles, los ecosistemas en los que viven son más resistentes al cambio climático y tienen mayores niveles de biodiversidad», dice Gill. Ahora avancemos 12.000 años hasta el presente. Nuestro clima está cambiando. El mundo se está calentando. Si Gill tiene razón, entonces la presencia de rinocerontes y otros grandes herbívoros podría ayudar a mejorar la biodiversidad y hacer que los ecosistemas sean más resistentes al cambio. Pero no lo pueden hacer si ya no está ninguno.

El rinoceronte blanco del norte es un animal que todavía está vivo, pero necesita urgentemente ser desextinguido. Cuando pensamos en la desextinción, inmediatamente se nos vienen a la cabeza especies que ya no están entre nosotros, pero hay especies todavía vivas cuyo futuro es tan oscuro desde un punto de vista funcional que puede que ya estén perdidas para siempre. Por ejemplo, la tortuga gigante de caparazón blando del Yangtsé *(Rafetus swinhoei)* está en esas condiciones. Antaño común en zonas del Sudeste asiático, la mayor tortuga de agua dulce del mundo se vio afectada, al igual que el rinoceronte, por la caza furtiva, debido al uso que se hacía de la tortuga en la medicina china, y el número de especímenes empezó a desplomarse. Ahora solo quedan tres de estos gigantes con hocico: una en un lago protegido de Vietnam y una pareja en el zoo de Suzhou, en China. Han puesto huevos de vez en cuando, pero ninguno ha sido viable, y aunque se ha intentado la inseminación artificial, también ha fallado.

Tiene sentido por tanto que ampliemos nuestras miras e incluyamos a estas especies dentro de los candidatos a la desextinción. Desde un punto de vista práctico, la desextinción es más difícil cuanto mayor tiempo haya pasado desde la desaparición de la especie: los ecosistemas cambian y los parientes vivos más cercanos empiezan también a escasear. Elegir a un animal que aún está vivo —pero prácticamente sin esperanza— tiene muchísimo sentido.

Con miembros vivos todavía presentes, podemos estudiar su biología y su ecología, y reunir el conocimiento necesario para desextinguirlos mientras aún estén entre nosotros, en lugar de ponernos a dar palos de ciego cuando ya hayan desaparecido.

Si no intervenimos, es inevitable que se extinga el rinoceronte blanco del norte. Y aun así hay opiniones distintas sobre lo que debería pasar a continuación. Algunos creen que deberíamos, en palabras de la canción más molesta de la historia, «dejarlo ir», que ya es muy tarde para hacer nada. Pero hay ejemplos de especies que se metieron en el torbellino de extinción y consiguieron salir por el otro lado. Estos torbellinos no siempre son los agujeros negros que aparentan, y con la ciencia y la inventiva humana colaborando mano a mano para sacar a una especie del vacío, aumentamos enormemente las oportunidades de que esta especie se recupere. Otros esgrimen que salvar al rinoceronte blanco del norte es una distracción. Los fondos asignados para la conservación, dicen, estarían mejor gastados en animales que sí puedan procrear. «Ya hemos gastado dinero en el rinoceronte blanco del norte anteriormente —dice Susie Ellis, directora ejecutiva de la Fundación Internacional del Rinoceronte—, pero ha dejado de ser nuestro objetivo institucional.» Algunos sugieren que, como el rinoceronte blanco del norte tiene un pariente vivo tan cercano, el rinoceronte blanco del sur (que «solo» está considerado como «casi amenazado» en la Lista Roja de la UICN), no importa si se extingue el del norte. Pero claro que importa. Importa muchísimo. Llevamos años discutiendo sobre la relación entre los rinocerontes blancos del norte y del sur. Algunos los consideran «subespecies» distintas, un término difuso al que le falta una definición precisa y que tiende a denotar a los animales que son genéticamente parecidos, pero geográficamente lejanos.[2] Así, argumentan, el rinoceronte blanco del norte no es lo suficientemente distinto

[2] El blanco del norte es *Ceratotherium simum cottoni,* mientras que el blanco del sur es *Ceratotherium simum simum.*

genéticamente como para que merezca la pena salvarlo. Pero un estudio reciente que analizó a fondo el ADN de las dos variedades encontró que son tan distintos entre ellos como lo son del rinoceronte negro.

Deberíamos desextinguir al rinoceronte blanco del sur porque es genéticamente distinto y ecológicamente valioso. Es una especie clave, con una gran «rentabilidad» por las repercusiones que tiene su presencia en el paisaje, y por las especies con las que interactúa. Si dejamos que desaparezca el rinoceronte blanco del norte porque hay otros rinocerontes todavía vivos que se parecen «un poquito», entonces ¿quién dice que no aplicaremos la misma lógica la próxima vez que nos veamos en este dilema?... Dejemos que desaparezca el rinoceronte de Java porque se parece «un poquito» al rinoceronte de un solo cuerno. Dejemos que desaparezca el rinoceronte de Sumatra porque se parece «un poquito» al rinoceronte negro. Nuestros grandes herbívoros de pastoreo están desapareciendo. El 60 por 100 de ellos, incluyendo los rinocerontes, los elefantes y los gorilas, está en peligro de extinción. De algún modo hay que pararlo.

Tampoco deberíamos quedarnos indiferentes sobre el destino de aquellos rinocerontes de los que todavía hay un gran número. Puede que haya perfectamente unos 20.000 rinocerontes blancos del sur y 5.000 rinocerontes negros en libertad, pero en los últimos años se han batido récords en la caza furtiva que pueden reducir seriamente este número. En 2015 los furtivos mataron a 1.315 rinocerontes en África, convirtiéndolo así en el año más mortal para este animal en toda la historia. Los expertos temen que en breve las poblaciones lleguen a un punto de inflexión. El número de muertes empezará a superar el número de nacimientos y, después de eso, no hace falta ser un genio para saber lo que pasará. De acuerdo con la organización Save the Rhino, es perfectamente posible que todos los rinocerontes del mundo se hayan extinguido en libertad en una fecha tan temprana como 2026.

¿CÓMO PREFIERE LOS HUEVOS?

¿Cómo salvar al rinoceronte blanco del norte cuando su futuro parece tan incierto? En 2015 las redes sociales se llenaron brevemente de fotos de Sudan rodeado por su pelotón armado. Las imágenes eran tan hermosas como conmovedoras. Con la sabana africana salvaje de fondo, con un precioso cielo azul, un imponente y gigantesco Sudan aparecía orgullosamente de perfil. Alrededor de él, tiesos como palos, estaban sus guardianes vestidos de caqui, con botas militares y sujetando sus rifles. Miraban al horizonte, con sus ojos en guardia permanente ante el menor indicio de problemas, mientras que Sudan inclinaba la cabeza. Durante un corto período de tiempo, porque las redes sociales son volubles y efímeras, Sudan se convirtió en una estrella de internet, en el rinoceronte más famoso del planeta.

Los medios estaban dispuestos a destacar el conmovedor salto a la fama de Sudan, ya que era el único macho de rinoceronte blanco del norte vivo sobre la Tierra. El destino de toda una especie, decían, estaba sobre sus hombros. Pero no todo es tan sencillo como eso. Con más de 40 años, Sudan no es ningún jovenzuelo. Morirá pronto y, cuando lo haga, se le echará muchísimo de menos. Pero su ausencia física tendrá poca relación con el futuro del rinoceronte blanco del norte. Gracias al electroeyaculador de Hildebrandt, las muestras de semen de Sudan y de varios machos más ya se recogieron, y ahora están almacenadas en bancos de esperma que esperan a ser usados. «Todo el mundo piensa que el problema es que es el último macho —dice Richard Vigne, el director ejecutivo jefe de Ol Pejeta—, pero tenemos mucho esperma almacenado. El verdadero problema es la falta de hembras y óvulos.» Fatu y Najin, las dos últimas hembras de rinoceronte blanco del norte sobre la Tierra, son las que de verdad merecen ser el centro de atención de los medios.

Los conservacionistas, biólogos celulares y otros grupos interesados se juntan con regularidad para debatir sobre la mejor manera de salvar al rinoceronte blanco del norte, y hay varias opciones. Desgraciadamente, todas se basan en poder conseguir y almacenar óvulos de rinocerontes blancos del norte. Durante años, esta tarea fue prácticamente imposible. Para empezar, puede ser muy difícil saber cuándo está ovulando una hembra de rinoceronte blanco del norte. Algunos rinocerontes —como el de un solo cuerno o el de Sumatra— «cantan» cuando ovulan. Emiten vocalizaciones extrañas que no se oyen en ningún otro momento del mes. Pero las hembras de rinoceronte blanco no montan tanto alboroto y, aunque los machos blancos del norte sean capaces de percibir los cambios hormonales que ocurren durante la ovulación, a los ojos humanos no son tan obvios. «Entrar» físicamente y recoger un óvulo también es un problema. Y no solo porque el tracto genital de la hembra tiene más de un metro de largo, sino porque, y tengo información fidedigna sobre el tema, es una «estructura tortuosa», llena de curvas de 90 grados y callejones sin salida. Esto coloca los ovarios y los óvulos de las hembras fuera del alcance de todos menos de los equipos de laparoscopia más especializados. Y luego está el problema del almacenamiento. A menos que un óvulo se vaya a usar inmediatamente, tiene que ser puesto de inmediato en conservación. Pero la congelación es complicada, porque los óvulos se hacen añicos, y los otros métodos de almacenamiento también han resultado ser problemáticos. De manera que durante un tiempo se asumió que almacenar óvulos de rinoceronte era prácticamente imposible.

Sin embargo, Thomas Hildebrandt y su equipo se han pasado los últimos 15 años perfeccionando las técnicas necesarias para superar estos problemas. «Mi filosofía ha sido siempre trabajar pasito a pasito, optimizando un procedimiento antes de pasar al siguiente», dice Hildebrandt. Los métodos que han desarrollado son una mezcla de intervenciones de alta tecnología y, allí donde es posible, apartarse para dejar que la naturaleza siga su curso.

Para saber cuándo está ovulando una hembra de rinoceronte, Hildebrandt ha conseguido la ayuda de quienes más se preocupan por los rinocerontes: sus cuidadores. En Ol Pejeta, Dvur Kralove y otros lugares, los cuidadores generan unos vínculos muy estrechos con los rinocerontes de los que se ocupan. No se limitan a darles de comer, lavarlos o limpiarles el recinto. Les hablan con dulzura, les hacen cosquillas detrás de las orejas y les frotan la barriga con un cepillo de jardín. A cambio, tienen la total confianza por parte de los rinocerontes y son capaces de monitorizar cualquier cambio físico que les suceda. Trabajando con los cuidadores, Hildebrandt ha descubierto que uno o dos días antes de que un rinoceronte blanco ovule, una masa de moco cae de la vagina. Es el modo que tiene el animal de limpiarse por dentro, arreglarse y deshacerse de cualquier célula muerta, a fin de que la hembra esté preparada para la cópula. Al grabar el momento en que se libera la descarga, Hildebrandt y el equipo del IZW son capaces de calcular la duración del ciclo menstrual de cada hembra, y de ahí predecir exactamente cuándo volverá a ovular cada una. Es sorprendentemente preciso, tanto, que el equipo usa estas predicciones para reservar con antelación sus billetes de avión.

Cuando localizo a Hildebrandt para hablar sobre su trabajo, acaba de llegar de la República Checa, en donde ha resuelto el siguiente paso: recolectar óvulos de rinoceronte. Ante un sistema de reproducción interno más enrevesado que la trama de cualquier serie de televisión nórdica, Hildebrandt ha ideado una ruta alternativa para llegar hasta el ovario. Con anestesia general,[3] dirige un aparato especialmente diseñado para recolectar óvulos (pendiente de patentar) de dos metros de longitud por el recto del animal, luego hace un agujero para poder llegar al ovario por el otro lado. Esto le permite aspirar y recoger los óvulos. Puede sonar algo tosco, pero con cuidado, precisión y la dosis justa de antibióticos, se minimiza el riesgo de infección y de complicaciones. Hildebrandt y compañía usaron este método recientemente para recolectar cinco óvulos de hembras de rinoceronte blanco del sur en el zoo de Dvur Kralove. Sin embargo, los óvulos no están del todo maduros, así que el si-

[3] El rinoceronte, no Hildebrandt.

guiente paso es sumergirlos en una mezcla de nutrientes confeccionada con cuidado, dentro de una placa de cultivo. Es un proceso delicado que ha sido optimizado por Cesare Galli y Giovanna Lazzari en Avantea, una empresa italiana de biotecnología que ahora colabora con el IZW. De manera crucial, esto hace que los óvulos maduren, y entonces, y solo entonces, se pueden congelar o usar para hacer un bebé de rinoceronte.

En estrecha colaboración con los cuidadores de Fatu y Najin, el equipo del IZW tiene ahora la intención de hacer dos viajes al año a Ol Pejeta para recoger óvulos de las hembras mientras estas continúen generándolos. El ciclo menstrual de la hembra de un rinoceronte dura entre 30 y 35 días, así que los animales tienen mucho tiempo para recuperarse y volver a tener un ciclo normal entre visitas. «Lo tenemos todo preparado», dice. La primera remesa de óvulos será madurada y a continuación congelada para asegurarse bien, pero después de eso Hildebrandt se adentrará en territorio desconocido. Como en su momento se intentó, sin éxito, hacer rinocerontes blancos del norte por inseminación artificial, en la que el semen se introducía directamente en el tracto reproductivo de la hembra, el equipo intentará ahora la siguiente mejor opción: hacer un «bebé de rinoceronte probeta» y transferirlo a un útero receptor.

En 2015 se dio un paso de gigante hacia este objetivo cuando los científicos de Avantea consiguieron recolectar cuatro óvulos del cuerpo de la entonces recién fallecida tía de Fatu, Nabire. Pensando que tendrían todas las opciones de éxito, decidieron intentar fecundar los óvulos con esperma de un rinoceronte blanco del sur y, para regocijo propio, consiguieron crear un pequeño embrión por fecundación *in vitro*. Aunque dejó de desarrollarse cuando aún era un batiburrillo diminuto de células, el desarrollo alentó a aquellos que intentan salvar al rinoceronte blanco del norte. «Es la primera vez que alguien consigue fecundar un ovocito (óvulo) de rinoceronte blanco del norte en una placa —dice Hildebrandt—. Es un gran logro.» Y tiene razón. Puede que no sea la cría de rinoceronte blanco del norte que tanto ansía, pero, en la naturaleza intrínseca de la investigación en biología celular está el proceder gradualmente mediante pequeños pasos. Sería bienvenido, pero nada realista, esperar que los primeros intentos de fecundación *in vitro* en rinocerontes den una cría viva. Sin embargo, mientras Hildebrandt y sus colaboradores siguen trabajando metódicamente, depurando sus técnicas y haciendo lo mejor que pueden con los recursos que tienen, por los relojes biológicos de Fatu y Najin sigue pasando el tiempo.

El problema, explica el miembro del equipo Robert Hermes, es que el IZW está teniendo que refinar sus protocolos con recursos biológicos limitados de calidad diversa. «Si yo trabajara con vacas lecheras —dice—, podría ir al matadero y hacerme con 100 ejemplares..., 200 ovarios... y luego recolectar varios cientos de óvulos.» Le daría suficiente material de investigación básico para intentar una gran variedad de protocolos distintos y descubrir los que mejor funcionan, por lo menos para la vaca. Pero los protocolos en los rinocerontes tienen que ser elaborados con óvulos de rinocerontes, y, al igual que los rinocerontes de los que proceden, hay poquísimos. Por este motivo el equipo ha estado refinando sus protocolos en especies de rinocerontes menos amenazadas, como el rinoceronte blanco del sur o el negro, pero incluso ahí tienen problemas. Aproximadamente el 50 por 100 de los rinocerontes en cautividad, el stock con el que trabajan Hermes y Hildebrandt, tienen problemas reproductivos de algún tipo. De manera que, aunque todavía tengan óvulos, la calidad de los mismos es imprecisa. Si tan solo hubiese alguna otra manera de conseguir esperma y óvulos de rinoceronte blanco del norte...

EL FACTOR Y

Hace muchos años, cuando trabajaba de bióloga celular en el laboratorio del Instituto de Psiquiatría de Londres, nos basábamos en dos grandes malentendidos: el primero, que los continuos y casi constantes parones para tomar un té harían que nuestra productividad científica mejorara muchísimo, y el segundo, que hacer células madre era complicado. En aquel momento, la gente estaba entusiasmada con la elaboración de células madre por la promesa que entrañaban en la investigación médica. Pero ¿cómo lograrlas? Entonces, la única manera de conseguir células madre humanas auténticas era tomar un embrión creado por fecundación *in vitro* tan solo unos días después de su concepción, cuando aún era una diminuta bola de células, y usar una aguja finísima para aspirarle las células madre. Pero hubo mucha gente que consideró que la idea era inconcebible, porque el embrión se destruía en el proceso. No importaba que estos embriones «suplentes» nunca fuesen a estar destinados al confort del útero materno: las organizaciones provida lo seguían aborreciendo. «Fabricar» células madre no era solo difícil, sino que estaba lleno de complicaciones éticas.

Entonces llegó un hombre llamado Shinya Yamanaka, de la Universidad de Kioto, que no solo resolvió el problema moral, sino que también aportó una manera de elaborar células madre que era sencilla y fácil. Las hacía a partir de células de la piel, sin necesidad de ningún embrión. En 2006 Yamanaka tomó células de la piel de un ratón adulto, les añadió un puñado de genes y reprogramó el ADN dentro de las células de piel para que se quedaran en un estado de célula madre. A las células que produjo, que llamó «células madres pluripotenciales inducidas», o «iPS» (por sus siglas en inglés) para abreviar, se las pudo inducir después a que se transformaran en otro tipo de células, incluyendo células nerviosas y del corazón, lo que demostraba que sus células iPS se comportaban como células madre. Fue magia celular, merecedora del Premio Nobel en 2012. Ian Wilmut, creador de la oveja Dolly, que entonces estaba en el Centro de Medicina Regenerativa MRC de Edimburgo, lo describió como «uno de los grandes experimentos de la década, incluso puede que del siglo». En nada de tiempo, otros laboratorios empezaron a usar el tratamiento de Yamanaka.

Añadían los mismos cuatro genes —o los «factores Yamanaka», como acabaron por ser conocidos— a células adultas y empezaron a hacer sus propias células iPS. Y no solo se podía operar una transformación iPS en las células de piel de ratón. Los científicos pronto demostraron que se podían generar células iPS a partir de las células de distintas especies, entre ellas ratas, monos y humanos. Mientras, en otro lugar, en experimentos distintos, los científicos habían demostrado que los óvulos y espermatozoides derivados de células madre podían usarse para crear ratones vivos y sanos. Los estudios aumentaron la ilusión de que, en el futuro, los científicos podrían llegar a ser capaces de tomar una célula de la piel, convertirla en una célula madre y usarla después para hacer óvulos y espermatozoides que ayudaran a generar bebés probeta para aquellas parejas estériles. Curiosamente, también planteó la posibilidad de que, si esto se podía hacer con humanos, también se podría hacer con otras especies, incluyendo las que están amenazadas.

Era en lo que la investigadora de células madre Jeanne Loring, del Instituto Scripps de La Jolla, en California, estaba pensando cuando trataba de encontrar una excusa para llevarse a los investigadores de su laboratorio un día por ahí de excursión. «Yo solo quería llevarlos al zoo de San Diego —dice—. Es uno de mis lugares favoritos, pero necesitábamos una excusa para ir ahí.» Así que decidieron concertar una cita con el director de genética del zoo, Oliver Ryder, y debatir con él si las células madre se podían usar de alguna manera en la conservación de la vida salvaje. Para Loring, era obvio. En teoría, las células de la piel o de cualquier sitio recogidas de especies en peligro podían ser reprogramadas para convertirse en células iPS, que luego podrían ser usadas para crear óvulos y espermatozoides, que se usarían a su vez para hacer bebés. Loring, que llevaba años trabajando con células madre, tenía el conocimiento, y Ryder, la materia prima.

Hace poco más de 40 años, Ryder y sus colegas empezaron a recoger muestras de piel de animales extraños y en peligro con la esperanza de que, algún día, pudiesen ser de utilidad. Durante años, la colección, conocida como el Zoo Congelado, ha pasado a ser uno de los mayores bancos de células del mundo.

Sumergidas en los muchos tanques burbujeantes de nitrógeno líquido, hay más de 70.000 muestras de más de 700 especies distintas de mamíferos, aves, reptiles, anfibios y peces. Las células han sido usadas en cientos de estudios científicos, ayudando a los investigadores a comprender cómo evolucionan las especies y los cambios de variación genética en el tiempo. Cuando se secuenció el genoma del hurón de patas negras, usaron para ello células del Zoo Congelado. De manera crucial para el futuro de Fatu y los de su especie, Ryder ha estado acumulando células de rinocerontes blancos del norte, empezando con una hembra llamada Lucy, cuyas células se congelaron allá por 1979. Desde entonces, el zoo ha reunido una cantidad «alucinante» de células de rinoceronte blanco del norte, incluyendo muestras de Fatu donadas por el equipo del IZW. Congeladas en virales diminutos están las células de 12 animales distintos: ocho individuos no relacionados y cuatro de la misma descendencia. Según Ryder, esto equivale a un muestreo significativo de la diversidad genética y, si se usa con cabeza, debería ser suficiente para salvar a la subespecie de la extinción. Hay más acervos genéticos conservados en estos tubos diminutos que sobreviven de los que hay en todos los animales restantes vivos juntos.

Poco después de su viaje al zoo de San Diego, uno de los posdoctorandos de Loring, Inbar Friedrich Ben-Nun, descongeló algunas de las células de Fatu y empezó a trabajar con ellas en una placa. Añadiendo una pizca sensata de los casi mágicos factores Y, las células adquirieron un estado de células madre más versátil. Loring y su equipo habían creado las primeras células iPS del mundo a partir de una especie en peligro de extinción, y todo indica que las células tienen todas las cualidades que el equipo esperaba que tuviesen. Dentro de un cultivo celular, se pueden dividir y se pueden convencer para que se transformen en muchos tipos distintos de células. El siguiente paso, dice Loring, es intentar convertirlas en óvulos y espermatozoides de rinoceronte.

Los investigadores no han abandonado la idea de usar los óvulos recolectados directamente de Najin y Fatu, aunque sin olvidar que necesitan un plan B. «Ahora nos damos cuenta de que, para salvar al rinoceronte blanco del norte, vamos a tener que usar técnicas celulares avanzadas, como las células iPS», dice Jan Stejskal, del zoo Dvur Kralove. Y con las células iPS llegan muchas opciones más.

Si se pueden conseguir espermatozoides y óvulos de rinoceronte a pleno rendimiento a partir de células iPS, podrían «casarse» entre ellas en una placa y usarse para hacer embriones. Con muestras de las células de su piel presentes ya en el Zoo Congelado, ya no haría falta someter a Fatu y a Najin dos veces al año a la recolección de óvulos. Y el equipo de Loring ahora espera crear células iPS a partir de otros 11 rinocerontes blancos del norte cuyas células de piel han sido congeladas. Si la tecnología es de confianza, ofrecerá a los investigadores un suministro casi ilimitado de óvulos y espermatozoides de rinocerontes blancos del norte con los que optimizar sus métodos, y les permitirá mezclarlos y juntar los genomas de animales distintos a placer, maximizando así toda la diversidad genética relevante.

Los embriones resultantes se criarían en una placa durante unos días antes de ser traspasados a un útero receptor. Por sus problemas de salud, Fatu y Najin no podrían ser las receptoras. En su lugar, tendría que ser su prima, una hembra blanca del sur, la que llevase a buen puerto el embarazo y nacimiento del próximo rinoceronte blanco del norte del mundo. En Ol Pejeta, ya tienen previstas cuatro hembras jóvenes y fértiles para el trabajo. Viven en una zona de pastoreo enorme, en grandes grupos sociales; esto es importante, según cree Hildebrandt, porque el comportamiento natural y la interacción social son claves a la hora de mantener al rinoceronte feliz y fértil al mismo tiempo. Antes de que se implante el embrión, se le permitirá a la hembra receptora que tenga una última aventura amorosa con un macho castrado, porque se cree que una eyaculación sin espermatozoides ayudaría a su útero a estar más receptivo para acoger el embrión. Prepararía su cuerpo para el embarazo y, con suerte, le daría al embrión una oportunidad de supervivencia mayor. Y aunque nada de esto se ha intentado con anterioridad, Hildebrandt ni se inmuta. «Hemos transferido con éxito de vuelta embriones en muchas especies de mamíferos —dice—. El tracto reproductivo del rinoceronte puede que sea único, pero soy optimista y creo que dominaremos este paso en un futuro cercano.»

Poco a poco, todas las piezas de la tecnología que se necesita para salvar al rinoceronte blanco del norte están encajando en su sitio, y las células iPS, tan versátiles y fáciles de hacer, podrían representar una vuelta de tuerca en el destino de esta icónica maravilla más grande que la vida. Pero no solo el rinoceronte blanco del norte se podría beneficiar de esta tecnología.

El equipo de Loring también ha hecho células iPS a partir del dril *(Mandrillus leucophaeus)*, un mono tipo mandril de cola corta cuya población ha descendido a más de la mitad en los últimos 30 años. En Tailandia, Anucha Sathanawongs, de la Universidad de Chiang Mai, ha logrado células iPS de elefante. El objetivo inmediato es idear terapias para los elefantes enfermos del país que están en cautividad, muchos de los cuales sufren úlceras y artritis, pero Sathanawongs también espera transformar las células iPS de elefante en óvulos y espermatozoides. Si la técnica funciona y se puede replicar en otra parte, supondría un suministro de óvulos listos para aquellos que estén interesados en la desextinción del mamut lanudo, o en una variación del mismo. Se han hecho células iPS a partir del leopardo de las nieves *(Panthera uncia)*, de los chimpancés *(Pan troglodytes)*, gorilas *(Gorilla gorilla)* y orangutanes (género *Pongo*), todos ellos amenazados. El desarrollo de las células iPS significa que los depósitos como el Zoo Congelado ahora son más importantes que nunca. No solo están conservando las células y los genomas de la vida salvaje del planeta, sino que además son el punto de partida para la nueva vida, un depósito vital de diversidad genética que, si se usa con cabeza, tiene la capacidad de revivir no solo a animales individuales sino a poblaciones enteras y viables. No deberíamos limitarnos a intentar proteger la vida salvaje: siempre que sea posible, deberíamos salvar también sus células.

QUE VUELVA EL REY

Cuando oí hablar de la desextinción por primera vez, me quedé intrigada, pero dudaba. Desde entonces he decidido que estoy completamente a favor de los científicos que desarrollan nuevas técnicas no solo para disminuir el ritmo de la extinción, sino también para darle la vuelta. Necesitamos hacer las cosas con cautela. Necesitamos asegurarnos de que estas opciones sean seguras, efectivas y que cuenten con la aprobación de la gente, pero que además ofrezcan una gran cantidad de potencial que merezca al menos que le echemos un vistazo. Me he dado cuenta de que, si vamos a desextinguir a una criatura del pasado, será mejor que elijamos a una de la que conozcamos muchas cosas, cuya fisiología reproductiva sea conocida, cuyas células se puedan manipular. Lo mejor sería que fuese un animal que amemos, para el que tengamos sitio, al que echemos de menos y al que sigamos rindiendo duelo. Una criatura cuya ecología nos la sepamos al dedillo, una especie clave cuyo regreso tuviera un impacto ecológico positivo. Debería ser un animal que nos llene de ternura, que pueda inspirar a futuras generaciones a que cuiden del plantea y que impida que sucedan las extinciones del futuro.

Todo el mundo ha oído hablar sobre la actual crisis de la biodiversidad. Todos sabemos que la fauna y la flora tienen problemas, pero como la gran mayoría de las especies se extinguen en silencio, de manera invisible, en sitios escondidos a nuestras vidas cotidianas, resulta muy fácil que todo sea absorbido por la creencia equivocada de que la extinción no está teniendo lugar ante nuestros propios ojos. Las especies solían extinguirse en el pasado y se extinguirán en el futuro, pero hoy, mientras estoy sentada en mi casa con calefacción central, dándole sorbitos al café, cotilleando en internet, no ha cambiado nada. En el tiempo que se tarda en leer este capítulo ha desaparecido otra especie. En el tiempo que he tardado en escribir este libro, *al menos* 20.000 especies se han extinguido, pero, por suerte para el tipo raro que elabora la Lista Roja oficial de la UICN, la mayoría de ellas son completamente desconocidas. Vivimos en medio de una extinción en masa, pero se ignora de manera sorprendente.

Cuando pensé por primera vez en la desextinción, me pregunté: ¿qué *única* criatura me gustaría ver desextinguida? En el mundo real, por supuesto, no tenemos este tipo de dudas. Puede que no haya puesto al mamut lanudo, o a la rana de incubación gástrica, o a la paloma pasajera en el número uno de mi lista, pero les deseo a los investigadores que están trabajando en su desextinción toda la suerte del mundo. Hay razones buenas y fundadas para desextinguir estas especies en particular. Cuando nazca el primer animal desextinguido sano, será un logro sin precedentes. Estoy deseando que llegue ese día. Pero ¿si tuviese que elegir solo a uno?

Según escribo estas últimas páginas, me doy cuenta de que he llegado a una respuesta que no hubiese esperado jamás. El animal que más deseo que vuelva de la extinción es uno que todavía vive... apenas. Por nuestra avaricia y nuestra falta de respeto por la naturaleza, el rinoceronte blanco del norte prácticamente ya no existe. Sudan, el último macho, está entrando en sus últimos años. Tiene cataratas en uno de sus ojos. Cuando está con otros rinocerontes, estos le ignoran. Eso hace que empeore, así que sus cuidadores de Ol Pejeta le han construido un recinto solo para él. Fatu y Najin viven justo al lado, y, aunque no pueda verlas, las puede oler y sabe que están ahí. «Lo que más me motiva en este momento es conseguir crear un rinoceronte blanco del norte antes de que el último desaparezca», dice Hildebrandt. Fatu, la más pequeña de los tres, puede que sea ese último animal. «Esperemos que al menos Fatu sí pueda conocer al nuevo miembro de su especie», dice. Lo único que puede salvar al rinoceronte blanco del norte a día de hoy es la ciencia. Si tuviese que elegir a un animal al que desextinguir, sería el rinoceronte blanco del norte, con su cara arrugada y sus ojos resplandecientes.

Somos responsables del ocaso del rinoceronte blanco del norte, pero, con reproducción asistida, ciencia de células madre y edición genética, tenemos al alcance de la mano algunas de las tecnologías más poderosas del planeta. Es una ciencia que puede salvar especies, moldear la evolución y esculpir el futuro de la vida en la Tierra. Estamos muy cerca de ser capaces de usar estos métodos para hacer reproducciones de especies que hace tiempo que desaparecieron, de mejorar los genomas de animales que aún están entre nosotros y de ofrecer un salvavidas a especies que están en la cuerda floja. Creo que fue el gran tío, el difunto tío, el gran tío Ben de Spiderman el que resumió todo, cuando se giró hacia su sobrino «saltarredes» y le dijo: «Recuerda, un gran poder conlleva una gran responsabilidad».

Al escribir esta línea, solo quedan tres rinocerontes blancos del norte vivos en el planeta. Para cuando esto se lea, puede que ya no quede ninguno.

P. D.

Pues ya está.

Se acabó.

Fin.

Elvis está criando malvas.

Ya te puedes ir a casa...

...

¿Cómo?

...

Ya estás en casa. Te has terminado el libro, pero todavía estás pensando en dodos y dinosaurios y en la desextinción, y el lío en el que está el planeta, y en cómo te gustaría que no muriesen Sudan, o Najin, o Fatu, y en cómo esperas que los científicos puedan llegar a salvar de alguna manera al rinoceronte blanco del norte y otros tantos animales que necesitan nuestra ayuda...

Lo sé.

Yo también.

Si estás interesado y te apetece, puedes hacer una donación al Instituto Leibniz de Investigación para Zoológicos y Vida Salvaje en <www.izw-berlin.de/SaveTheNorthernWhiteRhino.html>. El dinero irá directamente al desarrollo de técnicas de reproducción asistida de especies en peligro, incluyendo el rinoceronte blanco del norte. Pero, si lo que te va son los hurones de patas negras o las palomas pasajeras, y sientes la necesidad de colaborar, también puedes hacer una donación que apoye el trabajo de Revive and Restore en <www.reviverestore.org>. Sin presiones. No tienes por qué hacerlo. Solo pensé que debía decirlo.

BIBLIOGRAFÍA

UN POCO MENOS DE CHARLA, UN POCO MÁS DE LECTURA

Esta no es una bibliografía exhaustiva al uso. Es más bien una pequeña lista de páginas web, artículos o trabajos que a mí me han resultado fáciles. Si se quiere descubrir más sobre la desextinción, el mejor lugar para empezar es la página web de Revive and Restore: reviverestore.org. Es un recurso estupendo: actualizado, fácil de leer, con toda la información sobre la tecnología y los proyectos actuales. Tiene hasta una página para colorear de especies extintas.

INTRODUCCIÓN: EL REGRESO

- La primera desextinción:

FOLCH, J., *et al.*, «First birth of an animal from an extinct subspecies (*Capra pyrenaica pyrenaica*) by cloning», *Theriogenology* 71 (6): 1026-34, 2009.

- Lo que inspiró *Parque Jurásico*: el descubrimiento de los núcleos celulares de una mosca enterrada en ámbar:

POINAR, G. O. y HESS, R., «Ultrastructure of 40-Million-Year-Old Insect Tissue», *Science* 215 (4537): 1241-1242, 1982.

- Estos dos ensayos son deprimentes, pero merece la pena leerlos. Describen el estado alarmante y el alcance de las extinciones actuales:

DIRZO, R., *et al.*, «Defaunation in the Anthropocene», *Science* 345 (6195): 401-406, 2014.
URBAN, M. C., «Accelerating extinction risk from climate change», *Science* 348 (6234): 571-573, 2015.

• En 2013 hubo un evento TEDx sobre la desextinción. Lo organizaron Stewart Brand y Ryan Phelan, de Revive and Restore. Se puede ver aquí: <www.longnow.org/revive/events/ tedxdeextinction/the-program/>.

1. EL REY DE LOS DINOSAURIOS

• El artículo que lo revolucionó todo: Mary Schweitzer descubre estructuras que «parecen» glóbulos rojos dentro de un hueso fosilizado de dinosaurio, suscitando la especulación de si la materia orgánica puede sobrevivir al proceso de fosilización:

SCHWEITZER, M. H., *et al.*, «Heme compounds in dinosaur trabecular bone», *PNAS* 94 (12): 6291-6296, 1997.

• Los críticos del trabajo de Schweitzer:

PEVZNER, P. A., *et al.*, «Comment on "Protein Sequences from Mastodon and *Tyrannosaurus rex* Revealed by Mass Spectrometry"», *Science* 321 (3892): 1040, 2008.

• Pero sí parece que la materia orgánica puede sobrevivir al proceso de fosilización más a menudo de lo que creemos:

BERTAZZO, S., *et al.*, «Fibres and cellular structures preserved in 75-million-year-old dinosaur specimens», *Nature Communications* 6: 7352, 2015.

• El primer ADN que se recuperó:

HIGUCHI, R., *et al.*, «DNA sequences from the quagga, an extinct member of the horse family», *Nature* 312: 282-284, 1984.

• Y el premio para el ADN más antiguo descubierto hasta ahora es para... un caballo:

ORLANDO, L., *et al.*, «Recalibrating *Equus* evolution using the genome sequence of an early Middle Pleistocene horse», *Nature* 499: 74-78, 2013.

• ¿Ha encontrado Schweitzer evidencia de conservación de ADN en un fósil de *T. rex*? El jurado sigue reunido:

SCHWEITZER, M. H., *et al.*, «Molecular analyses of dinosaur osteocytes support the presence of endogenous molecules», *Bone* 52 (1): 414-423, 2013.

• Los planes de Jack Horner para construir un dinosaurio están en:

HORNER, J. y GORMAN, J., *How to Build a Dinosaur: The New Science of Reverse Evolution*, Nueva York, Plume, 2010.

• No es un dinosaurio como tal, sino más bien un pájaro francamente feo. Los científicos crean un embrión de pollo con hocico:

BHULLAR, B-A. S., *et al.*, «A molecular mechanism for the origin of a key evolutionary innovation, the bird beak and palate, revealed by an integrative approach to major transitions in vertebrate history», *Evolution* 69 (7): 1665-1677, 2015.

2. EL REY DE LAS CAVERNAS

• Svante Pääbo es el primero en recuperar ADN de un neandertal:

KRINGS, M., *et al.*, «Neanderthal DNA Sequences and the Origins of Modern Humans», *Cell* 90: 19-30, 1997.

• Svante Pääbo es un científico ingenioso, con talento y que inspira a los demás. Nadie cuenta la historia mejor que él mismo:

PÄÄBO, S., *El hombre de Neandertal: En busca de genomas perdidos*, Madrid, Alianza, 2015.

• Hendrik Poinar extrae ADN de la caca fósil de un perezoso:

POINAR, H., «Nuclear gene sequences from a late Pleistocene sloth coprolite», *Current Biology* 13 (13): 1150-1152, 2003.

• Es un borrador, pero supuestamente está bien:

GREEN, R. E., *et al.*, «A draft sequence of the Neanderthal genome», *Science* 328 (5979): 710-722, 2010.

• El *New York Times* informa de que se puede hacer un neandertal por 30 millones de dólares: <www.nytimes.com/2009/02/13/science/13neanderthal.html>.

• Muy entretenido:

WYNN, T. y COOLIDGE, F. L., *How to Think Like a Neanderthal*, Oxford, Oxford University Press, 2012.

• La prueba de que los neandertales y los humanos modernos se «cruzaron»:

VERNOT, B. y AKEY, J. M., «Resurrecting Surviving Neandertal Lineages from Modern Human Genomes», *Science* 343 (6174): 1017-1021, 2014.

3. EL REY DE LA ERA GLACIAL

Un acercamiento a las ideas y el trabajo de uno de los genetistas más brillantes del mundo. George Church ha especulado sobre desextinguir a un neandertal, y ahora está ocupado haciendo un elefante amante del frío:

CHURCH, G. y REGIS, E., *Regenesis: How Synthetic Biology Will Reinvent Nature and Ourselves*, Nueva York, Basic Books, 2012.

• Los primeros días de la desextinción de un mamut:

STONE, R., *Mammoth: The Resurrection of an Ice Age Giant*, Londres, Fourth Estate, 2003.

• Ese mamut sangriento:

GRIGORIEV, S., *et al.*, «Discovery of a woolly mammoth (*Mammuthus primigenius*) carcass from Malyi Lyakhovski Island (New Siberian Islands)», *Scientific Annals of the School of Geology*, Universidad Aristóteles de Tesalónica, 102: 64-76, 2014.

• Yo siempre me encuentro cosas que había olvidado en el fondo del congelador. Aquí está lo que debe hacer uno si descubre un ratón muerto en el suyo:

WAKAYAMA, S., *et al.*, «Production of healthy cloned mice from bodies frozen at -20°C for 16 years», *PNAS* 105 (45): 17318-17322, 2008.

• Un pedazo de toro. Científicos japoneses clonan ganado a partir de testículos congelados:

HOSHINO, Y., *et al.*, «Resurrection of a Bull by Cloning from Organs Frozen without Cryoprotectant in a -80°C Freezer for a Decade», *PLoS One* 4 (1): e4142, 2009.

• Los investigadores inyectan núcleos de mamut en óvulos de ratón, pero no raspan:

KATO, H., *et al.*, «Recovery of cell nuclei from 15,000 years old mammoth tissues and its injection into mouse enucleated matured oocytes», *Proceedings of the Japan Academy Series B Physical and Biological Sciences* 85 (7): 240-247, 2009.

• Puede que los científicos no hayan desextinguido un mamut, pero sí han desextinguido una de sus proteínas:

CAMPBELL, K. L., *et al.*, «Substitutions in woolly mammoth hemoglobin confer biochemical properties adaptive for cold tolerance», *Nature Genetics* 42: 536-540, 2010.

• El genoma del mamut lanudo:

LYNCH, V. J., *et al.*, «Elephantid genomes reveal the molecular bases of Woolly Mammoth adaptations to the arctic», *Cell Reports* 12 (2): 217-218, 2015.

• De esto van las batallas por las patentes: Jennifer Doudna y Emmanuelle Charpentier usan el CRISPR para cortar el genoma con precisión extrema:

JINEK, M., *et al.*, «A programmable dual-RNA-guided DNA endonuclease in adaptive bacterial immunity», *Science* 337 (6096): 816-821, 2012.

• Nadie les pregunta a los paleoecólogos qué opinan sobre desextinguir a animales de la era glacial, pero deberían. Jacquelyn Gill tiene algunas reflexiones elocuentes sobre la desextinción del mamut lanudo en su blog: <https://jacquelyngill.wordpress.com>.

4. EL REY DE LAS AVES

• Todo lo que siempre se quiso saber de la historia del dodo:

FULLER, E., *Dodo: From Extinction to Icon*, Londres y Nueva York, HarperCollins, 2002.

• Gracias a los registros históricos, se puede calcular la fecha de la desaparición del dodo:

HUME, J. P., *et al.*, «Palaeobiology: Dutch diaries and the demise of the dodo», *Nature* 429, 2004.

• Los análisis de ADN confirman que el dodo es oficialmente una paloma:

SHAPIRO, B., *et al.*, «Flight of the Dodo», *Science* 295 (5560): 1683, 2002.

• Excavaciones recientes en Mauricio revelan más sobre el dodo y su ecología:

HUME, J. P., «The Dodo: from extinction to the fossil record», *Geology Today* 28 (4): 147-151, 2012.

• El retorno de la gran paloma pasajera: todo lo que se necesita saber: <www.longnow.org/revive/projects/the-great-passenger-pigeon-comeback/>.

• Todo lo que siempre se quiso saber sobre la paloma pasajera:

FULLER, E., *The Passenger Pigeon*, Nueva Jersey, Princeton University Press, 2015.

• ADN extraído de las almohadillas de los dedos de los pies de las palomas pasajeras:

FULTON, T. L., *et al.*, «Case study: recovery of ancient nuclear DNA from toe pads of the extinct passenger pigeon», *Methods in Molecular Biology* 840: 29-35, 2012.

• ¿Pensando en clonar un pollo? Entonces se necesitará saber cómo ver el ADN de un huevo dentro de su fondo amarillo y amorfo:

KJELLAND, M. E., *et al.*, «Avian cloning: Adaptation of a technique for enucleation of the avian ovum», *Avian Biology Research* 7 (3): 131-138, 2014.

• Un pato adopta a un pollo... De verdad, lo hizo:

LIU, C., *et al.*, «Production of Chicken Progeny (*Gallus gallus domesticus*) from Interspecies Germline Chimeric Duck (*Anas domesticus*) by Primordial Germ Cell Transfer», *Biology of Reproduction* 86 (4): 101, 1-8, 2012.

• Un libro precioso. Merece la pena leerlo:

AVERY, M., *A Message From Martha: The Extinction of the Passenger Pigeon and Its Relevance Today*, Londres y Nueva York, Bloomsbury, 2014.

5. EL REY DE AUSTRALIA

PADDLE, R., *The Last Tasmanian Tiger: The History and Extinction of the Thylacine*, Cambridge, Cambridge University Press, 2000.

FULLER, E., *Lost Animals: Extinction and the Photographic Record*, Londres y Nueva York, Bloomsbury, 2013.

SCHUSTER, S. C., *et al.*, «The mitochondrial genome sequence of the Tasmanian tiger (*Thylacinus cynocephalus*)», *Genome Research* 19 (2): 213-220, 2009.

• El ADN del tilacino vivo de nuevo:

PASK, A. J., *et al.*, «Resurrection of DNA function in vivo from an extinct genome», *PLoS One* 3 (5): e2240, 2008.

• Sobre el apocalipsis mundial de las ranas:

SKERRATT, L. F., *et al.*, «Spread of chytridiomycosis has caused the rapid global decline and extinction of frogs», *EcoHealth* 4: 125, 2007.

• Un clásico de la clonación de ranas:

BRIGGS, R. y KING, T. J., «Transplantation of living nuclei from blastula cells into enucleated frogs' eggs», *PNAS* 38 (5): 455-463, 1952.

6. EL REY DEL «ROCK 'N' ROLL»

• Si le deseas, ven a firmar aquí... Los únicos, los irrepetibles «americanos a favor de clonar a Elvis»: americansforcloningelvis.bobmeyer99.com

• Para saber más sobre la enciclopedia panorámica de Elvis de Joni Mabe: <www.roadsideamerica.com/story/16788>.

• Genomas peludos... El primer genoma nuclear recuperado de pelo antiguo:

RASMUSSEN, M., *et al.*, «Ancient human genome sequence of an extinct Palaeo-Eskimo», *Nature* 463: 757-762, 2010.

• El proyecto de los mil genomas: <http://www.1000genomes.org/>.

• Un estudio clásico de gemelos:

BOUCHARD, T. J., *et al.*, «Sources of Human Psychological Differences: The Minnesota Study of Twins Reared Apart», *Science* 250 (4978): 223-228, 1990.

• Cincuenta años del «se nace o se hace»:

POLDERMAN, T. J. C., *et al.*, «Meta-analysis of the heritability of human traits based on fifty years of twin studies», *Nature Genetics* 47: 702-709, 2015.

• Un componente genético en el talento musical:

VINKHUYZEN, A. A., *et al.*, «The Heritability of Aptitude and Exceptional Talent Across Different Domains in Adolescents and Young Adults», *Behavior Genetics* 39 (4): 380-392, 2009.

• ¿Cómo pueden dos gemelos idénticos acabar siendo tan distintos? Un trabajo que escribí para *New Scientist:*

PILCHER, H., «The third factor: Beyond nature and nurture», *New Scientist*, 28 de agosto de 2013.

• El comportamiento paternal negativo puede influir en la epigenética, en cómo acaban siendo los hijos de cada uno:

WEAVER, I. C. G., *et al.*, «Epigenetic programming by maternal behaviour», *Nature Neuroscience* 7: 847-854, 2004.

• Este estudio muestra cómo los gemelos idénticos a veces pueden acabar siendo más distintos epigenéticamente con el tiempo:

TALENS, R. P., *et al.*, «Epigenetic variation during the adult lifespan: cross-sectional and longitudinal data on monozygotic twin pairs», *Aging Cell* 11 (4): 694-703, 2012.

• Los epigenomas de los gemelos concebidos de manera natural y de manera artificial son distintos:

LOKE, Y. J., *et al.*, «Association of in vitro fertilization with global and IGF2/H19 methylation variation in newborn twins», *Journal of Developmental Origins of Health and Disease* 6 (2): 115-124, 2015.

•¿Por qué, aunque se hiciese un número infinito de Elvis y a todos se les educase en la misma casucha de Tupelo, aun así acabarían siendo siempre distintos?:

FREUND, J., *et al.*, «Emergence of Individuality in Genetically Identical Mice», *Science* 340 (6133): 756-759, 2013.

• Los científicos usan el CRISPR para editar genomas de embriones humanos:

LIANG, P., *et al.*, «CRISPR/Cas9-mediated gene editing in human tripronuclear zygotes», *Protein & Cell* 6 (5): 363-372, 2015.

7. UNA NAVIDAD TRISTE

• El conservacionista Phil Seddon y sus colegas discuten cómo seleccionar a los mejores candidatos para desextinguir:

SEDDON, P. J., *et al.*, «Reintroducing resurrected species: selecting DeExtinction candidates», *Trends in Ecology & Evolution* 29 (3): 140-147, 2014.

• Los científicos reviven un virus siberiano de 30.000 años de antigüedad:

LEGENDRE, M., *et al.*, «Thirty-thousand-year-old distant relative of giant icosahedral DNA viruses with a pandoravirus morphology», *PNAS* 111 (11): 4274-4279, 2014.

• ¿Necesita un mamut un abogado?:

CARLIN, N., *et al.*, «How to Permit Your Mammoth: Some Legal Implications of "De-Extinction"», *Stanford Environmental Law Journal*, 2014 (<stanford.io/1SBEOKE>).

• La triste, tristísima historia del delfín del río Yangtsé:

TURVEY, S., *Witness to Extinction: How We Failed to Save the Yangtze River Dolphin*, Oxford, Oxford University Press, 2009.

• Las ratas de isla de Navidad:

WYATT, K. B., *et al.*, «Historical mammal extinction on Christmas Island (Indian Ocean) correlates with introduced infectious disease», *PLoS One* 3 (11): e3602, 2008.

• El servicio de parques nacionales de Estados Unidos sobre la reincorporación del lobo gris a Yellowstone: <www.nps.gov/yell/learn/nature/wolf-restoration.htm>.

8. NO PUEDO EVITAR CREER

• Cómo hacer crecer el esperma de un ave en peligro de extinción dentro de un pollo:

WERNERY, U., *et al.*, «Primordial germ cell-mediated chimera technology produces viable pure-line Houbara bustard offspring: potential for repopulating an endangered species», *PLoS One* 5 (12): e15824, 2010.

• Los científicos han conseguido clonar con éxito el muflón de Isfahán, en peligro de extinción. Este artículo habla de algunos de sus primeros trabajos:

HAJIAN, M., *et al.*, «"Conservation cloning" of vulnerable Esfahan mouflon (*Ovis orientalis isphahanica*): in vitro and in vivo studies», *European Journal of Wildlife Research* 57 (4): 959-969, 2011.

•¿Cómo salvar al hurón de patas negras?:

WISELY, S. M., *et al.*, «A Road Map for 21st Century Genetic Restoration: Gene Pool Enrichment of the Black-Footed Ferret», *Journal of Heredity* 106 (5): 581-92, 2015.

• Catalogar la variación genética en tigres vivos y ejemplares de museo:

MONDOL, S., *et al.*, «Demographic loss, genetic structure and the conservation implications for Indian tigers», *Proceedings of the Royal Society B* 280 (1762): 1-10, 2013.

• Métodos genéticos que podrían ayudar a salvar a las especies amenazadas:

THOMAS, M. A., *et al.*, «Ecology: Gene tweaking for conservation», *Nature* 501 (7468): 485-486, 2013.

• Los científicos revelan genes que pueden ayudar a las truchas a sobrevivir en aguas más cálidas:

REBL, A., *et al.*, «Transcriptome profiling of gill tissue in regionally bred and globally farmed rainbow trout strains reveals different strategies for coping with thermal stress», *Marine Biotechnology (NY)* 15 (4): 445-460, 2013.

• Para equilibrar todo, he aquí la opinión de Ben Minteer sobre la ética de la desextinción:

MINTEER, B., «Is it right to reverse extinction?», *Nature* 509 (7500): 261, 2014.

9. AHORA LO VES…

• Para obtener la última información sobre el rinoceronte blanco del norte, esta es la página web de la reserva de Ol Pejeta: <http://www.olpejetaconservancy.org/>.

• Los rinocerontes son ingenieros de ecosistemas:

WALDRAM, M. S., *et al.*, «Ecological Engineering by a Mega-Grazer: White Rhino Impacts on a South African Savannah», *Ecosystems* 11: 101-112, 2008.

• No pinta nada bien para los megaherbívoros del planeta:

RIPPLE, W. J., *et al.*, «Collapse of the world's largest herbivores», *Science Advances* 1 (4): e1400103, 2015.

• Primeros intentos de la fecundación *in vitro* en rinocerontes:

HERMES, R., *et al.*, «Ovarian superstimulation, transrectal ultrasound-guided oocyte recovery, and IVF in rhinoceros», *Theriogenology* 72 (7): 959-968, 2009.

• Cómo conseguir que un rinoceronte ovule:

HERMES, R., *et al.*, «Estrus induction in white rhinoceros», *Theriogenology* 78 (6): 1217-1223 (2012).

• Inseminación artificial en los rinocerontes:

HERMES, R., *et al.*, «First successful artificial insemination with frozen-thawed semen in rhinoceros», *Theriogenology* 71 (3): 393-399, 2009.

• Magia celular: Shinya Yamanaka hace células madre a partir de células de piel:

TAKAHASHI, K. y YAMANAKA, S., «Induction of pluripotent stem cells from mouse embryonic and adult fibroblast cultures by defined factors», *Cell* 126 (4): 663-676, 2006.

• Células madre que hacen óvulos que hacen ratones:

HAYASHI, K., *et al.*, «Offspring from oocytes derived from in vitro primordial germ cell-like cells in mice», *Science* 338 (6109): 971-975, 2012.

• Se hace una «manada» de células iPS de rinoceronte:

BEN-NUN, I. F., *et al.*, «Induced pluripotent stem cells from highly endangered species», *Nature Methods* 8: 829-831, 2011.

AGRADECIMIENTOS A TODAS ESTAS MARAVILLOSAS PERSONAS

Hace unos años, una de mis mejores amigas, esa hermosísima mujer que te deja sin habla, Toni Harrington, me pidió si podía hacer «algo» para el primer festival de literatura infantil de Nottingham, «Cuentos de la orilla del río». Me prometió que me invitaría a una cerveza y, un poco después, me vi a mí misma en una iglesia de las afueras interpretando un bailecito hecho a toda prisa, adornado con fósiles, llamado «Que vuelvan los dinosaurios», ante una audiencia de escolares de lo más animada. Algunos estaban entusiasmados, otros tenían miedo, otros eran traviesos (los niños, no los dinosaurios). ¡Nunca me había topado con una audiencia tan dispuesta a disfrutar conmigo! No sé cómo sobreviví a la experiencia y salí de Nottingham sin haber sufrido el destino del dodo. Entonces, con el tiempo, según se iban yendo las cicatrices emocionales (y físicas) de mi actuación más animada, «Que vuelvan los dinosaurios», el espectáculo, evolucionó en *Que vuelva el rey*, el libro. Espero que lo hayan disfrutado.

Puede que el libro casi haya terminado, pero antes de que lo haga, me gustaría dar las gracias a todas aquellas personas que me han echado una mano por el camino. Lo primero, dar las mayores gracias de todas a todos los animales que se han extinguido. Sin ellos, no existiría *Que vuelva el rey*. No me importa que se note la ironía en mis palabras al afirmar que, gracias a vuestra desinteresada desaparición de la faz de la tierra, se ha podido construir el camino para mis propias divagaciones. Os debo una, queridísimos paloma pasajera y tigre de Tasmania. Lo mismo, mamuts y dinosaurios. Si alguna vez volvéis, prometo compraros mástiles de roble/roedores/ranúnculos/carne fresca...

A Jim Martin, mi editor de Bloomsbury. No estás extinto, pero da igual. Gracias por comprarme el almuerzo un día soleado de verano y convencerme de que este era un libro que merecía la pena escribir. Gracias por tu apoyo inquebrantable y actitud optimista durante todo el proceso. Ha sido un placer y un privilegio de principio a fin. Para ti, Anna MacDiarmid, y los chicos de Bloomsbury. Sois los mejores.

A Matt Dawson (www.matt-dawson.co.uk), mi ilustrador de increíble talento, tampoco extinto, que no sé cómo ha conseguido captar la esencia de *Que vuelva el rey* con solo unos pocos y bien puestos bocetos a lápiz. No tengo ni idea de cómo lo haces, pero eres brillante. Gracias. Nadie dibuja a un «alegre» dodo o a un tilacino «lleno de vida» tan bien como tú. Tus dibujos me hacen feliz. Eso me gusta. Mucho.

A los científicos. Yo os saludo. A lo largo de la redacción de este libro, he visitado, llamado por Skype, mandado *mails*, telefoneado, enviado mensajes de texto, palomas mensajeras, acosado y, en general, molestado a una enorme cantidad de investigadores y otra gente de gran ayuda. Vuestros puntos de vista, comentarios y amables palabras han sido siempre recibidos con mucha gratitud. Gracias a Alberto Fernández-Arias, George Poinar, Roger Avery, Michael Benton, Ben Collen, Ross Barnett, Ryan Phelan, Stewart Brand, Darren Naish, John Hutchinson, Mary Schweitzer, Mike Buckley, Phil Manning, Sergio Bertazzo, Susie Maidment, Jack Horner, Arkhat Abzhanov, Semyon Grigoriev, Sergey Zimov, Michael McGrew, Akira Iritani, Yoshimi Kanzaki, Beth Shapiro, Adam Wolf, Insung Hwang, Roy Weber, Kevin Campbell, Arthur Caplan, Julian Hume, Jacquelyn Gill, Jing Liu, Mark Avery, Chris Stringer, Andrew French, Michael Mahony, Michael Tyler, Jan Stejskal, Koby Barhad, Gareth Hempson, Richard Freeman, John Gurdon, Bob Meyer, Joni Mabe, Gil McVean, Mark Evans, Robert Plomin, Ben Johnson, Neil Hall, Dan Goldowitz, Mark Pallen, Gerd Kempermann, Chris Smith, Ben Minteer, Rhiannon Lloyd, Samantha Wisely, Bas Wintermans, John Zichy-Woinarski, Paul Meek, Rob Etches, Sayed-Morteza Hosseini, Mohammad H. Nasr-Esfahani, Stephen Seager, Robert Hermes, Michael Bruford, Andrew Torrance, Martha Gomez, Sam Turvey, Phil Seddon, Jeanne Loring, Anucha Sathanawongs, Richard Vigne, Robin Lovell-Badge, Susie Ellis, Joshua Akey, Oliver Ryder, Robert Etches, Hugh McLachlan, Gary Roemer, Matthew Hayward, Mark Jobling, Mark Witton, Steve Brusatte, Love Dalen, Ian Barnes, Tom Gilbert, William Holt, Tony Gill y Hugh Hunt por vuestro tiempo, entusiasmo, paciencia y artículos.

Además, puntos especiales y la promesa de invitaros a una cerveza van para Ben Novak, Thomas Hildebrandt, Jack Price, Michael Archer, George Church, Malgosia Nowak-Kemp, Malcolm Logan, Jeff Craig, Thomas Wynn, Michael Kjelland y Timandra Harkness por ir más allá y tomaros el tiempo de corregir y comentar los distintos borradores que he ido haciendo. Aun a riesgo de sonar como una estrella de cine en una entrega de premios, no podría haber hecho esto sin vosotros.

A mis amigos, gracias por aguantarme. Cuando yo decía «acabo de entrevistar a un tipo especializado en el control epigenético del desarrollo genético de extremidades», vosotros oíais «bla, bla, bla». Y cuando yo decía «tengo la sensación de que las células madre pluripotenciales inducidas van a ser esenciales en las estrategias de conservación de alta tecnología futuras», vosotros oíais «bla, bla, bla». Pero no parecía importar. La habitación se quedaba en silencio un rato y luego la conversación se reanudaba. Gracias a Jon y Toni Harrington, Allison Botha, Justine Mallard, Eve, Jeremy y Harry, Caroline Forman, Sarah «Stobbsy» Stobbs, Tracey Mafe, Andrea Warrener, Jane Bennett, Jess Semple, Isobel Collins, Sue Smith, Rachel Waters y Jo Brodie. Gracias por las noches borrosas regadas en alcohol, la amistad y el apoyo. Gracias, Brian, Clare y Milly por la guardería para perros. Phil Davidson y Meirel Whaites, gracias por ser tan maravillosos con mis hijos y por inspirarnos a todos para divertirnos en la Costa Jurásica. Sara Abdulla, tú me metiste en esto. Gracias por creer en mí. *Ačiū,*

Paulius Tricys. Aš pasiilgau tavęs. Gracias también a Twinings, que hace las mejores bolsas de té Earl Grey. Puedo afirmar que no me he bebido menos de 2.160 tazas de té (con leche y sin azúcar) durante el proceso de escritura. A cualquiera del que me pueda haber olvidado: ¡perdón! Fuisteis maravillosos. Nos tomaremos un té preparado por mí la próxima vez que nos veamos. Puede que hasta le añada un poquito de nata.

Y por último... a mi marido, Joe. A mis hijos, Amy, Jess y Sam. A mi madre, Nijole, y a mi queridísimo perro Higgs. Gracias por estar ahí, siempre. Gracias por el cariño, el amor y las risas. Gracias por todas las diversiones constantes, las interminables tazas de té y por aguantar que no estuviese allí todas las noches y fines de semana que pasé trabajando en mi despacho. *You are always on my mind.*

ÍNDICE ALFABÉTICO